思綠述

思绿迹

李春元　著

中国环境出版社·北京

图书在版编目（CIP）数据

思绿迹 / 李春元著 . -- 北京 : 中国环境出版社 ,2015.11（2016.5. 重印）
ISBN 978-7-5111-2473-9

Ⅰ . ①思… Ⅱ . ①李… Ⅲ . ①环境保护－文集 Ⅳ . ① X-53

中国版本图书馆 CIP 数据核字 (2015) 第 167715 号

出 版 人 王新程
责任编辑 黄 颖
文字编辑 金捷霆
责任校对 尹 芳
装帧设计 宋 瑞

出版发行 中国环境出版社
（100062 北京市东城区广渠门内大街 16 号）
网 址：http://www.cesp.com.cn
电子邮箱：bjgl@cesp.com.cn
联系电话：010-67112765（编辑管理部）
010-67112417（科技标准图书出版中心）
发行热线：010-67125803，010-67113405（传真）
印 刷 北京中科印刷有限公司
经 销 各地新华书店
版 次 2015 年 11 月第一版
印 次 2016 年 5 月第二次印刷
开 本 787×1092 1/16
印 张 17.5
字 数 320 千字
定 价 38.00 元

良心可以发酵

甘中学

认识春元先生，说起来，还是“霾”给的缘分。

2014 年 2 月，由我组织的 $PM_{2.5}$ 防治专家小组，与廊坊市政府签订了 $PM_{2.5}$ 防治框架协议，小组成了廊坊市防霾治污的参谋团队。由于这治理雾霾的机缘，使我和市环保局分管大气污染防治工作的李春元副局长直接、经常的接触，成了工作常态。

接触中，他给我的印象大体经历了这样三个阶段：

初期，性直言辣。在研讨工作时，在他身上看不到一丝谦虚、一点面子，言直语利，对方的感受如何，好像根本就不是他考虑的问题。

中期，心细事儿实。他常常和我们专家团队一起加班研计划、谋方案、提建议。慢慢地发现，春元局长工作粗中有细，细比粗实。加上他敢于直言的性格，勇于吃苦的精神，他那扎实、求实、务实的工作态度，给我留下十分深刻的印象。在他考虑问题的方位角度上，好像只有两个字：“务实”。

后来，在我们相识 3 个月后的一天，春元局长送给我一本书，是一本长篇环保小说，叫《霾来了》。

“请您多批评、多赐教！”

“噢，是你写的吗？”

“够不上真正意义上的小说，只是些治霾工作思考。请您看看，多多剔教！”

我头一次看到了春元局长的谦虚，很是虔诚。

由此开始到我连昼带夜地把他小说读完，第三印象油然而生：有良心、有睿智、有胆识。

他那政府公务员的天然责任心，“草根”作家的浓厚文化底蕴和现实主义的哲学思想风格，深深感染了我。因此，当他邀请我为他的“思绿迹”作序时，我欣然受命。

春元先生把部分文稿交于我，说明了“思绿迹”还在中国环境出版社的催稿中，但他还是反复说，要我多提意见。

静下心来仔细阅读发现，“思绿迹”既是作者工作和思想的真实写照，也是他大声为普通百姓、普通环保工作者呐喊的代表作，更是他运用唯物辩证思想，解决环保工作一个个难题的负责任精神和哲学思维的生动体现。

当整个华北面临雾霾笼罩的时候，群众的积怨、治理污染的压力、发展与环保的矛盾，如排山倒海之势，压在了各级环保工作者的头上。作者作为一个基层环保工作者，难能可贵地从哲学高度看待环保工作，坚持“实践出真知”的基本出发点，探索着写出了上百篇“务实求真”的工作体会、实践经验。

“向‘现实’寻求‘思想’”是“思绿迹”的开篇，它代表了作者科学做好环保工作的思想起点。人的正确思想是从哪里来的？只能来自于社会实践。基层环保部门面对复杂形势的正确决策，只能来自于“现实”，只有直接面对公众去了解他们的所思、所想、所盼，“向‘现实’寻求‘思想’”，才是深入社会、深入公众去寻找破解环保难题的锦囊妙计，才能发挥、凝聚公众的智慧，上升到为政府的建言献策，变成可执行的方案和规范，形成一个向雾霾宣战的良好氛围。作者这种向现实寻求思想的实践，充分体现了作者对毛泽东同志“实践—认识—再实践—再认识”循而往复认识论运用的功底，以及由此带来的工作实效。

“思绿迹”用相当多的篇幅论述了环保执法的工作成果。在这些论述及其作者的实践中，充满了运用辩证法的工作技巧。对重污染企业执法，本来是一个非常艰难的事，那么，让“企业减排的主动性因何而来？”作者提出的给企业“一把手”上课的方法，一招走活一盘棋，不仅破解了环境执法的难题，而且为实现绿色发展开辟了新径。顺着“思绿迹”中作者哲学思想的脉络，我们还可以捕捉到他以“生态文明”为纲的科学发展理念和始终面对人民群众的历史观。从“《刘三姐》的火把呛了谁？”中的“落实科学发展规划”到“‘方丈’不能把‘经’念歪”中批评片面追求 GDP 的“歪经”；从“大气防治差点啥？”中的“使污染防治走向持续、深入、科学、良性发展轨道”到“治污从人人做起”中“公众要人人参与改习俗倡低碳”，处处渗透着他那“从群众中来，到群众中去”的“人与环境应当和谐共存”的生态印记。

当生态文明被纳入“五位一体”治国纲要之时，解决基层环境保护工作难题的生动实践，迫切期待有人去总结，有人去探索，有人去挖掘，让“千家妙方”，变成生态资源，为环保工作新常态助力、支招儿。我想感叹的是，一个在基层工作的环保干部，能够自觉地用辩证唯物主义和历史唯物主义的哲学思想指导自己所从事的环保工作，实属不易。他把这些论文刊登到《人民日报》《中国环境报》大雅之堂，更属不易。

追寻“思绿迹”，联想作者在环保事业上的实践，作者所体现出来的环保工作者的“良心”，尤为令我敬佩。他把“用良心尽责”作为小说序言，说出了一个有责任的环保公务员的铮铮真言，他在“失去的，还会再来吗？”的文尾中大声发问：

“环保的前人们，为今天奠定了什么？今天的环保人，向前辈学习了什么？给明天的环保，我们该留下些什么？”伴随着“生态文明、美丽中国”的呼唤，作者大声疾呼：“眼在犀利：不能让环保法规变成一纸空文；耳在张廓：不能让公众的呼声与诉求搁浅；鼻在扩孔：不能让碧水蓝天在我们手中变味；舌在呐喊：不能让污染的食品再来侵犯；身在厉行：我要用行动求无悔，还民愿。“奋斗在赞美与矛盾的旋涡中，作者代表中国环保人发出有声誓言：环保，已经不能再等待！养育我们的人民，每天都在期盼着霾能早一天离去、无序的污染能早一天停止、蓝天白云能早一天永在。我们应当践行的，只能是在新的《环境保护法》的旌旗下，一面攻坚，一面呼喊。如果我们为了爱护自己的羽毛而不作为，我们的良心又在哪里？！

如涛设问，令我深感震撼。震撼与感动之时，我也认为，春元先生过去写过什么，发挥过多大作用，并不重要，重要的是他有这种精神、这种责任、这种良心。

夏夜难眠。顺着“思绿迹”文稿的脉络，我的思绪此时又飞向《霾来了》。春元先生告诉我，他至少写雾霾三部曲，《霾之殇》近日刚刚面世。顺着《霾来了》再版时春元先生写的再版序言《用良心尽责》的心路表达，我突然发现：原来一个人的良心也可以发酵。不是吗？他既可以教导自己，也可以启发他人；他既可以成为一个人的信念、追求与刚毅之精神，还可以成为有机的酵母菌，把这种饱含正能量的核心价值观念、时代精神，融化在穹顶之下的人类空间，形成众志成城之势，让蓝天换掉雾霾。

我们期待着这一天的到来，“思绿迹”所彰显的精神，会促使这一天早点到来！

2015 年 11 月 1 日

（作者系国家千人计划专家组成员、欧美同学会 $PM_{2.5}$ 防治小组组长）

鬼节说“迹”

今天，是本人生日。此时，廊坊市的大气污染防治行动已经走向科学防治、精准防治、依法防治之路。蓝天，在我生日这一天，飘着白云。

七年前，我以《梦痕集》纳名，自编一本军旅生活的“小册子”，其实比小册子大。今天我又以2008年12月转业到廊坊市环保局工作后，7年间在《人民日报》《中国环境报》《河北日报》《河北环境保护》《廊坊日报》等刊登的部分文稿及工作笔录为主要内容，编印另一本“小册子”，起名叫《思绿迹》。因为这中间出了一本小说《霾来了》和7本环保文化丛书，所以，《思绿迹》也是我第十本“小册子”。编《梦痕集》的时候，就想着将来再编《思绿迹》；编《思绿迹》的时候，首先想到了要衔接前边《梦痕集》。“痕”和“迹”算是如愿凑齐了。

其实呢，单就从字面上理解，“痕”也是“迹”，“迹”也是“痕”。不同的是，“痕”为军营28年之“痕”，“迹”为环保7年之“迹”。只是换汤不换药的岗位之差而已。两个岗位，两种责任，我大半生过去了，都是围着“绿”字而工作。一个是绿色国防，守土卫国；一个是绿色生态，环保为民。个人贡献虽说不大，但两个岗位却都很重要。

七年前，我在《梦痕集》自述中讲过这样一句话：“不论转业到哪里工作，一定会坚持写下去。”

今天的《思绿迹》就是铁证。我说到即做到。诚信，也是本人一贯的性格和为人之道、处事之道。李某心安自慰。

《梦痕集》的整体构思是“五味”俱全的“五记”：众生记像、邸闻记录、睿思记骋、汲笈记剁、践理记行；《思绿迹》的整体构思是酸甜苦辣咸的心睿纳思、传承续思。横向看，是不变斗志的一脉相承，纵向看，是事业心、责任感的与时俱进。不是自吹，是李某真的用“要对得起工资”、“要对得起良心”的“信条”做出来、落了地的实事。所以本人此时才有这样的心安和自慰。

这人那，三十而立、四十不惑、五十知天命，一旦什么事都弄明白了，离完事儿那天也就不远了。所以，我活了53年，工作了30多年，早都知天命了，但仍没闹明白我费劲地出这破书有什么用。但是，我明白我要继续拼搏探索的日子还有很多。出《梦痕集》时，“序说”是为了满足虚荣、自我欣赏、看完偷着乐。出《思绿迹》，仍然没有跳出这个“圈”。终归有一天会让后人抱着书念叨书中的事，这两本书就达到不枉费我一番良苦心计的目的了……

说心睿纳思，是我一时异想天开的“小聪明”、“小计策”、“小思路”。围绕分管工作，在实践中深思其道，是我自己的一个“惯”性做法。我体会，只有不断借鉴前“经”、熟摸新“经”、循用真“经”，才能借以开通思绪，调动睿智，推进工作。在中国环境报社2009年聘请我担任“特约环境评论员”后，数年间，我写的几十篇环境评论和理论文章，连同在《河北环境保护》刊登的部分文稿，一并汇聚本书。

说传承续思，主要是集纳了在环保局工作期间所分管工作的一些思路及本人撰写的部分专题片解说词等文稿。留下这些，可以起到为后人抛砖引玉的作用，以期在开创廊坊环保新辉煌的征程上留作踪迹。书中所述人、事，在当时的背景实况下，可谓创新之举、创优之策、创先之道。有些经验做法，在全省、全国都有一定的影响。留之，以后可让闭门自赏。

在廊坊市环保局工作7年多时间，给我感触最深的，是各位同仁在“团结、厚德、守纪、创新”的廊坊环保文化精神凝聚下，奋力拼搏，诚信敬业的良好精神状态。大家以“为科学发展服好务，为生态环境把好关，为人民群众维好权”的承诺为神圣责任；大家用一家人、一条心、一股绳理念自励自进；大家讲团结、树正气、干事业、树新风；大家自强不息、崇尚气节、厚德仁民、敢于担当；大家讲廉洁、守本分、执法如山、刚正有节；大家在创业、创优、创新的征途上，不断求作为、创辉煌，连续13年全省第一，“两创”全国环保模范城市，勇当创建全国生态市建设的先锋模范，成为全国知名的环保模范集体。廊坊环保同仁的不懈努力，也为廊坊打造绿色竞争力，助推高端发展、建设幸福廊坊打好了基础。

我在环保局工作的时间段，正处于国家“十一五”末期到“十二五”期间。全球生态环境持续恶化，“污”与“治”的环境形势依然严峻，各种生态环境问题日益凸显。霾已经向我们疯狂袭来，并警告我们该做些什么。国家虽然正逐步加大生态文明、环境管理建设力度，但人民群众对环境质量、健康生活的权利的需求，远远超过了现实状况。甚至超越客观现实地对环保部门提出了过高要求。人们怀着良好愿望以为“现存”的环境问题，可以超越现实地一夜之间完全得以解决。

凡是合乎理性的东西都是合理的；凡是现实的东西都是客观存在的。但切记，千万别把“现实”与“理性”混为一谈，甚至把两者看作是等同的关系。在现实生活世界，“现实”与“现存”不完全等同，人们需要在两者间进行必要的分辨。流俗之见常常把“现实”与“现存”“并轨”而论，习惯性地把“现存”指认是“现实”。比如，中国乃至世界各国，都在开始愈来愈重视生态环境建设，这是“现实”，是理性的认识和要求；而与此同时，各类影响人类健康生存的环境污染事故、事件时有发生，有的在某一时期和时间还相当严重，这是一种现存的“现象”，正是“理性”的环保工作，愈来愈受到世界各国高度重视，这是主体趋势。决不能因为这些“现象”而否定国家日趋严格的环保举措和取得的成就。生态环境问题，也像我们面对令人担忧的产品质量和食品安全一样，在特定时期，这种“现象”必然存在于客观现实中，事物发展有一个过程，不可能一下子就完全改变现有的“现象”。事实上，一种健康合理的社会诚信伦理应当是积极的、受整个社会鼓励和支持的。而建立在诚信基础之上的思想理论认知，直接制约着人们对社会、对环境的客观认识，公众能否认知环保工作、理解环保部门、积极参与环境保护特别是大气污染防治行动的认知是环保工作的内在动因、动机与动力。因此，必须让国内公众全面而客观地了解环保事业的正确性、艰巨性和践行性。

承诺于心，践诺于行。今天的廊坊环保人初步做到了，明天一定会做得更好。

从 2008 年 12 月走进绿色环保至今，工作中得到了众多领导、环保同仁的关心、支持。特别是我十分尊重的甘中学博士，百忙中为我的小册子作序，中国环境出版社“开绿灯”给予我帮助出版，在此，我都共同道一声：谢谢啦！

李春元

2015 年 8 月 28 日（农历七月十五日，史称中元节，民间又叫鬼节）

目　录

1. 向“现实”寻求“思想”

《河北环境保护》2012 年第 8 期

最近读到一本绿皮书，是由中国环境报社主编，语文出版社出版的。书名叫《请给出一个问题》。书中回答了许多生态环境建设理论及思想问题。读书不少，过去只见过“请给出答案”“请给出办法”或“破解什么难题”“回答什么问题”之类。《请给出一个问题》，书名一看就让人耳目一新，不禁引发笔者书外之思。

人的正确思想是从哪里来的？毛泽东主席回答简明扼要，即人的正确思想来自于社会及生产实践。这与马克思所说的“向现实本身去寻求思想”一脉相承。

笔者观察，有些基层环保部门、环保工作者，在日常工作中，对于“思想”与“现实”的理解和处理，多有流连于表面化、片面化和主观随意性之弊，以致往往使“现实”与“思想”相脱节，使工作中很多能够解决问题的“思想”，与我们失之交臂，使一些新出现的环保疑难问题长久地徘徊于“现实”的困扰之中。

当前，全球生态环境正处于持续恶化、“污染”与“保护”矛盾冲突持续加剧、世界各国正形成共识持续加大生态环境保护力度。人民群众对环境质量、健康生存权利日益增加了追求的热度，因此，各级环保部门无一例外地被推向了被问责的行列。

面对持续增加的公众上访、媒体曝光、“黑媒”敲诈、组织问责和企业对不断增加的环保巨大投入的不满，基层环保部门一方面束手无策，被动应对；另一方面“灭火”求和，牵扯巨大精力，以致无暇顾及冷静应“考”。面对“现实”，到底应该怎么办，很少从“思想”层面去寻求突破之道。甚至有言之“基层就是靠实干，出‘思想’是上边的事儿。”其实，这是一种不会实干的浮浅认识。

基层环保部门直接面对公众，其实最应该了解公众的所思、所想、所盼。但为什么面对公众的“渴求”却又感到茫然不知所措呢？问题出在多方面。但主要原因，一是没有真正了解和理解群众；二是没有正确看待和对待群众；三是没有认真分析应该怎样对待不同利益群体的公众。细细分析，首先是基层环保部门没有正确了解公众。往往把少数人不合理的消极信访和行为强加于广大的公众头上，不能正确看待公众中存在的消极信访、无度诉求。更没有正确梳理引导，以至于听到群众信访就感到头疼。对于合理的社会诚信伦理应该理解是积极的、受整个社会鼓励和支持的。公众由于思想文化层面的不同、道德水准的不一，往往对于生态环境的认识也各不相同。有些群众由于不能正确认知生态环境建设的“现实”，把局部“现存”的一些污染问题，看作是整体的“现实”，继而对环保部门加大指责。而基层环保部门又没有做到认真梳理，加以引导，结果导致双方形成某些“对立”。其次环保部门没有换位思考。基层环保部门的每一名成员，都是老百姓的共同体，对良好生态生活环境的追求，对健康幸福生活的目标追求，都是一致的。这一点，当公众面对基层环保部门“要为人民群众维好环境权益”的承诺说出后，群众自然而然地就把很多、很高的期望寄于环保部门。而基层环保部门在践行承诺的过程中，是不是真的像保护自身的健康、幸福一样，对远离自己的污染问题做到严格执法、认真履职了呢？最后是没有做好具体工作。基层环保具体工作该“具体”到什么程度？该“具体”到哪些方面？该“具体”到哪些环节和特定群体？有哪些特殊要求？这恐怕是基层环保部门向“现实”去寻求“思想”最该思考、最该解决、最迫切需要持久“寻求”的永恒话题。如果我们的思想认识停滞在“基层环保部门的能力有限”“现实的生态环境问题不可能一下子解决”“现今的环境质量比过去强多了”“公众的期望值太高了，让谁来做也满意不了”的思想认识上，明天的现实就会更加可怕。如果我们面对“现实”，真正做到围绕公众所想、所需、所求去寻找解决矛盾和问题的“思想”和办法，出路一定会更加光明。

“现实”需要“思想”的升华才能得以澄清和解答，“思想”需要“现实”的结合才能海阔天空。两者相互作用、又相互依靠。明白了这个理儿，我们就该去面对“现实”探寻积极的“思想”。而面对“现实”去寻求“思想”，最好的办法，无疑是交流。

渴望交流，是人性本能。交流的形式，不同的时代有不同的特征。过去的交流是鱼腹鸿雁，书信传情；现代的交流是电话传真，话语真心；先进网络时代的交流，多数人，特别是年轻人，是面对电脑一遍一遍地刷屏，等待对方的回复。网络丰富了人们的交流形态，极大地满足了人们对交流和沟通的渴望。社交网络的出现，让网络的功能有了更大的扩展。许多人以自己为中心，建立一个庞大的社交群，在动辄以万计数的“粉丝”中，我们可以最大限度地对抗孤独、抱团取暖，也可以传播信息添享快活。在手机、电脑、网络这种联络的作用让很多人觉得异常温暖，人们沟通的愿望也让社交网络承担了更多情感和信息传播的使命。

然而，看似热络的社交网络、看似快捷的手机短信，却常让人感到美中的不足。在网络上，在手机短信中，很多人有许多网友，却没有几个见过面的；加入了很多的圈子，却没有几个真正有友谊的；每天都在线上碰到，却没有几个碰面打招呼的；社交网络、手机短信给了人们联系，却未必增加人们的情谊；激发了人们社交的天性，却可能磨平了人们沟通的能力；技术让人际关系变得越来越扁平和肤浅。简化了社交流程，也减少了礼仪与面对面的交心；技术给了多数人的机会，却未必让不会读发短信、不会上网的人群对社会、对环保满意。

现实中，因为一些基层环保部门过分偏重用于网络和手机发布公共信息、公布环保动态、情况，交流环保工作思想意念，最终却导致效果不佳的事例不为少见。

某地为满足广大群众的诉求，率先在当地网络发布 $PM_{2.5}$ 监测数据，满足公众的知情权。结果因公众不知晓 $PM_{2.5}$ 是怎么回事儿，导致当地群众在网上误传当地新产生的一种污染物体，造成恐慌。结果还是在电视上和公园广场上，请专家面对面向不同层面群众解释后才风平浪静。

某地一家垃圾发电厂要试运行，在网上公布了试运行期间可能会造成的短时噪声和气体污染。结果，那一时段因天气炎热，群众大都外出散步，没见到网上信息，由此导致当地群众上访，要求电厂拆除。

某地群众因对当地“十五小”违法排污企业久访不绝不满意，要求面见政府领导和环保局长。政府和环保部门确实引起了高度关注，但却没有满足群众“见面”的要求，只是在网上交流信息简单解释，工夫虽没少用，但群众却不买账，反而影响了政府和环保部门形象。

某家小报记者，把某地小电镀污染拍了片、写了稿，扬言不给钱就在网上发布。环保部门知情后一不给钱、二不见面。结果“黑媒”摇身成了“绿”色志愿者，环保局成了被告。其实，环保部门只要取得了其索贿的证据，实施反“曝光”，“黑媒”就会“傻”了。

由此可见，网络连接不等于人际交往，沟通便利不代表关系的密切，技术发展不意味着不要思想进步。点鼠标的交流总不如面对面更有真情实感。我们不能把现今基层环保工作诸多“现实”的问题没有解决好归罪于网络，但不能不怀疑，网络到底有没有让我们基层环保部门与公众的关系变得亲密，我们对网络的情感期待值该不该太高、太专一了！

实际工作中，许多基层环保部门面对严峻的环境形势，已经开始注重与公众和各种媒体的信息交流与感性交流。如电视讲座、媒体访谈、印发宣传材料、组织大型维权活动、借助电话下访、借助网络交流，结果忽略了“面对面”交流这一关键环节。殊不知，网络链接不等于人际交往，沟通便利不代表关系的亲密，技术发展不意味着所有思想进步。纸张比键盘更有热度，现实生活的面对面比虚拟社区更加阳光，真实的交流比数字电视的流动更温暖人心。技术发展的重要性不言而喻，也不容否认，但人与人之间真诚和真实的、面对面的交流会有更重要的意义和意想不到的收获。

向“现实”去寻求“思想”，其实说透了就是我们基层环保部门要向群众、向实践“寻求”解决让公众理解和支持环境保护事业的办法和思想。比起面对“现实”无动于衷者来说，靠媒体、靠手机、靠网络寻求“思想”的做法，已经是很有事业心、责任感了。如果我们在面对“现实”中，从自己的心灵上，再加上或是叫弘扬传统的“面对面”、“心贴心”的举措，问计于民、问策于民，在理解中寻求支持、寻求参与、寻求办法，解公众之不满，维公众之权益，效果一定会更好一些。

凡是合乎理性的东西，都是合理的；凡是现实的东西都是客观存在的。当今，许多群众之所以企盼与环保部门面对面的交谈、交流环保问题，当然也不是偶然的。生态环境问题，也像我们面对令人担忧的产品质量和食品安全一样，在特定时期，使社会与人之间、单位与人之间、人与人之间，产生了诚信危机。事实上，一种健康合理的社会诚信伦理，应当是积极的、受整个社会鼓励和支持的。而建立在诚信基础上的思想认知，直接制约着人们对社会、对生态环境的客观认识，这个认识恰恰是公众能否认知环保工作、理解环保部门、积极参与环境保护的动因、动机与动力。这一点，作为基层环保部门必须在现实社会大背景下有足够的认识，并能客观理解你“辖区”的公众。

向“现实”寻求“思想”解难破困，基层环保部门要力戒怕麻烦，不愿与群众面对面听取意见；要诚心拜群众为师，不要怕公众提出一些尖锐的问题；要提升做群众工作的本领，学会如何面对公众。要敢于积极面对现实，善于从容面对现实，学会用面对现实来寻求“思想”，解读、解答、解决“现实”，而不该消极、麻木和观望，更不该规避、回避和逃避。许多难题需要我们去破解，贵在真思真想，把事业装在心上，把问题装在脑子里，把办法拿到实际工作中。在以下“现实”情况下，基层环保部门的领导和执法人员、宣教工作者，应该主动与群众或媒体直接面对面地交流思想，并形成有的放矢的对策。一是遇有重大项目立项，公众由于不知内情而实施上访阻挠时；二是对广大群众都十分高度关注的环境敏感问题，如辐射、

$PM_{2.5}$、“十五小”和新“六小”污染害民问题；三是夜间施工扰民问题；四是对久拖未决导致群众上访的老大难问题；五是突发环境事件发生后；六是遇有“黑”媒体就某一污染问题敲诈钱物时；七是媒体和群众就某一生态环境个体事件、问题，要求与环保部门领导见面采访和澄清事实真相时；八是预测重要敏感期可能发生的某些群众上访问题时；九是违法排污企业与群众直接发生矛盾时；十是发生媒体片面曝光某项环境污染事实后和公众对环保部门执法满意度测评前，都应及时和公众面对面交流思想，保证公正、客观地交流必要的信息。

实践—认识—再实践—再认识，是科学世界观和方法论。也是我们基层环保部门，面对现实，向“现实”去寻求“思想”，并借以指导工作的必行之路。

面对众多环保现实难题、工作难题，向“现实”去寻求“思想”，作为基层环保机构、环保人，应重点抓住环保实际的“小”而“难”的问题直接向群众、向实践寻求解决办法。如：基层执法难，难在哪里？群众信访多，多在哪些方面？有些信访问题久拖未决，究竟拖在何处？群众对某地域的环境现状不满意，根源为何？基层环保工作者工作积极性在减弱，源于何因？对于乘“虚”而入，以现实环境污染问题为“把柄”敲诈钱物的“黑媒”该如何应对？等等，诸多困扰，不仅在社会公众层面需要面对面讨论，在基层环保队伍内部、在媒体中，也应该面对面寻出究竟。在向“现实”去寻求问题的根由的过程中，得出思路与办法。

向“现实”寻求“思想”，基层环保部门不仅要注重深入社会、深入公众寻找破解环保难题的锦囊妙计，还要注重发挥环保一线工作者的智谋作用、形象代言人作用和具体工作落实者作用，让大家献计献策，出“思想”、出“高招”、抓落实，通过增强大家的事业心、责任感，提升办事效能、提升服务质量、提升执法力度，提升公众满意度。

对公众关注的环境敏感问题，基层环保部门不仅要高度“敏感”和“关注”，而且要切实想出办法回应；对切实危害群众环境权益的行为，基层环保部门不仅要依法打击、制止，而且要为受害群众“举证”维权；对群众上访的每一件环境信访案件，基层环保部门不仅要热情接访、及时查证和处理，而且要在第一时间向信访群众反馈情况，向社会公布；对公众反映的“现实”环境问题，基层环保部门不仅要认真对待、疏导分类，“思想”对策，破解难题，而且要着眼长远，依靠政府，形成合力，疏堵结合，落实责任，防止同一类问题再次产生。

依笔者之见，不论是面对社会公众也好、面对正规媒体和“黑媒”也好，除去用正面的大道理和合理的社会诚信伦理实施教育、引导应对外，还必须贯彻以人为本的理念，用政治取信于民，用践诺取信于民，用法规政策取信于民，用让公众实际利益和环境权益真正得到保障来取信于民。

《请给出一个问题》，学会经常面对现实难题，寻求解难破困之道，并用实干抓好落实，基层环保工作才会与时俱进，充满信心和希望。

2.《刘三姐》的火把呛了谁?

《人民日报》2011 年 8 月 4 日第 20 版

日前到“山水甲天下”的桂林考察，白天在阳朔乘坐电瓶车，感觉此地很有环保意识；晚上观看《印象·刘三姐》表演，花200元钱买张门票，却被呛的差点晕倒。

演出有一个场面，几百人手举火把从四面八方拥向漓江岸边，火光耀眼之时，一股浓雾随风飘向看台，观众立时扑扇、掩鼻、咳声，怨声响成一片。原来，飘向观众的不是水雾，而是呛人的油烟。

在一些人看来，《印象·刘三姐》编排得那么好，文化资源开发得那么棒，群众沉浸在艺术享受之中，被油烟呛一下是小事一桩。另外，演出使用火把是要营造一种返璞归真的氛围，观众只来一次，熏一下不成大毛病。但是，从使用绿色环保的电瓶车，到使用不够环保的油烟火把，这两者是反差较大的细节，发生在“山水甲天下”的胜地，不由得让人联想许多。

这种反差，不独一时一地。有的地方到处悬挂“环境是第一生产力”、“环境是城市第一名片”、“保护环境就是保护生命权”的巨幅标语，却对毁林建厂、违法排污制止不力；有的企业高呼“宁可发展受损失，保护环境是天职”“承担社会责任，创建绿色企业”的口号，却干着偷排污水、停开治污设备的勾当；有的领导大会小会表示“支持环保部门严格执法，行使一票否决权”，环保部门正常执法却受到问责。

一个细节的“失误”，足以影响游人对一个地方的感觉，影响一个地方的形象。如果把一个地区、一个时期的发展规划比作一台标志发展文明程度的演出，其发展理念中的某一点失误、指导思想的某一点扭曲，对于生态环境的破坏、对于百姓幸福指数的影响，会更大、更长久。细节决定成败，落实科学发展观，既需要高瞻远瞩的宏大规划，也需要落实规划的扎实细节，既需要广泛宣传人与自然和谐，也需要以实际行动实现这一和谐。

科学发展的根本方法是按科学规律统筹兼顾，统筹兼顾当然不能顾此失彼。如果《印象·刘三姐》能用现代科技手段改造油烟火把，使它更加符合节能环保的要求，更加贴近观众的的需求，桂林的绿色形象肯定加分不少。由此推想，一个地方的决策者、企业主管，在推进“十二五”结构转型过程中，也应该顺应群众过上更好生活的期待，把科技进步和创新作为加快转变经济发展方式的重要支撑，真正用科学发展的理念指导行动，狠抓细节的设计和落实。只有这样，当地发展的“实景演出”才会叫好又叫座。

（本文在《农民日报》《人民网》《中国日报网》《网易新闻》《中国文明网》《光明网》《长城网》等媒体转载）

3. 从鲁智深的环境意识说起

《中国环境报》2012年2月15日第2版

最近，看新编电视连续剧《水浒传》，鲁智深倒拔垂杨柳一节顿觉耳目一新。《水浒传》原著及过去的老电影、电视剧，鲁智深都是一怒拔树，一扔了之，树死鸟亡。新剧中，鲁智深为显威风，仍是一怒之下，把树拔起，但拔至一半便心生悔不当初之恨，忙带众泼皮又把树直立起来，并反复叮嘱众泼皮，一定要把树救活、一定要把雏鸟养活。一贯守不得规矩、听不得劝的鲁智深，突然痛改前非，笔者观后，与多名友人议论此剧，都感此情节顺民心、合民意，富有时代特色，令人敬叹。

鲁智深所处时代，生态环保可能还没有提至政府和民生议题，拔树、毁鸟，今人难以厚非。笔者说感激、敬仰鲁智深，不如直说是敬叹新剧的主创和编导有了环保意识。新鲁智深的行为感人之处、表率之处，不仅在于他有了环保意识，更有知错必改的可贵精神，具有强烈的导向作用。

"新鲁智深现象"，是当下人民群众环境意识不断提升，对良好生态环境的期待越来越高，对政府治理污染良好愿望的现实呼唤。

长久以来，在全国很多地方，一些政府，为实施所谓为民、爱民、惠民、益民的民心工程，做出了很多不利生态建设、不守环保规矩的事。比如：为修公路不惜毁林填湖、为建楼堂馆所不惜侵占湿地、为盖工厂商店不惜大量吞食城镇绿地、为加速回迁工程建设放任建筑单位深夜施工扰民，等等。据网上媒体报道披露，即使去年《国务院关于加强环境保护重点工作的意见》发布后，也仍有个别地方在惠民工程中违反环保政策法规。其实，很多民心工程之所以动机好，结果却戴上了"黑帽子"，招惹众怒，背上官司，原因就是没有把好环保关，不守环保规矩，破坏了生态环境，损害了人民群众的环境权益。面对公众的批评意见，又表现为置若罔闻。

这些现象的出现，既有规划部门的失职、领导决策的失误、监督管理失责、群众监督失位的客观原因，也有领导者政绩观失态，乱用权力的主观意识。政府也好、部门也好、决策者也好，工作中出现些失误及问题，可以理解为在所难免，也可以理解为论证欠周、忙中出错。但笔者所要深究的是，是不是出现问题的初始原由就是不守规矩、挂着羊头卖狗肉；知错之后，是不是有一个正确的悔过态度和弥补、纠正的措施。

我国正处于积极推动各级政府向“服务型政府”的转型时期，要求各级政府强化公共服务和管理职能。提供良好的环境质量，成为各级政府履行公共事务管理责任的重要议题。刚刚闭幕不久的全国第七次环保大会，从转变经济发展方式，满足人民群众迫切愿望等方面深刻阐述了加强环境保护的重要性和迫切性。进一步提高认识，转变职能，统筹兼顾，积极承担起保障和改善环境质量、促进又好又快发展，维护社会和谐稳定的责任，着力解决影响科学发展和损害群众健康的突出问题，为人民提供安居乐业良好环境，已迫在眉睫。

过去的鲁智深，脾气大、性格犟、不守规，没什么环保意识。更不知道什么是科学发展观，也没有哪一级政府给他发过保护园林、保护鸟兽、保护环境的文件。生态文明、绿色发展的事，他更是不理解。在导演的“帮助”下，他仍然能与时俱进，浪子回头，及时悔过，仅这一点，就够我们今天的规划者、决策者、管理者学半辈子的。要深刻认知，人民群众才是政府和领导者开展执政为民各项工作活动的总导演。

“知耻而后勇”，是一句老话，古人方能做到，今人却有不为之嫌。如前所述，现实中，一些政府、一些决策者，听不进环保部门的意见建议，不愿接受各种形式的监督，更没有学会坦诚接受批评、纠正错误。在媒体、公众对我们的一些明显“失误”和“违规”提出批评或建议后，缺少的正是这种实事求是的悔过态度。在一些地方，面对保护环境的正确批评意见，甚至有个别的单位和个人，既是面对上级已经批评、面对法庭判决要纠正时，也要为自己的错误和失误解释推脱、顽固坚持、拒不纠正，我行我素。你批评你的，我会找各种借口照样干。当局者怕的就是一旦认了错会被追究、会被问责、会丢面子。根源是权力运行失去了真正到位的监督。由此产生的不良后果不仅是破坏了环境，而且很多时候还把环保部门扯进了两难的尴尬境地。一方面，环保部门依照职责严把项目审批关，竭力抓好总量控制、污染减排，强化环境执法监督，保障人民群众合法环境权益；另一方面，政府口头上做表面文章，而环保的重要性，却只让体现在为建设项目“保驾护航上”，心里头却把环保政策法规当成了拖经济发展的后腿的“紧箍咒”。但真的闹出了事，到上级追究时，环保人还要替政府领导担当，很是冤枉。

第七次全国环保大会确定的“十二五”在发展中保护，在保护中发展的主题，其实，是党中央、国务院，过去多年一贯倡导和坚持的。面对上级的三令五申，面对国计民生的发展大计，有些地方，有的决策者，之所以还总是听不进去环保部门正确的意见、建议，摆不正又好又快发展与落实环境保护法规政策的关系，一意孤行地为追求眼前利益犯事儿，原因还在于政治意识不强、政策观念弱化、责任追究不够、大局观念淡化。

其实，政府、领导者、社会各界、普通民众，在享受环境权益和维护环境安全方面，都是站在同一起跑线上的同路人，都有不同的社会责任，只是分工不同，所以责任的分量也各有不同。因此，谁都该主动自觉地承担起自己那一份环保责任。而不该打着各种民心工程的幌子、打着各种重点工程的招牌，破坏环境，失守规矩。特别是掌握重权的部门和决策者，即使在民心、民生工程的实施上，也应首先考虑眼前利益、长远利益孰重孰轻，进行科学决策。树立正确的政绩观，当权者当首先知道权该怎么用、为谁用。在事关发展与环境保护的选择上，多了解国家环保法规的要求，多听取主管部门的意见、多满足群众的需求、多倾听不同阶层的诉求，尽量少出失误，不犯错误。各级政府要肩负起环境保护的责任，还应采取一切可能的措施，调动一切可能的力量，避免一切可能的失误，纠正过去在发展理念、发展意识、发展行为上的不足，着力把过去积存的损害群众利益和影响又好又快发展的问题解决好。当然，要规范权力的科学运行，对领导干部知错后是否改错这一点，也应列入监督范围，作为责任追究的一项内容。对不严肃执行国家政策规定的人、对知错不改乱用权力的人，责任追究、法律追究，应再严厉些，这样，对党和人民的事业一定会更有好处。对于顺民心、合民意、敢担当、知错就改的政府和领导者，群众是喜欢的，不喜欢、不支持坚持错误、损坏环境、损害健康的任何人。作为政府也好，领导者也好，群众真的不支持你了，你早晚会失去信任，会出事、会丢官。因此，谁先认了新鲁智深这位环保恩师，谁才会立得住、站得稳，谁才会成为顺应时代潮流，赢得群众拥护的好名声。

（本文在《求是理论网》《网易》等网站上转载）

4. 环保宣教要接地气

《人民日报》2012 年 5 月 31 日第 20 版

每逢地球日、世界环境日、世界无车日等节日，不少地方都会开展各种活动，进企业、进工厂、进校园、进社区，向群众宣传节能减排形势、环境政策法规和环境生态保护常识，环保宣教做得有声有色。但是，近年来，在某些地方，群众对环保宣传内容越来越不感兴趣。

究其原因，是环保宣教的内容和形式不能满足群众的需要，不能回应群众关切。群众到底关心什么内容？笔者经常接触基层环保实际，发现群众反映强烈的环境问题，往往与自己的生活相关。比如重污染小企业为何不断治理却收效甚微、城区夜间施工为啥屡禁不止、信访举报问题为何不能及时解决等；另外，当地环境污染的成因、环境监测数据的真实性等问题，人们也比较感兴趣。

群众关注的一些敏感问题之所以未能及时解决，主要原因是四个不够。一是一些基层政府和环保部门重视不够，缺少对民情、民意的分析研究。二是公开透明不够。有关部门对空气和水环境的监测数据，往往是内部掌握，很少对外公布。同时对解决问题的难度，也讲得不够。比如重污染企业的治理，由于这类企业需要改造的力度较大，环保设施投入运行需要一个过程，治理效果不可能立竿见影，群众对此并不了解。三是环境法规、环保专业标准知识宣传不够。四是政府部门之间职责不清、分工不明，协调配合不够。

环保宣教应该加强针对性，围绕环境敏感问题解疑释惑。今年春节期间，河北省廊坊市抓住烟花爆竹造成空气污染这一热点问题，将 $PM_{2.5}$ 的成因、市区污染主要成因等知识，逐一向群众公开宣传，使群众清晰地认识到 $PM_{2.5}$ 是空气污染的罪魁祸首之一，汽车尾气、燃放鞭炮、煤炭燃烧等是 $PM_{2.5}$ 浓度超标的主要原因，每个人都有责任，每个人别只是报怨，保护环境应该从自己做起。给群众一个明白，大家就能主动配合政府部门的工作。

只说不练是假把式，影响政府的公信力。因此，要治宣结合、疏宣并举、管宣互动，切实把环境敏感问题宣传到位、解决到位。对于群众反映强烈的问题，基层政府要牵头组织相关部门联合行动，治理与正面宣传同时推进，形成声势，求得实效。比如，对于居民区、校园、人群集中区内建设的通信塔、变电站，只要群众质疑辐射问题，就应当及时监测，并请群众参与监测，让大家知道实情，消除因不知情而产生的恐慌心理，引导群众相信科学。对因各类环境问题引发的群众上访和举报，应本着抓早、抓苗头、抓实的原则，认真接访，及时调查，切实解决问题。对一时难以结案的案件，也要通过口头告知、送达文书、网上回复、公开宣传等形式，借助各种宣传渠道，全程发布举报案件的查处进展情况，防止矛盾激化，影响社会稳定。

环境保护离不开群众参与，环保宣教的目的是广泛动员群众。群众有什么疑惑，有什么诉求和建议，政府部门的工作人员坐在办公室想当然显然不行，只有多接地气，倾听群众的呼声，才能号准脉搏，对症下药。

（本文在《中新网》《中国色谱网》上转载）

5. 企业为啥要“犯傻”？

《人民日报》2011 年 10 月 3 日第 20 版

最近，河北省廊坊市出现几例在企业界被认为是“犯傻”的事：河北南玻玻璃有限公司、廊坊开发区热力公司等数家企业的老板，跑政府、找环保，争着抢着要求投巨资上减排工程。其中还有一家企业过去还曾是宁可认缴罚款也不愿上减排工程的“钉子户”。

上减排工程得花上千万元，别说小企业，就是不差钱的大中型企业，这笔开支也不算小。在一些“精明”的企业老板看来，减排工程是“负担”，“负担”能躲则躲，主动花钱要“负担”，可不就是“犯傻”嘛！而在有点社会责任感的人看来，廊坊的几家企业没有犯傻，恰恰是识时务的俊杰。

据了解，这些企业之所以“犯傻”，是因为它们既认识到了政府推进污染减排的坚强决心，也感受到环保部门主动为企业服务的热情。去年以来，廊坊市针对日益紧迫的减排压力，改变过去靠“罚”和“压”逼着企业承担减排任务的做法，引导企业增强环境意识，履行社会责任。怎么引导？一是组织企业法人学习环保法规，让企业认清环保是企业的生命线；二是政府官员和企业领导人一起谋划地方发展大计，并让主动上减排工程并且从中尝到甜头的企业现身说法；三是环保部门积极为企业排忧解难，真诚服务。

如今，保护环境成为越来越多人的共识。在环境质量局部好转、总体恶化，环境形势依然严峻的形势下，必须实行严格的环境保护政策。对违法者姑息纵容，就是对守法者的羞辱。违法者得不到惩处，必然导致“劣币驱逐良币”，造成“违法成本低，守法成本高”的局面，面对这种竞争态势，企业怎么可能主动保护环境生态、履行社会责任？

就环保执法而言，对违法排污的少数企业，用行政、法律和经济手段处罚，是科学发展的必然要求，是维护公平正义的必然要求。负有监管之责的环保部门，尤其要敢当“恶人”，铁面无私。但是，环保部门在敢抓敢管的同时，还要善抓会管，在疏、理、帮、教上动脑筋，想办法，施良策，因为做好环境保护工作，需要企业的积极支持。

追求利润，降低成本，是企业的本能，如果企业主不能从思想上认识节能减排的意义，必然要把减排工程视为负担，“你有政策，我有对策”。要提高企业主的认识水平，职能部门不能光靠发文件下通知，也不能一到企业就板着面孔训话。只有切实转变作风，为企业营造良好的发展环境，政府提出的许多“要你做”，才会变成企业的“我要做”。

每一位会赚钱的企业主都不傻，但整天琢磨着投机取巧，不是真正的精明。廊坊的几家企业主动“犯傻”，正是精明的体现。其他地方情况各有不同，但案例透出的道理值得企业深思，值得政府部门深思。

（本文在《网易》《文明网》等网站上转载）

6. 如何看待环保人被问责?

《人民日报》2012 年 2 月 2 日第 20 版

如今，问责成了一个常用词。人们发现，在煤矿、石油、铁路、公路、药品、食品、医院、法院等行业或部门工作人员多被问责的同时，环保部门也成了常被问责的部门。

粗略统计，近 3 年中一些环境事件发生后，环保人被曝光、被追究行政或法律责任的有数十例。某地一企业违法排污，虽然环境监察人员平时要求很严，但因没有按规定填写相关文书，查无证据，以失职之故被追究；某地一国家明令限批的化工企业，违规未批先建，环保局相关人员因收受企业钱物而视若无睹，结果企业出事后，收钱者被法纪追究；某地环保局两个监察人员因未顶住说情风，放宽执法标准，在企业放肆排污被群众举报后，受到党纪政纪处理……

环保人常被问责，环保局长难以坐稳位子这类事在业内成了热点话题。有人抱怨对环保人问责设置的条条框框过于严厉；也有人认为环保人被问责乃事出有因，不能消极应对。

分析起来，一些环保人被问责的主观原因是责任心不强、执法不严、手脚不净。客观上则有三大原因。其一，经过几十年工业化的快速发展，许多地方积累的环境问题，开始集中暴发，环保的风险越来越大；其二，随着国家法制建设不断完善，对行政过错追究力度不断加大，对各类失职行为进行问责已成常态。而有些环保人仍然缺乏责任感、危机感，糊里糊涂干错事；其三，人民群众对生态环境有了自觉的要求，环保参与意识不断增强，监督力度不断加大，有些环保人却置若罔闻、玩忽职守。

环保人应该如何减少和避免被问责?

首先，要依法办事。环境法律法规是环保部门工作人员执法的根本依据。项目环评、稽查、监察执法、各项审批等工作，无论是要落实到文书上的，还是要依法、依规、依制度落实到实际工作中的，都要言出有据。特别是对符合审批条件该办的事，要雷厉风行，对各项核查验收更要细致认真，切不可把“检查”变成“简查”。

其次，要严格自律。过去环保部门被视为清水衙门，现在则不一样了，手中有了一定的权力，环保人如果滥用权、乱作为，很容易出事。必须用好项目准入、环评审批中的“一票否决权”，丧失原则的事不办、越轨的行为不干。更不能被一些蝇头小利弄昏头脑，吃了人家的嘴短，拿了人家的手软，对违规违法者网开一面。

最后，要公正、公开。环境执法过程一定要公开透明，不论遇到什么事、什么人、什么背景，都不能丧失原则，暗箱操作。要做到政策公开、处罚标准公开、处理结果公开，自觉接受组织和公众监督，真正让组织放心、让公众满意。

可以说，中国已经进入问责时代。并不是非出大事、大祸或滥用职权、违法行政才被问责追究，工作不细、效率低下等“不求有功、但求无过”的行为也可能被问责。环保人要想站得住、站得稳，必须正视这一现实，积极调整自己的心态和行为。

（本文在《新华网》《网易》《华龙网》等网站上转载）

7. 传统烟花爆竹拿啥替代

《人民日报》2012年2月9日第20版

据媒体报道，春节期间，由于人们集中燃放烟花爆竹，北京、上海、南京等城市$PM_{2.5}$监测数据均严重超标，除夕夜北京$PM_{2.5}$浓度升高50倍。不过，从笔者居住的廊坊来看，今年的燃放爆竹明显比往年少了，北京、郑州等地的一些亲朋也有这样的感觉。

烟花爆竹燃放量减少，可能有多方面的原因。说是$PM_{2.5}$的宣传起了作用，也不无道理。去年以来，一些大中城市的空气污染成为社会热点，专业术语$PM_{2.5}$成为热词，确实引起人们对自身“不环保”行为的反思，今年春节期间燃放烟花爆竹导致$PM_{2.5}$浓度成倍增加，更是以铁的事实支持了这一反思。

逢年过节燃放烟花爆竹是产自农耕社会的传统民俗，它在工业化、城市化快速推进的今天遇到了尴尬。前些年，许多城市明令禁放，终因难以抵御传统之力而改成限放。今后几年若要完全禁放，恐怕也不会有普遍的民意支持。退而求其次，我们能否选择某些新的方式替代传统的烟花爆竹，以减少环境污染和安全事故，既让节日绿起来，也能传承习俗？

在2008年北京奥运会的开幕式上，鸟巢上空燃起的烟花给人们留下深刻的印象。这种烟花用新型环保材料代替纸壳压力舱，压缩空气取代火药，燃放时无纸屑纸渣、无刺鼻味道、烟雾也小。另外，代替传统鞭炮的电子鞭炮也早已诞生。这种电子产品既环保、安全、无火药，还可反复“燃放”。

新型环保材料的烟花和电子鞭炮，既发光又出响声，烟气和噪声污染大为减小、引发伤残及火灾的机会更少，在很大程度上消除了传统烟花爆竹的危害，是一种可行的替代选择。眼下许多人已经把燃放烟花爆竹与$PM_{2.5}$浓度升高联系起来，各级政府特别是大中城市的管理者正好可以因势利导，采取相关的政策措施，进一步降低燃放传统烟花爆竹的危害。

近年来，各级政府在推动减少机动车尾气排放、减少建筑工地扬尘、禁止秸秆焚烧、控制水资源的过度使用等方面取得了成效，关键是出台了一系列鼓励政策和惩罚性措施。支持电子鞭炮、新型烟花的生产、消费，也需要政府出台一些奖励或减免税政策，同时制定烟花爆竹污染排放的国家标准，提高生产、销售、燃放各个环节的环保成本，严控无序生产和违规销售。

各级政府和职能部门，还应该带头在各种节庆活动中不使用传统烟花爆竹，并严厉制止一些企业和单位随意燃放“开门炮”的行为。

要想让人们改变自己的行为，更需要长期、反复、有效的宣传。只有让人们深刻认识到环境污染对身体健康的危害，认识到导致环境恶化的根源，认识到个人可以为改善环境质量做哪些事，不燃放或少燃放烟花爆竹才能成为自觉行动，传统烟花爆竹的替代方案才能不断完善、顺利实施。

（本文在《中国网》《网易》等网站上转载）

8. 如何提升农村环保工作？

《中国环境报》2009年7月27日第2版

党中央、国务院提出要把加强农村环境保护作为一项重要目标任务来抓。近年来，河北省廊坊市围绕农村改革发展大局，扎实推进农村环境保护工作，努力实现农村环保工作目标，为建设“两型”社会提供良好环境保障。

一、要实现农村环保组织领导的科学化、规范化。与城市相比，农村现在已经不是一块净土。如何解决农村环境污染难题？笔者认为，要解决思想认识问题。以科学发展观统领农村环保工作，是实现农村环保组织领导科学化、规范化的前提。必须进一步树立和落实科学发展观，辩证地处理好经济发展与环境保护的关系。还要深入实际调查研究。摸清底数是进行科学决策的基础。组织开展农村污染源普查，摸清全市农村各类污染源的数量、行业和分布，主要污染物及其排放量、排放去向，农村生活污染、农膜污染和施用农药、化肥造成的农村面源污染等底数，有针对性地制订农村污染防治与生态保护对策。

二、要实现农村环保工作运行的自治化、常态化。建立农村环境管理长效机制，是农村环境保护工作自治化、常态化管理的组织基础。要从解决农民最关注的民生问题入手。从解决农村生活污水、垃圾问题入手，出章法、施策略。要建立一体化的组织管理机制。成立由村委会、村民代表和农民环保志愿者共同参与的农村环保领导组织，分工负责、履行责任。要建立多元化的资金投入机制。农村环境保护是一个庞大的社会系统工程，需要大量的人力、物力、财力。

三、要实现农村环保推进方法的典型化、示范化。在农村环境综合整治工作中，要采取典型引路的方法。科学布局抓典型。谋划典型示范工程，下真功，用实劲，抓出一批过得硬、学得了的典型。明确典型特色定位。着眼农村环保治理任务所需，以保水源、保田园、保清洁、控污染为重点，通过分步实施，抓出一批饮用水水源地保护、工业废水污染治理、烟尘粉尘污染治理、污水处理、秸秆还田及综合利用、畜禽养殖污染治理、村容村貌生态化建设和河流沟渠治理等多个方面各有特色、有代表性、有学习推广价值的典型。

四、要实现农村环境管理监督的标准化、网络化。随着农村环境形势日益严峻，农村环保任务更加艰巨，必须尝试为农村环保工作提供体制保证。首先，选择较大的建制镇建立环保所或环保分局。近年来，廊坊市在霸州市胜芳镇、文安县左各庄镇、大厂回族自治县夏垫镇等厂矿企业多、经济相对发达的地区建立了环保分局或环保所，对农村环境管理起了很大推动作用。其次，充分发挥特有优势作用。廊坊的 ISO 14001 环境管理体系已延伸到乡镇，使没有建立环保机构的乡镇也找到了环境保护的抓手。最后，抓好考核。把重点建制乡、镇、村的环保工作直接纳入市级考核范畴，建立健全环保工作考核验收的制度，做到有章可循、有据可依，增强重点乡（镇）、村抓环保工作的主动性。

五、要实现农村生产生活环境的清洁化、生态化。目前廊坊市有 3 222 个行政村，日产生活垃圾量为 2 260 吨。全市共有乡村工业 9 163 家，畜禽养殖户 7 663 家。同时，环境基础设施投入严重不足，部分村的村容村貌出现“脏、乱、差”现象。

当前廊坊市农村的环境保护工作重点应放在以“清洁水源、清洁家园、清洁田园、清洁能源”为内容的“四清”目标上，大力开展环保创建。以创建生态市为统领，在大的乡镇开展环境优美镇、生态示范区、生态文明村创建工作，以环保创建为抓手，带动整体环保工作上档次、上水平，逐步扩大整治成果。通过农村环境综合整治工作，对农村生活污水、垃圾、河畔沟渠进行清理整治。大力发展循环农业。坚持生态立市战略，积极推广无公害、无污染和节地、节水农业生产技术和污染治理技术，推行生物养殖、生物基地膜、生物病虫害防治，建设生态农业园区。

六、要实现城乡环保统筹的一体化、互动化。农村环境是城市生态环境的大后方。城市居民生活用水的水源地早已延向农村。同时，农民生活用水也已改变分散式供水模式，实现乡村连片供水。这造成了城市污染农村就是在污染城市，可能引发一村污染严重、多村就同时受害的局面。

因此，统筹城乡环境保护至关重要。要坚持城乡污染共防共治。统筹城乡环境保护，建设生态文明，是党的十七大做出的战略部署，是生态文明建设的基础。如果偏重城市环保而忽略农村环保，既影响广大农民的生产生活环境，也影响城市居民的环境安全。因此，在工作中要坚持城乡环境保护统筹考虑，协同推进城乡环境共同改善。

要城乡投入并举。采用多种渠道、多种方式，加大农村环保投入；先期投入资金，加强农村环保队伍业务培训，提高队伍素质；从环保各项基金中，列支农村环保专项资金，重点支持净化农村环境工程、水源地保护工程、发展生态农业工程和建设优美村庄工程。在实施农村环境综合整治工程中，由于农村自身财力不足、设施不多、条件受限，许多农村污水、垃圾集中收集后却无法完成后期处理。因此，必须采取城乡资源共享的办法，才能使有限的科技资源、人才资源、设施资源发挥更大效益。

9. 不能耕别人田荒自己地

《中国环境报》2009年9月24日第2版

笔者是环保新人，没有环保招商的经历，但一口气读完9月8日《中国环境报》刊登的《环保局还是“招商局”？》和《全员招商苦了谁？》后，还是心生感思。其实，环保招商在基层不是什么新生事物，类似在全民招商、全民创业、全民保增长的口号下，让环保部门作难的事儿比比皆是。

前不久，正值国际金融危机险境交锋的当口，笔者有幸参加全国地市级环保局长培训班。专家每讲一课，学习班都安排一次讨论。思考讨论题虽每次不一，但来自全国各地的同行们的“叫苦”之声却场场皆是。谈到当前金融危机形势下，环保应当做什么？某地环保局副局长语出惊人：政府刚下过红头文件，为了支持企业渡过难关，给环保局下达3项指示：一是到企业监察必须事先向政府报告，同意后方可进厂；二是监察执法人员到企业后不许指手画脚、挑毛病；三是实行零罚款。这让环境监察怎么执法？

如果把环保招商看成是不务正业，或是不让全神贯注地务正业的话，那么某地给环保局定的这“铁三条”，就更直接地让环保局不能作为或是“失业”了吧。这折射出的背后问题，就是政府为保商、保政绩，而不惜放弃环境保护的职责。

其实，地方政府的责任包括组织、监督所属的行政部门各司其职、依法行政。无论在什么样的经济形势下，作为地方政府，都应该支持环保部门依法开展环境监察工作。如果一提保增长，就让环保保商而不保责、不保法，不让环保局务主业，那么，法律法规不就成摆设了吗？这种摆设最终损害的是法律尊严、政府形象。这些损害绝不是靠“保商”挣来的GDP能弥补的。

让环保部门全身心地依法履职、依法行政，政府责无旁贷。环保部门在各级政府领导下工作，按政府的指示要求办事，关键是让环保保什么、怎么保。在环保部门自身面临节能减排、环境信访等多重压力的情形下，这对环保工作者特别是各级环保局领导班子的履职能力也是一种考验。

笔者认识一位经多见广的老环保局长，谈起政府给环保部门下达招商引资指标任务等事情，他问了 3 句话：面对这样的情况，向本级政府提合理化建议了没有？问题没解决，向对口上级汇报了没有？为了履行职责，坚持了没有？此言让人不得不深思。

环境执法任重道远。环保部门不是万能的，环境法规不是橡皮泥，环保的职责不能随意扭曲。这些，应该记取的不该仅是环保人，地方政府更应该记牢。让环保局有精力干好自己的事儿、有权力依照环境法规办事，是地方政府应尽的职责。

（本文在《长城网》转载）

10. 农村新民居环保工作怎么抓?

《中国环境报》2009年10月9日第2版

抓好农村新民居建设的环境保护工作，是开展农村环境综合整治的重要内容和崭新课题，是落实科学发展观的客观要求，是新农村建设的必然选择。

河北省廊坊市在新农村建设中，采用政府引导、民众自愿、开发商投资等多种方式，大力开展新民居建设。笔者调查发现，廊坊市目前正在建设或已建成入住的新民居，从街面上看，的确是生机盎然。但细究新民居的环境基础设施建设，却发现不少问题。一是有的新民居建设没有环保规划。二是有的环保规划没有生活污水治理项目。三是虽然农民住进了新民居，但还是在用老方法处理生活垃圾、生活污水。

如何因地制宜、因势利导在新民居建设中抓好环境保护工作？笔者认为，环保部门应该做好下面5项工作：

第一，提前介入，主动上阵，积极参与新民居建设规划部署。在新民居建设中，县（市、区）环保部门，应会同当地政府相关部门，一起谋划新民居建设的环境治理问题，做到先规划、后建设，不留遗憾。特别是对乡村联片开发建设和多村集中开发建设的新民居工程，要把治污规划做在先。

第二，发挥环保的监管作用，督导建设部门、建设单位，严格落实项目建设中的环境治理、环境保护规划。从拆迁村庄的固废清理，到新民居建设的整个过程；从新民居周边遗留的老污染源治理，到新民居小区的环境设施建设；从生活垃圾、污水的科学处置，到畜禽集中圈养的规划实现，每一步都要按规划抓到位。

第三，抓好已建成的新民居环境补差、补漏建设。对在建设前缺少环境治理、环境保护规划，建设中没有严格落实环境治理及保护规划，建设后仍然没有强化环境治理的新民居，要及时抓好补差、补漏建设。对没有生活垃圾、污水处理设施的，环保部门要主动上门协调补规划、补建设、补设施，不能让农民住在新民居还闻着臭气。

第四，引导新民居村和新民居小区建立环境管理长效机制。成立由村委会、村民代表和农民环保志愿者参与的环保组织，出章法、施策略，分工负责。要在农民群众中，广泛开展环境保护宣传教育，使广大群众从生活小事做起，为环境保护做一份贡献。

第五，充分发挥好先进典型的示范作用。要把新民居环境建设列入农村环境综合整治的总体规划，针对不同情况，科学布局抓典型，坚持以抓环境保护规划、抓污水集中处理、抓垃圾分类回收利用、抓预防面源污染、抓环境宣传教育为重点内容，做好农村新民居环境建设。

11. 农村环境保护迫在眉睫

《2010年全国地市级环保局局长岗位培训优秀论文集》

党的十七届三中全会指出，要进一步加大农村改革力度，把加强农村环境保护作为一项重要的目标任务来抓。农村环境保护事关广大农民的切身利益，事关可持续发展。近年来，廊坊市通过不断加大农村污染防治和生态保护力度，重点开展了对生活污水、村镇垃圾、畜禽养殖和农业面源污染的治理。但农村生态环境形势总体上仍然比较严峻。一些乡村生活污染、面源污染还相当严重；工业污染、城市污染向农村转移。对此，我们必须重视农村环境保护工作。

一、农村环境现状不容乐观

廊坊市目前有90个乡镇，3 222个行政村。全市农村人口为282万多人，日产生活垃圾量为2 260吨。全市共有乡村工业9 163家，畜禽养殖户7 663家。各类污染产生源正逐年扩展和加大。

调研发现，目前，全市农村都存在环境点源污染与面源污染共存，生活污染和工业污染叠加，各种新旧污染相互交织；工业及城市污染向农村转移，对农村饮水和农产品安全产生影响；缺少统一规划，环保基础设施投入严重不足，部分村容村貌有“脏、乱、差”现象。农村环境问题已经成为危害农民身体健康的重要因素，制约了农村经济社会的可持续发展。

1. 面源污染与点源污染共存，生活污染和工业污染叠加，各种新旧污染相互交织

由于施用过量化肥和农药，农作物没有吸收的残留物排入了地下水，造成农村

浅层水水体污染，破坏生态防护功能，土壤中持久性有机物污染风险增大。生产工艺落后的乡镇企业产生的废水、废气、废渣、噪声形成的点源污染对农村环境影响也越来越大。畜禽养殖排泄物随着养殖规模大幅增加，污染周边水体和大气环境；农用塑料薄膜大幅增加，废弃或破损的农膜污染土壤、污染农村居住环境。这些情况使得农村形成了面源污染与点源污染共存，生活污染和工业污染叠加，各种新旧污染相互交织的局面。

2. 工业及城市污染向农村转移，危及农村饮水安全和农产品安全

随着农村工业经济的发展，安次区农村工业企业逐年增加。根据2008年全市所做的污染源普查，安次区8个乡镇共有工业源475家，生活源176家。这些企业大多规模较小，环保设施投入不足，对农村环境产生了一定的污染。

3. 缺少统一规划，环保基础设施投入不足，村容村貌“脏、乱、差”现象明显

随着现代化进程的加快，小城镇和农村聚居点规模迅速扩大，但是规划和配套基础设施建设普遍未能跟上，规划之间缺位或不协调。小城镇和农村聚居点的生活污染物则因为基础设施和管制的缺失一般直接排入周边环境中，绝大多数农村没有集中的垃圾填埋场、污水管网，白色污染在村庄中同样普遍存在，农村小沟、小河、水塘淤积变黑发臭和漂浮物蔓延的现象普遍存在，造成了“脏、乱、差”现象。

二、农村环境污染问题成因复杂

农村环境污染量大、点多面广，污染源分散，历史欠账较多，农村环保工作基础薄弱。形成这样的局面，原因是多方面的，通过深入基层调研，主要有以下几个方面的因素：

1. 责任主体不明

农村环境保护工作是一项复杂的社会工程，再加上农村污染源点多面广，成因复杂，需要各部门分工合作和社会各界的积极配合。《中华人民共和国环境保护法》规定，县级以上人民政府的土地、矿产、林业、农业、水行政主管部门，依照有关法律的规定对资源的保护实施监督管理。李克强副总理在全国农村环境保护工作电视电话会议上的讲话明确指出：地方政府是农村环境保护的责任主体，环保部门要加强对农村环境保护的统一监管和指导协调。发展改革、财政等部门要抓紧制定有关政策措施，加大资金投入。水利部门要牵头抓好解决农村居民喝不上干净水的问题。建设部门要加强对农村污水和垃圾处理的指导。农业部门要抓好农业面源污染

防治。因此，解决好农村环保问题，不是环保部门一家能够力所能及的，它需要政府的统一协调指挥，各部门的密切配合，广大人民群众的共同参与。

2. 治理模式不适

农村环境污染与城市环境污染的情况特点不同，规模以上工业企业的污染治理由于其污染排放的集中性、污染物相对的单一性和企业经营规模相对较大等特点，末端治理方法在多数情况下是适用的，而农村地区套用解决城市污染和规模以上工业企业污染的主要手段存在技术、经济障碍。除了面源污染难以收集污染物外，其他类污染用末端治理常会出现既治不起也治不净的情况。

3. 资金投入不足

由于长期以来对工业污染和城市污染的重视，使得污染防治投资几乎全部投到工业和城市。城市有污水处理厂、垃圾处理场，而农村从财政渠道却几乎得不到污染治理和环境管理能力建设资金。环境保护尤其农村环境保护本身是一项公共服务，属于责任主体难以判别或责任主体太多、公益性很强、没有投资回报或投资回报率较小的领域，对社会资金缺乏吸引力。

三、落实科学发展观必须着眼长远，把农村环境保护工作做实

1. 突出农村环境保护规划的先导作用

目前，我国对于农村环境质量的评价还缺乏全面和定性的描述分析，但是农村环境污染已经引起环保部门的高度重视，今年环保部更是把农村环境污染治理工作作为近几年的一项重点工作。安次区的新民居建设工作也稳步推进。通过布局规划逐步引导农村人居环境和生产环境的分离，通过农村综合整治规划引导，合理开展农村环境基础设施等建设。最近，省环保厅按照环保部的要求，正在制定我省农村环境综合整治规划。我局按照环保部印发的《农村环境综合整治规划（2009—2015）编制大纲》及省环保厅相关文件精神。已于2008年8月着手起草了我市《农村环境综合整治规划（2009—2015）大纲要点》。同时与清华大学城市规划设计研究院、北京易科环境科学研究所、河北师范大学资源与环境研究所、河北科技大学环境科学与工程学院进行了联系，委托资深院校进行农村环境综合整治规划的编写，目前《要点》已基本完成，农村环境综合整治规划的编写单位选定为河北师范大学资源与环境研究所，我局已于2008年12月将此工作落实。依据环保部大纲精神，通过农村环境综合整治规划工作，对严重危害农村居民健康、群众反映强烈的突出

污染问题，以村为基本单元，实施环境污染治理项目，切实加强农村环境保护。《要点》初稿选取了12个村庄作为2009年到2010年拟治理的规划村庄，40个村庄作为2011年到2015年规划治理村庄，并上报省厅列入河北省农村环境综合整治规划，向中央申请奖励资金。以此为契机，安次区应考虑结合本区实际情况，制定全面加强全省农村环境保护工作的具体落实和实施规划。

2. 加大农村环境保护投入

农村环境保护本身是一项公共服务，属于责任主体难以判别、投资回报率较小的领域，对社会资金缺乏吸引力，必须强调政府在其中的主导作用，各级政府应把资金适当向农村倾斜。根据全国农村环境保护工作电视电话会议精神，自2008年下半年以来，对采取有力措施使严重危害农村居民健康、群众反映强烈的突出污染问题得到解决的村镇，国家实行了“以奖促治”政策，将环境保护专项资金向农村倾斜，以激励和促进地方人民政府及社会各界加大农村环境保护投入，稳步推进农村环境综合整治。2008年9月19日我局已向省环保厅申报了文安县新镇王庄子村电镀污水治理、固安县柳泉镇大寒寨村肠衣加工污水治理、大厂县夏垫镇苇子庄村屠宰污水治理2008年治理奖励资金。文安县新镇王庄子村申报的150万元治理奖励资金国家已决定奖励100万元，目前资金已拨付到位。工程于2009年3月28日开始施工，计划5月初竣工，6月准时向省环保厅提出验收申请。同时，运用市场机制，广泛吸纳社会资金。

3. 典型示范带动作用

典型带动，是科学抓好农村环境保护工作的重要方法，要充分发挥典型单位的示范带动作用，以点带面，全面推进，抓一点带一片，抓一村带一乡。我们有一个初步设想，廊坊市农村环境综合整治工作以典型示范作为突破点，作为主要抓手来抓，以村庄为基本单元，按照以点带面、逐步推进、务求成效的原则，从2009年6月起至2012年6月止，利用三年时间，实施“581”农村环境综合治理工程，即在全市选定5个乡镇所在地、8个生产小区、100个村街作为实施重点。2009年至2010年6月，完成1个乡镇所在地、2个生产小区、20个村街的环境综合整治；2010年7月至2011年6月，完成2个乡镇所在地、3个工业小区、30个村街的治理；2011年7月至2012年6月，完成2个乡镇所在地、3个生产小区、50个村街的治理。

4. 增强科技支撑作用

要大力引进和推广农村环保实用技术，为农村生态保护和环境综合整治提供技术保障。比如，要大力开发节约资源和保护环境的农业技术，大力推进秸秆综合利用。重点推广废弃物综合利用技术、相关产业链接技术和可再生能源开发利用技术，积极开发节地、节水、节肥、节药、节种的节约型农业新技术等。今后我局将加强与农业、水利、林业、科技等部门的工作联系和协作，充分整合和利用现有科技资源，推动农村环境保护科技创新。

5. 加强农村环境监测和监管

建立和完善农村环境监测体系，定期公布农村环境状况。严格建设项目环境管理，依法执行环境影响评价和“三同时”等环境管理制度。加大环境监督执法力度，严肃查处违法行为。同时借助环保综合执法、环保专项行动和环保目标考核等手段，组织开展农村地区环境综合整治的督导检查，加强农村环境监管。

6. 加强农村环境保护宣传力度

环境保护宣传要深入农村，深入基层，使广大农民朋友认识到环境保护的重要性和紧迫性，变被动为主动，增强自觉性。具体工作过程中，要坚持农民自治的路子，通过让农村提高环保意识，从而实现农村环保工作的新突破。

7. 提高农村环保新境界

科学发展是农村环保的必由之路。抓好农村环境保护，积极开展农村环境整治，逐步使我市环保工作实现城乡并进与互动，我认为必须着眼长远，努力实现农村环保工作组织领导的科学化、规范化；工作运行的自治化、常态化：推进方法的典型化、示范化；管理监督的标准化、网络化；目标追求的清洁化、生态化；城乡并进的一体化、互动化。做到有规划、有组织、有典型、有亮点、有经验、有成果。

总之，解决农村环境污染问题，必须遵循科学发展的理念，尽快动手、尽快规划、尽快展开治理。全市各地农村要根据实际情况因地制宜地采取一系列举措。要坚持从农民最关注的民生问题入手，把农村污水处理、垃圾处理作为工作重点，大力改善农村卫生状况。各级政府要在资金上予以鼓励和扶持，从而调动农民投资的积极性，加大治理力度，使村街和农民真正成为自治的主体，实现农村环保的远景目的。

12. 整治农村环境需弥合间隙

《中国环境报》2010年4月22日第2版

接合部是军事学名词，指作战时两个或多个相邻部队的连接地带。这个地带极易产生防御间隙，而这个间隙又极易成为敌方突破取胜的有力地带。由此，我们得到了重要启示：在新农村建设中推进农村环境综合整治，政府要多在弥合部门接合部的间隙上动脑筋、想办法、下工夫、寻突破。间俏不合，战役难赢。

以农村环境综合整治为例，它是新农村建设的重要内容，也是环保系统的重要责任、重要任务。但新农村建设课题颇多、任务相当繁重，各项建设绝非哪个部门一家所能完成，宣传文化、教育卫生、农林交通等部门，都像环保一样，各司其职。

近年来，国家围绕推动农村环境综合整治开大会、下文件、提要求、出政策、拨资金，连出系列“组合拳”，可谓有声有势、有招有实。但反观一些地方，却迟迟不见动静。究其症结，除去思想认识还不到位外。一些基层政府还没有真正担当起统筹、协调的责任，还没有找准抓好农村环保的突破口是根源。政府下个文件，相关部门看到自己当不了协调员，干完了活，就袖手旁观了。所以，兴师动众好几年，本该大出成果的农村环境综合整治，却业绩平平。

城乡统筹不到位、部门之间不协调，没有形成打歼灭战的氛围和态势，让本该形成合力的工作凸显出很多间隙。显然，这种缺少从接合部突破的工作思维，实质上缺少的是科学发展的理念。为此，基层政府该理一理思路，从接合部突破，打好农村环境综合整治攻坚战。

农村环境综合整治，在新农村建设这个全局上，应由政府出面，集结力量，从接合部突破，统筹协调人力、物力、财力，才能确保打胜仗。这是已被许多地方实践所证明的。据报载，浙江城乡一体化集中处理农村生活垃圾实现新跨越、河北减排“组合拳”威力大，这就是事实。

从思想认识上，城乡统筹安排一体化的思路就可能换来想不到的成果。从力量组合上，协调好各部门的力量，统筹安排、分工合作，就可能弥合间隙，战胜困难，扩大成果；从资金投入上，统筹安排，使用好上级资金，开发好本级配套资金，就可能把钱花在刀刃上，产生更大投入效益。

把接合部理论运用到环保工作中是探索环保新道路的迫切需求。在弥合接合部间隙上，部门之间有积极协调和磨合的责任，但各级政府确实应该担负起战役组织者的主体责任，要通过建立和完善分工负责和统一监管的工作机制，形成政府分级管理、部门相互配合、上下联动的推进机制，在部门之间消除间隙，寻求更多有利于工作协调发展的边缘参数，把接合部变成工作创新创优的突破点。从弥合接合部间隙中寻突破，就要求政府从抓好协调联动做起，那样，农村环境综合整治工作势必能有新局面。

13. 污水处理厂能否实现一厂多用？

《中国环境报》2010年5月25日第2版

全国各地的污水处理厂建设如火如荼。许多地方不仅做到了县县都有污水处理厂，而且一些乡镇、一些大型企业，也都自建了专用污水处理厂。在实际工作中，笔者调研参观过一些污水处理厂。从其污水处理功能上讲，污水处理厂都能正常运转，达到建设初期的设计要求。

现今各地的污水处理厂，建设标准都相当高。问一问建设投入，少则3000万元至5000万元，多则一两亿元。投入大，体现了决心大；档次高，体现了标准高。这些都为污水处理提供了良好保障。在为此感到欣慰的同时，笔者也有一些其他方面的思考，就是污水处理厂能否在完成处理污水任务的前提下，在多功能开发上有所创新，让已投入的巨额资金，发挥更大的经济效益、社会效益、环境效益？比如，在污水处理厂宽敞的空间里建设生态示范园；利用污水处理厂现有的条件与环境科研机构共同开展环境科研课题试验。

此外，污水处理厂还可以拓展功能，建成环境宣教基地。利用现有的污水处理厂综合环境，在厂区内外，通过书写环境宣传标语，教育民众；在厂区内设置专门的宣传牌，安排重点宣传教育内容。例如，用一个城市每日产生的生活和工业污水总量，讲一讲水资源匮乏的现实；公布一下每处理1吨污水，政府需要投入的资金有多少；还可以利用宽敞的办公大楼建设多功能环境宣传展室，开设环境宣传教育课堂。

现今，公众接受环境宣教的渠道大都是报纸、电视、书刊等，缺少生动感人的场面、场景，不能给人以切身的震撼与感触。如果把广大民众集中到污水处理厂看一看污水处理全过程，再到宣传牌前学一学，到教室里听一听，那将更有利于引导群众从我做起，从现在做起，从生活中做起，争当爱护环境的志愿者、倡导低碳生活的实践者。

资源是有限的，政府解决民生问题的资金也是有限的。强化污水处理厂的多功能建设，在一些地区已经开始谋划。把污水处理厂建成环境宣教基地，在规划设计上不用费多少脑筋，在功能投入上也花不了多少钱，但它带来的社会效益却极大。

希望更多人能够认识到这个问题，有关方面应尽快组织相关部门合力抓好落实，实现污水处理厂功能的多元化。

（本文在《卫生法制网》上转载）

14. 辐射管理应与减排衔接

《中国环境报》2010 年 6 月 10 日第 2 版

为防治放射性污染，保护环境，保障人体健康，促进核能、核技术开发与利用，近年来，国家不仅相继出台了《中华人民共和国放射性污染防治法》《放射性同位素与射线装置安全和预防条例》等法规。同时，还将过去由多个部门分管的辐射源统一由环保部门统一审批、管理。

从表面看，辐射管理已经收入环保大盘，但笔者在实际工作中发现，辐射监察、管理，实际上并未真正与污染减排衔接。

企业申请辐射装置，按现有法规要求，只要具备相应的管理组织、技术人员、防护实体、应急措施等 11 项条件，并填报《辐射安全许可证申请表》，就完全具备了用源资格，没有任何与污染减排衔接的条件。笔者认为，如果把辐射管理通过立法，建章立制，与污染减排的有关法规实现对接，环保局在审核企业辐射源使用申请时，就能根据企业在污染减排上的表现，通盘考虑，可以更好地履行环境监管职责。

某地一家钢铁制品企业出现了违法排污问题，却还要求上新的生产线，向当地环保局申请辐射装置。某地环保局为了督促企业治理污染，不予批复。企业不干了，要求环保局拿出不予批复的法规依据，否则就打官司。环保局要求企业先行治理污染，再新上辐射装置以及生产线，却找不到有关法规依据。

今年是“十一五”污染减排的攻坚之年，一些企业在污染减排上的不作为，也让环保局不得不担心新上的生产线会产生更多污染，因此必须加大监管力度。对于这样的企业来说，往往是旧账未清，新账又欠。现实中，有如上述之尴尬，早已不是个案。

因此，笔者认为，要形成对违法排污企业的制约合力，需要把辐射审批纳入污染减排大盘，在辐射审批上综合考虑企业的污染减排及污染治理情况，对有环境问题的能源企业，一律限批，并上网公示。

辐射管理被纳入环保部门职责范围不过几年，时间还短，法规衔接还不够紧密，但不能长此下去。笔者建议有关部门予以重视，尽快出台政策规章，用好辐射限批这把利剑，限制违法排污企业的不当行为。如同推行绿色信贷政策一样，对环境信用不良的用源企业限批、限购、限用。

有了相关法规政策，环境执法才能有支撑，否则，基层环保部门就是敢较真，也有让违法者诉至公堂的可能。打好“十一五”污染减排攻坚战，不仅需要政府牵头，部门合力，共同攻关，更需要环保部门严格执法。现在看来，在环境执法中，环保部门还需要有关法规的衔接与完善。

15. 假设成立会带来什么?

《中国环境报》2010年7月15日第2版

安徽固镇事件终于告一段落。然而，综观整个事件的发展过程，我们不难发现，在事件处理中，如果任何一个环节出现偏差，都会出现环保干部吃哑巴亏的后果。我们不妨来做如下设想。

其一，假设没有媒体关注。从5月28日下达停职通知，到6月17日央视对此事进行报道，固镇县一直没有对这一事件进行自我反思和纠错。如果不是媒体关注，整个事件将会在一个错误的轨道上发展下去。不难想象接下来的后果：县环保部门谈执法而色变，对违法现象睁一只眼闭一只眼。企业毫无顾忌地违法排污，最后整个区域环境污染加剧，外资企业拍屁股走人，当地百姓苦不堪言。如果全县执法部门都吸取环保"教训"，是不是还会出现更多的问题？由此可见，媒体不仅要监督环境执法，还要关注执法环境，为环保人维权。

其二，假设环保部门自身不廉洁。廉洁行政、廉洁执法是环保部门的生命线。试想如果环保干部在这件事上有违反规定的行为，有吃、拿、卡、要等不廉洁行为，企业肯定不会为执法者打保票，纪检部门也可以直接处理环保干部而不必兜圈子。并且，上级部门想为环保干部撑腰也没有了资本和理由。因此，环保部门广大干部职工一定要严格遵守行政执法廉政规定，时刻筑牢廉政防线，理直气壮地执法。

其三，假设没有人给环保部门撑腰。固镇事件能够得到相对妥善的解决，得益于上级政府领导及主管部门的支持。基层环境执法难已是共识。特别是在一些地方，环保部门要处罚重大违法行为必须要经过地方有关领导同意，就是日常到企业履行正常的环境检查义务也要经过相关部门批准。这样就把环保部门置于两难境地，一旦当地出现较为严重的环境问题，环保干部首当其冲要受到批评、责难和处理，甚至成为替罪羊。如果再没有人为环保部门依法行政撑腰，将严重挫伤环保职工积极性，损害政府公信力。固镇现象证明，环保部门要鼓足勇气公正执法、大胆执法，即使一时一事吃亏受气，最终也会得到组织的支持。

其四，假设6名环保干部集体辞职。不听话就走人，不仅会伤透环保干部的心，还会使环保队伍丧失战斗力、凝聚力。事实上，类似固镇现象不是固镇才有，也不是今天才有，但它再一次提醒环保工作者，在困难和挫折面前不要轻易选择辞职，而是要不折不挠地坚守在岗位上，毫不气馁地履行责任。

（本文在《凤凰网》上转载）

16. 凝聚精神才能振奋士气

《中国环境报》2012 年 8 月 14 日第 2 版

面对来自各方面对环境保护工作的不够理解和不够支持，一些基层环保部门一度产生了畏难、等待、观望、应付等情绪，进取动力不足。河北省廊坊市环保局党组经过认真反思，提出在中国环保精神统领下，结合实际凝练廊坊环保人的精神，用这一精神振奋队伍士气、推进事业发展、深化创先争优。

1. 环保精神的主要体现

廊坊环保人的环保精神概括地讲就是 8 个字：团结、厚德、守纪、创新。

团结，体现了廊坊环保人自强不息的群体精神。即以家融心、以家聚心、以业合心、以家和人、以家谐理。用一家人、一条心、一股绳理念催人刚健自进。团结担责，和谐共事，奋发进取，为家献力。形成人心齐、困难移、家和万事兴、共同干事业的氛围。

厚德，体现了廊坊环保人厚德仁民的人道精神。要以人为本，强调尊重人的品格，维护人的尊严和权利。由此理念产生的为科学发展服好务、为生态环境把好关、为人民群众维好权的庄严承诺，无不体现廊坊环保人站位时代、厚德载物，为民敬业，敢于担当的人道精神。

守纪，体现了廊坊环保人崇尚气节的守纪精神。要坚持正义和真理，守法守规守纪律。以此昭示环保人讲大局，守本分，执法如山，严而不懈，宁亏自己，不负法规，宁贫自己，不沾贿赂，爱岗敬业，强能提效，知耻后勇，有礼有节。廊坊环保的众多荣誉、良好口碑，正是由此而得。

创新，体现了廊坊环保人勤奋睿智的创业精神。针对廊坊市特殊地理位置、政治背景、天然环境，廊坊环保人近年来围绕全国环保模范城市创建、生态城市创建，提出了许多独有见地的创新举措，包括“五区”分类监管、“五个三”工作法、源头把关的环评之举、环境监察职权下移、总量审核削减把关、监测能力不断提升、辐射管理“四个全覆盖”、农村环保“581”典型示范工程、局领导包县包访包案和 AB 岗责任制等。

2. 基层发扬环保精神的启示

环保精神的有益探索，是民族传统文化精神、环保精神在基层环保部门具体落实的有益探索，从中可以得出这样几点启示：

第一，探索中国环保新道路，离不开基层，离不开坚强有力的思想保证。基层环保部门是环境保护事业各项工作落实的最终点，是环保立于科学发展之巅的坚固基石。基层环保人，是探索中国环保新道路的亲历者、实践者，是主力军、战斗队。基础不牢，地动山摇。在环境保护形势依然严峻、减排压力持续加大、环境执法困难重重、环境责任追究面临困扰的情况下，基层环保部门要勇于承担探索中国环保新道路的重任。

第二，以“家”文化聚心聚力，适应了民族传统“家”意识的根源，使之产生强大的精神力量。家和万事兴，为家不遗力；一家人、一条心、一股绳。这些在民间传诵的话语，被廊坊市环保局升华为一种精神。比如，廊坊市环保局开展的“为了这个家，我当……如何、如何”的征文活动，仅两年时间就收到数百篇文稿，表达出环保人的心愿与决心。

第三，结合实际探索具有本单位特色的环保精神是推动基层环保工作创新发展的有益之路。廊坊市环保局在困境中找出路，找到了思想保证、找到了精神动力、找到了单位特色。特色就是廊坊紧邻北京，一行一动都要讲政治高度，谋划环保求作为；就是让人民满意，为廊坊人民谋幸福，为首都稳定作贡献。

17. 怎样激发基层申请“以奖促治”资金热情?

《人民日报定制网》2010年10月19日

面对日益突出的农村环境问题，党中央、国务院实施了“以奖促治”、“以奖代补”政策，积极推进农村环境综合整治。两年时间中央财政农村环保专项资金投入15亿元，支持2 160多个村开展环境综合整治和生态示范建设，带动地方投资达50亿元，直接受益农民达1 300万人，一批危害群众身体健康、威胁城乡居民食品安全、影响农村可持续发展的突出环境问题得到解决，农村环境质量得到了一定程度的改善。然而，在具体操作过程中，笔者发现一些基层单位申请“以奖促治”资金的热情不是很高。为什么有资金却不愿意申请？究其原因，既有主观上的原因，也有客观上的原因。

1. 主观上一些基层部门有“三怕”

一是怕麻烦。一些基层环保部门以工作多、任务重、人手少为由，不把农村环保工作当成大事，往往安排人员对此项工作兼管、代管。一些代管人员存在懒惰思想，因争取一项资金要跑基层组织，采集大量材料、图片，觉得多一事不如少一事，思想上不积极，导致工作上不作为。

二是怕担责。为防治专项资金被截留、被挪用，确保治理任务保质保量完成，环境保护部、财政部、国家发改委出台了《关于实行“以奖促治”加快解决突出的农村环境问题的实施方案》，提出了总体要求、基本原则、工作目标，明确了实施范围、整治内容和成效要求，对申报程序、资金管理、监督考核都做出了明确规定，划清了地方责任和部门分工，项目一旦申请了资金支持，就必须按时保质保量完成，不然就会影响整个地区下一年的资金申请。但项目资金一经落实，有些项目单位往往变脸，不再听从有关部门的指挥、指导，拖延工期、偷工减料、敷衍塞责的现象也时有发生，基层部门要耗费很大的精力进行督导检查才能完成项目的治理任务。一旦完不成治理任务，达不到标准，通不过验收，首先问责的是地方主管部门，由此产生了不如不干的思想。

三是怕落空。由于我国农村面积广大，基础设施欠账较多，污染企业点多线长，15亿元的资金投入分散到各地就显得“僧多粥少”，杯水车薪。再加上在资金申请过程中，地方政府、基层部门和相关治理单位对政策把握不准、研究不透、水平不高，有的项目虽然没少费劲，但仍然没有申请到资金，导致申请者失望，组织单位还要付出前期费用，怕造成被动。

2. 客观上存在“两多两少一短”

一是锦上添花的多，雪中送炭的少。中央农村环境保护专项资金包括“以奖促治”和“以奖代补”两种，对针对危害农民群众健康、群众反映强烈的突出污染问题，采取有力措施集中进行整治的村庄，实行“以奖促治”；对经过生态示范建设，生态环境达到标准的村镇，实行“以奖代补”。“以奖促治”采取事前补助方式，对有治理积极性的地区给予资金支持。“以奖代补”采用事后奖励的方式。无论哪种资金，起的都是引导作用，都需要地方政府或项目单位配套70%～80%的项目资金，对于那些经济条件较好的地方，可以拿出相应的配套资金，是两全其美的好事。但对于经济贫困地区，由于经济条件所限，先期投入不足，虽然有治理积极性，但拿不出配套资金，就只能是望洋兴叹了。

二是先期投入多，后期产出少。资金申请有一套严格的程序，需要准备的资料也比较专业、翔实，并需要专家论证，这些都需要项目单位先期做好准备。如果再有地方办事不公、政策把关不严等现象发生，都会增加项目单位的前期投入成本。如果项目投资较大，申请资金比例较高，资金补助数额较大，投入产出比例合适，项目单位就有资金申请的积极性，他们也会非常认真地进行申报。但如果项目投资少，或申请比例较低，补助资金不多，投入大于等于或接近产出，项目单位就没有积极性。农村环境综合整治项目大多为几百万元的投资项目，能够申请下来的补助资金多的能达到150万元左右，少的二三十万元、七八十万元不等，再减去前期投入成本，所剩不多，因此项目单位积极性不高。

三是资金申报时间短。农村环境综合整治资金每年由环境保护部、财政部根据有关规划和年度预算安排原则及重点，发布年度“以奖促治”资金申报指南，提出具体要求并逐级下达到县。由于我国现行的行政体制为中央、省、市、县四级，公文下达到县级至少要一个月的时间，相对来说留给基层或项目单位准备申报的时间很短，通知到县一级时，往往只有三四天的时间。一些项目仓促申报，资料很难准备齐全，必然影响申报质量，降低命中率。还有的提倡无纸化办公，上级把通知挂到网上了事，下级有时不能及时看到，看到时已经晚了，都影响基层申报的积极性。

3. 针对当前问题提出相关建议

鉴于当前工作中存在的问题，作者建议如下：

（1）加强宣传，注重引导，用好、用足、用实政策资金。采取多种宣传手段，大力宣传农村环境综合整治专项资金的政策措施，让这一政策“村喻户晓”，深入人心。强化对资金申报事前、事中、事后的监督管理。对每笔专项资金的使用情况设档备案，安排专人进行跟踪监管，随时掌握资金的动向。事前狠抓环保项目储备，在编制农村环境综合整治规划时，要求纳入规划项目必须做到“好、准、实”。事中严格规范申报程序，突出安排重点项目。并按照治理主体对资金申请积极性高低、污染严重程度、配套资金多寡、群众意愿强弱等分清轻重缓急，建立申报项目储备库，做到“申报一批、储备一批、培养一批”，变等待组织材料为等待申报，避免因时间紧张仓促导致申报命中率降低。事后实行跟踪调度，相关部门对项目实施进度、资金使用效益等进行跟踪监管，确保专项资金及时到位，专款专用，切实提高农村环境综合整治资金的使用效益。

（2）提高认识，端正态度，切实把好项目推荐上去。“以奖促治”是一项“顺民意、解民忧、惠民生”的重大环境政策，它拓展了传统的“以管促治”和“以罚促治”政策框架，丰富和完善了环境政策体系。它以全新理念试图破解农村环境治理的难题，为基层地方政府和有关部门开辟了一条污染治理的新思路。治理污染，保护环境是基层政府、部门以及治理主体义不容辞的责任，有了中央的奖励资金引导，一些污染的治理难度就会在一定程度上降低，因此各地环保部门一定要提高认识，增强工作的责任感，安排专人负责此项工作。抓住机遇，创造条件，克服困难，积极努力做好工作，把好的项目推荐上去。把“以奖促治”工作落到实处，切实解决农村突出环境问题。

（3）科学安排，分类指导，多种形式划拨专项治理资金。不同地区存在的环境问题不同，经济条件有别，地方治理污染的积极性有高低之分，因此在专项资金的划拨上也应该区别对待，既要严格标准，又要灵活掌握。建立多种形式的治理资金划拨模式，既要有锦上添花型，更要有雪中送炭型。对于较为贫困、污染严重急需治理，当地政府治理积极性又较高的地区，建立专门的资金划拨渠道和资金监督、使用管理机制，确保贫困地区不至于仅仅因为资金短缺而使环境污染治理问题久拖不决。

（4）加强培训，提升素质，提高资金申请的命中率。抓好基层地方政府领导的培训，提高其环境意识，增强污染治理责任感，提高污染治理积极性。抓好基层政府主管部门主管人员培训，使他们熟练掌握相关政策法规，把好政策关。抓好治理主体项目申报人员培训，使他们熟悉掌握相关申报政策、程序、技巧，促进申报资料规范化。

18. 农村环保的“六化”目标

《河北环境保护》2010年第11期

党的十七届三中全会提出，要把加强农村环境保护作为一项重要的目标任务来抓。近年来，我市围绕农村改革发展大局，扎实推进农村环境保护工作，取得了明显成效。但是，随着现代农业的加快发展、养殖业发展和农村生活水平逐步提高，农村生活污染、工业污染和农业面源污染交叉凸显，新旧污染积累问题日益突出。要做好农村环保工作，就要以新农村建设为抓手，下大力抓好农村环境保护规划管理、机制建设和资源开发利用，努力实现农村环保“六化”工作目标，推进环保与新农村建设同步发展。

一要实现农村环保组织领导的科学化、规范化。与城市相比，农村现在已经不是一块净土。如何解决农村环境污染难题？首先，要从解决思想认识问题。以科学发展观统领农村环保工作，是实现农村环保组织领导科学化、规范化的前提。必须进一步树立和落实科学发展观，辩证地处理好经济发展与环境保护的关系。其次，要深入实际，调查研究，摸清家底，这是领导科学决策的基础。在组织开展农村污染源普查摸清全市农村各类污染源的数量、行业和分布，主要污染物及其排放量、排放去向；农村生活污染、农膜污染和施用农药、化肥造成的农村面源污染等底数、掌握和了解农村污染状况的前提下，究竟到了什么程度，存在哪些主要环境问题，还不甚清楚。分区域、分阶段、分轻重缓急，有针对性地制订农村污染防治与生态保护对策。最后，要科学制订规划，以规划为龙头，实现农村环境管理的规范化。近年来，我市先后制定了《廊坊市环境保护“十一五”计划及2010—2015年远景目标》《廊坊市生态市建设规划》《廊坊市农村环境综合整治规划》，明确了全市农村环境保护的指导思想，近、远期农村环境保护的主要目标、任务，并提出具体工作措施。在工作运行过程中，以新农村建设为抓手，环保、发展改革、农业、建设、卫生、水利、国土、林业等部门，在政府统一指挥下，各司其职，分工合作，有力提高综合治理效率。

二要实现农村环保工作运行的自治化、常态化。建立农村环境管理长效机制，是农村环境保护工作自治化、常态化管理的组织基础。首先，要从解决农民最关注的民生问题入手开始治理。从解决农村污水处理、垃圾问题入手，出章法、施策略。在生活垃圾的处理上，宜采用“户分类—村收集—乡清运—县处理”的运行模式。在各乡镇都建立起具备法人资格、实行独立核算的“保洁服务中心”，负责农村生活垃圾处理。要从实际出发，采用市督察指导—乡镇组织实施—村参与管理的运行模式。要成立由村委会、村民代表和农民环保志愿者共同参与的农村环保领导组织，分工负责地履行责任。其次，是建立多元化的资金投入机制。一方面乡村两级要克服困难，确保配套资金到位；另一方面要拓宽资金来源渠道，按照有关要求对农村企业单位进行保洁收费，同时积极收取农村卫生保洁费的尝试，多渠道增加农村环境长效管理资金的来源。最后，要建立基层群众组织参与的环境宣传机制，形成把“人人关心环境整治、人人支持环境整治、人人参与环境整治”变成人民群众的共同意愿和行动。

三要实现农村环保推进方法的典型化、示范化。科学发展是环保工作的必由之路，典型带动是推进工作的科学方法。因此，在农村环境综合整治工作中，要采取典型引路的方法。一是科学布局抓典型。谋划典型示范工程，下真功，用实劲，抓出一批过得硬、学得了的典型。实现全市南、北、中三片，片有示范乡镇、县（市）有示范工厂、乡有示范村街的典型格局。二是明确典型特色定位。着眼农村环保治理任务所需，以保水源、保田园、保清洁、控污染为重点，以厂洁、户净、村美、水清为目标，通过分步实施，抓出一批饮用水水源地保护、工业废水污染治理、烟尘粉尘污染治理、工业固废污染治理、村街垃圾清运处理、污水处理、秸秆还田及综合利用、畜禽养殖污染治理、村容村貌生态化建设和河流沟渠治理等十个方面各有特色、有代表性、有学习推广价值的典型。三是两级要建立健全环境保护典型示范单位档案，实施跟踪管理、跟踪指导、跟踪服务，跟踪问效。通过一村带一乡，一乡带一片，推广典型经验、典型做法，在全市形成典型带动、滚动发展、全民参与，抓好全市农村环境综合整治的良好氛围。

四要实现农村环保管理监督的标准化、网络化。随着农村环境形势日益严峻，农村环保任务更加艰巨，必须尝试为农村环保工作提供体制保证。首先，选择较大的建制镇建立环保局或环保分局。其次，充分发挥特有优势作用。廊坊是全国率先通过ISO 14001环境管理体系认证的示范市，ISO 14001环境管理体系已延伸到乡镇，使没有建立环保机构的乡镇也找到了环境保护的抓手。实现了环保工作乡乡有人管，镇镇有人抓。再次，抓好考核。把重点建制乡、镇、村的环保工作直接纳入市考核范畴，建立健全了环保工作考核验收的制度、章法，量化标准和奖惩措施，做到有章可循、有据可依，增强重点乡镇、村抓环保工作的主动性。最后，逐步建立快速、有效的农村环境管理。“区域式联动、网格化管理”工作新举措。各县（市、区）应将分管区域分片划点，明确“点线”任务和环境监管责任人。对已经转移到农村的企业，除日常现场监督管理外，也应逐步实现在线监测、在线管理、在线服务。对有条件已逐步治理到位的乡、镇、村，更要严格监督管理，建档立案，常查、常验、常堵，防止前治后污。

五要实现农村环保目标追求的清洁化、生态化。在措施上，一是大力开展环保创建。以创建生态市为统领，在大的乡镇开展环境优美镇、生态示范区、生态文明村创建工作，以环保创建为抓手，带动整体环保工作上档次、上水平。二是逐步扩大整治战果。通过农村环境综合整治工作，对农村生活污水、垃圾、河畔沟渠进行清理整治。三是大力发展循环农业。坚持生态立市战略，积极推广无公害、无污染和节地节水农业生产技术和污染治理技术，推行生物养殖、生物基地膜、生物病虫害防治，建设生态农业园区。四是实施农村工业企业的清洁生产。调整经济结构，优化农业经济增长。大力开展清洁生产审核，促进农村工业企业污染排放减量化、生产工艺清洁化、废物资源再利用，实现产业结构的上档升级。

六要实现农村环保城乡并进的一体化、互动化。农村环境是城市绿色环保的大后方。当前，城市严重缺水，廊坊市区一没有可供城市居民生活用水之河，二没有水库，城市居民生活用水的水源地，早已延向农村。同时，农民生活用水，也已改变分散式供水模式，村供水、乡村连片供水，几千人、上万人同需一个水源地供水的局面已经成为现实。这就造成了城市污染农村就是在污染自己，一村污染严重，多村就可能同时受害的局面。因此，统筹城乡环境保护，农村环境建设与保护同保城市环境一样，至关重要。一是要坚持城乡污染共防共治。必须坚持城乡并进的一体化、互动化的治理理念。在工作中要坚持城乡环境保护统筹考虑，协同推进城乡环境共同改善。做到污染同防同治，生态同建同护。实行城乡并重的环境政策，调整城乡环境资源配乡统筹协调发展的环境管理机制，统筹城乡环境监测体系和预警系统。二是要城乡投入并举。要采用多种渠道、多种方式，加大农村环保投入。要先期投入资金，加大农村环保队伍业务培训，提高队伍素质。要从环保各项基金中，列支农村环保专项资金，重点支持净化农村环境工程、水源地保护工程、发展生态农业工程、建设优美村庄工程和建设生态文明工程。三是要城乡资源共享。在实施农村环境综合整治工程中，由于农村自身财力不足，设施不多，条件受限，许多农村污水、垃圾集中收集后却无法完成后期处理。有的自找大坑填埋，有的虽然集中到了一起，但并没有从根本上达到治理的目标。因此，必须采取城乡资源共享的办法，把人、车、场、物统筹安排合理调用，让有限的科技资源、人才资源、设施资源，发挥更大效益。让城乡人民群众共同喝上清洁的水，呼吸上干净的空气，吃上放心的食物，实现城乡环保一体互动。

19. 农村环境综合整治如何落到实处

《河北环境保护》2011 年 第 2 期

农村环境综合整治是一项系统工程，它需要省、市、县、乡各级政府层层落实，环保、农工、农业、水利、城建、环卫、卫生、科技等多个部门协调联动，并充分调动广大农民的积极性，不断探索农村环境保护的新思路、新方法、新举措。

农村环境综合整治工作是统筹城乡环保，改善农村生态环境的重要举措，但由于我国农村环境欠账多、底子薄、地方领导重视不够，农村污染点多面广、农村环境管理力量薄弱、管理难度较大等多种原因，一些基层部门工作起来总感到缺少抓手，难以深入。

农村环境综合整治是一项系统工程，它需要省、市、县、乡各级政府层层落实，环保、农工、农业、水利、城建、环卫、卫生、科技等多个部门协调联动，并充分调动广大农民的积极性，不断探索农村环境保护的新思路、新方法、新举措，才能促进农村环境综合整治取得新进展。近年来，河北省廊坊市通过抓“八两”摸索出基本成熟的做法。一是抓两识（实），即思想上抓提高认识，行动上着眼抓几件实事；二是抓两机（激），即体制上抓工作机制，行动上抓考评激励；三是抓两战（站），即抓连片治理集中会战，抓区域治理要站位全局谋规划、定措施；四是抓两场（厂），即城乡同等考虑建设污水处理厂和垃圾处理场；五是抓两河（合），把区域河流沿线农村环境治理作为各部门合力攻坚的重要任务；六是抓两讲（奖），抓好阶段和年度工作讲评、抓“以奖促治”资金申请挂钩，让真抓实干者受奖；七是抓两平（评），即把工作落实抓在平时不松劲，抓相互观摩互评取长补短相互促进；八是抓两点（典），抓住集中式饮用水水源地和垃圾、污水集中处理等治理重点，抓典型、带全局。系统地讲，做到这抓“八两”，就是要做到“五个到位”。

（1）组织领导到位。领导重视，加强领导是任何工作顺利开展的基础，也是政府充分发挥主导作用的重要体现。实践证明，在现行体制条件下，领导的视线移到哪里，哪里的工作就受重视、有起色、见效快。廊坊市成立了农村环境综合整治工作领导小组，市政府主管副市长为组长，相关部门为成员，领导小组办公室设在市环保局，负责市农村环境综合整治工作领导小组的日常工作。明确责任分工，把任务分解到相关部门和各县（市、区）。并把此项工作纳入市对县环保工作目标考核的指标之一。

（2）规划先行到位。编制农村环境综合整治规划，加强农村环境保护是落实科学发展观、构建和谐社会的必然要求，是促进农村经济社会可持续发展、建设社会主义新农村的重大任务；是建设资源节约型、环境友好型社会的重要内容；是全面实现小康社会宏伟目标的必然选择。通过因地制宜地制定农村环境综合整治规划，旨在进一步统一思想，充分认清农村环境面临的形势和艰巨任务，立足现实基础，着眼未来发展、构建农村环境建设的总体框架、明确指导思想、基本原则、总体目标、主要任务和建设重点。通过制定规划有针对性地研究制定农村环境综合整治的保障措施，使农村环境保护工作有组织、有领导、有重点、有秩序地深入开展。廊坊市在全省率先制定《廊坊市农村环境综合整治规划（2009—2010）》，并通过市政府批准实施，明确了农村环境综合整治的指导思想、原则目标，治理布局与重点任务及保障措施。使农村环境综合整治工作实施起来具有计划性、科学性、有序性、权威性，减少随意性。

（3）工程保障到位。治理工程是农村环境综合整治的最后落脚点，没有治理工程做依托，再好的规划也落不到实处，治理效果就会大打折扣。在农村环境综合整治工作中，廊坊市以科学发展观为指导，以解决群众最关心、最紧迫的环境问题为核心，按照“清洁水源、清洁家园、清洁田园”的总体要求，实施了“581”农村环境综合整治典型示范工程。他们以村庄为基本单元，按照以点带面、逐步推进、务求成效的原则，从2009年8月至2012年8月，用三年时间，实施“581”农村环境综合整治典型示范工程，即在全市选定5个乡镇所在地、8个集中生产小区、100个村街，作为典型示范点。对被列入“581”典型示范工程的113个单位、村街，以市政府的名义统一挂牌明示“环境保护典型示范厂区”、“环境保护典型示范乡镇”、“环境保护典型示范村街”的荣誉。每个典型单位都要做到“五有”：有群众参与的领导组织、有环境整治规划、有环境整治工作资料、有环保宣传材料和展牌、有环境整治长效机制。市县两级建立健全环境保护典型示范单位档案，实施跟踪管理、跟踪指导、跟踪服务、跟踪问效。

（4）督导检查到位。督查评比机制对各县、乡环境综合整治工作任务和长效管理机制的运行情况建立多层次督查机制。督导检查要注意合适的节奏和频次，频次过高容易使工程单位产生不被信任心理，处于应付检查的疲惫状态；频次过低，容易使工程单位产生放松心理，影响质量和工期。一是由施工单位每周向县环境部门书面报进度，随时沟通联系，为施工单位进行技术咨询，提供相关帮助。二是由县级主管部门督查人员每季度进行现场督查，随时提供相关帮助；三是设区市主管部门的分管领导带队每半年一次进行定期督查，召开现场工作会议，对工作先进单位给予表扬，并做经验介绍，督促落后地区学先进、赶先进；四是根据工作进度，对落后单位进行有针对性的重点督查；五是进行新闻督查，将半年督查结果及时进行通报和公示，好的单位进行典型宣传。

（5）保障措施到位。①加大投入，为农村环境综合整治提供资金保障。多渠道筹措资金，抓重点展开攻关。首先，按照“谁污染，谁治理”、“谁投资，谁受益”的原则，明确责任主体的治理责任和投入义务，充分调动其治理的积极性。其次，通过项目扶持，企业赞助，集体出资，村民捐款，在外人士引资等多种多样形式，建立农村环境综合整治工作长效经费，并不断拓宽融资渠道。最后是认真落实国家“以奖促治”、“以奖代补”政策，积极争取更多的治理资金。对率先当典型、做示范，工作扎实、成效明显的单位，优先考虑申报省和国家级先进单位和优先申报上级以奖代补资金。②增强技术应用和创新能力，为农村环境综合整治提供科技保障、以科技创新推动农村环境保护，尽快建立以农村生活污水、垃圾处理以及农业废弃物综合利用技术为主体的农村环保科技支撑体系。积极开展农村环保科普工作，提高群众保护农村环境的自觉性。建立农村环保适用技术发布制度，积极开展咨询、培训、示范与推广工作，促进农村环保适用技术的应用。③加强队伍建设，为农村环境综合整治提供人员保障。要把环境保护工作的重点和监管能力逐步向农村延伸。各乡镇要设立环保员，由乡镇在职在编干部兼任，行政村指定一名村干部或人大代表为义务环保监督员。通过建立村规民约，组织村民参与农村环境保护。④加大宣传教育力度，为农村环境综合整治提供舆论保障。要针对实际情况采取多种形式提高农民群众的环境意识，调动农民群众参与农村环境保护的积极性和主动性。通过有奖举报、现场宣讲等途径，鼓励农民维护自己的环境知情权、参与权和监督权，形成广大农民关心环保、参与环保的强大舆论氛围。

“五个到位”做足做好农村环境综合整治工作的要务，主要侧重于“还旧账”，要真正系统地全面推进农村环境综合整治工作，还应着眼不欠新账抓监管，因此，各级政府和环保部门还应在“四个配套”上下真功。一是在政策措施上配套。中央的各项好政策能否在地方真正落到实处，很大程度上取决于各级政府是否立足本地实际因地制宜出台相关政策措施。要对综合整治的范围、重点对象、阶段目标和任务、责任单位及任务区分等进行明确、逐步细化，切实增强针对性和操作性。二是具体整治标准要配套。农村环境整治标准不能“一刀切”，不能各自为政，应结合当地社情、民情和“污”情相对统一。各级政府和环保部门应主动帮助乡村编制综合整治实施方案，明确饮用水水源地保护、生活污水和垃圾处理、畜禽养殖污水处理、农业面源污染和土壤污染防治等项目具体标准，抓住最关键的环节做好工作。三是环保设备技术要配套。要紧密联系实际，注重实用节俭，选择成熟、先进、经济且便于操作的技能和设备，不可贪大求全。四是全程质量监管要配套。认真贯彻相关法律规定，积极推进农村环保监管的科学化、制度化、规范化、经常化，切实做到管得住，管到位，确保阶段整治成效长持续、常发展。

20. 怎样打好环境宣教主动仗?

《中国环境报》2011年5月31日第2版

“十二五”开局之年，基层环境宣教工作应正视新挑战，抓住重点，增强创新能力。笔者认为，当前应从解决好环保系统自身、公众及企业不够重视、不够清楚、不够关心、不够满意、不够配合、不知所措、不会应对这“七不”问题进行突破，强认识、强基础、强公开、强形象、强合力、强责任、强声势、强作为。

强化责任意识，解决“不够重视”问题。当前，在一些基层环保部门，宣教工作摆不上位的现象较为普遍，如有编制，没科室；有科室，没能力；有兼职，没专职；有分工，没考评；有人管，没业绩；有要求，没落实等。缘何如此？有人认为，环保部门主要职责是执法，在项目上把好关、在监管上执好法就行了，宣传教育作用不大；有的人认为，基层环保部门编制人员少、经费有限，应把有限的人力、物力用到能立竿见影出成果的地方，宣教工作是软指标，摆不上政绩考核的打分表，可多做也可少做。这些想法显然不对。“十二五”是环境保护重要战略机遇期，各级环保部门应把宣教工作放到重要位置，纳入工作全局同研究、同部署、同考评，建阵地、搭平台、提能力。

强化职能宣传，解决“不够清楚”问题。去年，某地对县环保局进行年度工作考评时闹出了误会：在对100名群众的问卷考评中，有近30%的群众因对公厕位置布局不合理、垃圾回收不及时、街面上树木更新太浪费不满意，给县环保局打低分，说环保局不够作为。类似的误会还有很多。究其原因，是群众对环保部门的职责范畴不够了解，是因为环保部门没有向群众宣传到位。随着环境保护形势的发展和社会进步，党和政府及人民群众对环保队伍廉政建设、形象建设的要求和标准更加严格，形象建设的任务更加艰巨。因此，环境保护宣教先行的要求更显迫切，尤其是要把各级环保部门肩负的职责向群众宣传清楚。

强化公众宣教，解决“不够关心”问题。在环保志愿者队伍日益壮大、群众自发地为保护环境上访举报不断增多、许多单位和个人自愿出资为保护环境作贡献的同时，也有很多公众没有直接地参与到环保志愿者、实践者的队伍中来。因此，环境宣教工作在“十二五”进一步拓宽宣传渠道，动员公众参与的空间十分广阔，任务相当艰巨。在这方面，深圳市人居环境委员会总结的经验很值得借鉴：先后创造了企业公开环保承诺、环保社会监督员、违法排污有奖举报等公众参与形式，切实保障了公众参与权。环境保护只有走为了群众、发动群众、依靠群众之路，才会更有作为。

强化信访宣传，解决“不够满意”问题。基层环保部门不仅直接面对环境问题，而且直接面对群众对环境问题的申诉、上诉与举报。当下，一些群众对环保部门工作“不满意”，其中就有认为信访案件处理情况不够及时、公开和到位等。造成这样的结果，一方面是有的单位对群众上访的诉求不够敏感，处置信访问题存在一慢、二拖、三应付的现象；另一方面，有的单位对信访案件即使处理得很到位了，也没有及时向上访者反馈、没有向社会公开宣传。有的信访案件往往在各级各部门转上一圈后最后没了眉目。对此，基层环保部门不仅要做到有访必查，还要做到有查必报、有信访必回馈，要通过对具体信访案件的公开曝光，大力宣传国家环保方针政策、行动措施和成果经验。

强化政策法规宣教，解决“不够配合”问题。在基层，一些单位执法难的问题始终束缚着环境执法人员的手脚。类似去年安徽省固镇县环境执法人员因去企业执法而遭企业冷脸、政府冷待的问题并不鲜见；类似企业违法排污拒不接受处罚的问题比比皆是；类似到网上把环保部门要求企业依法执行“三同时”制度、执行环评说成“环保负担”，误导公众的现象也时有出现。因此，要加大对各级领导干部和企业法人的环境宣教工作力度。要纠正和克服一些人经济发展与环境保护对立的错误观念，特别是建议当地党委、政府要树立环境优先观念，从决策和规划源头综合考虑经济发展与资源环境保护之间的关系，统筹考虑经济行为对资源环境可能造成的现时影响和潜在影响，把区域环评、战略环评作为科学决策的依据和必然选择。

强化应急宣教，解决“不知所措”问题。近年来，各地连续发生多起环境突发事件。面对环境突发事件，各级环保部门全力以赴，扎实做好灾区环境应急管理工作。但少数群众对当地政府和环保部门的工作不够满意，原因大多出在不了解上，特别是一些环境突发事件影响范围广、持续时间长、处置难度大。为此，要加大宣教力度，引导各级政府认清环境事件是重大的政治问题，必须引起高度重视，将其摆上重中之重的位置来落实。要引导各级政府和环保部门建立健全环境突发事件的紧急应对机制。要重视进行全民预防教育、开展应急宣传教育和预案演练活动，编写环境自救手册，鼓励公众参与，让公众了解政府该做什么、自己该怎么做。

强化媒体素养，解决“不会应对”问题。在实际工作中，因为少数宣教人员没有具备接待、应对媒体的能力，结果往往事与愿违。环境宣教工作者的媒体素养是指其对媒体及其所传播信息的认知、应对和运用方面的能力素质。要增强媒体素养，首先，应该了解媒体、懂得媒体。宣教工作者应该了解媒体常识，明白媒体的传播方式、传播特点和传播规律。其次，对待媒体贵在一个“诚”字，应该把媒体和媒体人当做朋友，平等相待，坦诚相见，力所能及地支持媒体工作，尤其是当自己或所在单位因工作存在失误受到媒体批评时，不能推卸责任，干涉媒体的舆论监督，而是应该真诚地欢迎舆论监督，主动提供真实情况，公开检讨自身错误，尽快消除不良影响。最后，要善用媒体，一方面要通过媒体吸取能量，充实自己，提高实战才干；另一方面要借助各种传播方式及时介绍本单位的新成就，宣传新典型，塑造新形象，特别是可以通过新闻发布会等形式有效地引导舆论，规避或化解可能出现的各种危机。

（本文在《河北环境保护》第6期上转载）

21. 顾此能否不失彼

《中国环境报》2011年8月3日第2版

日前到“山水甲天下”的桂林去考察，乘船在阳朔上岸后，立即被穿梭街头的载客电瓶车所吸引。从码头到县城，路途不远，每位乘客收费15元，价码可谓不低，但从支持当地绿色环保动机出发，改步行为乘车，也算花小钱买大益，心情十分舒畅。可到了晚上，观看《印象·刘三姐》表演时，花200多元钱买张门票，却被油烟呛得差点晕倒，心情立马就变坏了。由张艺谋主导的《印象·刘三姐》，场面十分壮观。依山傍水的表演中途，有这样一个细节场面，足有几百人手举火把从四面八方拥向漓江岸边。夜幕之中，火光耀眼，雾随风飘，直扑看台，观众席上立时扑扇、掩鼻、咳声、怨声响起一片。原因是，飘向观众席的浓雾不是水雾，是刺鼻赤眼的油烟（可能是柴油或是煤油）。一些人被烟雾呛得受不了，不得不离席而逃，更有人提出退票。花钱的享受，一下子变成了难受。

阳朔的电瓶车，肯定地说，节能环保，是当地政府直接操办的绿色工程。而油烟火把呢，主创人是大名鼎鼎的张艺谋。在许多人看来，《印象·刘三姐》编排得那么好，文化资源开发得那么棒，上千成万的人甚至都看过这个表演，大家都浸沉在其艺术享受和珍品再现之时，产生点油烟、油烟飞飘到观众席上、熏熏观众，享受与难受相比较，可能难受的分量要比享受小得多。甚至也有人会说，张艺谋的初衷绝对是好的，是在追求艺术的原始真实，火把的烟雾能有多大，况且风向可能是一会儿一个样儿，也不是天天熏着观众。再说，观众不也是只来一次吗？熏不出大毛病。但笔者要掰扯的不是这一点点现象，而是要透过这一细节的不环保现象，把能否顾此而又不失彼的道理捣扯捣扯。

从追求现代绿色环保的电瓶车，到追求原始化的、不够环保的油烟火把，同一天发生在同一个“甲天下”的山水名地，不由得让笔者联想许多。

改革开放多年，经济社会发生巨变，为追求民生幸福，从中央到地方，单就从生态文明建设、高度重视环境保护而言，出台政策法规、实施强制减排、转变发展方式，大小举措不胜枚举。可以说，无论是从各级政府、政府官员还是普通老百姓，环境保护意识都在不断强化并陆续见之于顺应各族人民过上更好生活新期待的行动中。但是，类似阳朔用电瓶车拉客去享受烟熏之苦的“环保细节反差现象”，无论是在名闻天下的旅游名城，还是名不见经传的小城镇，都比比可见。它与让民众一面享受改革开放带来的幸福，一面又被动地遭受污染之苦极为相似。

君可见，在悬挂有“环境是第一生产力”“环境是城市第一名片”“保护环境就是保护生命权”的巨幅标语下，一些地方政府却为了快速挣钱在组织毁林建企、企业在违法排污；君可见，在“宁可发展受损失，保护环境是天职”“承担社会责任，创建绿色企业”的口号下，为了再多捞些余利，已经列入停业转型的企业仍在污水河中排、黑烟冲九霄。而政府和相关管理部门却视同未见；君可见，在“支持环保部门严格执法，行使一票否决权”的讲话呐喊声中，为了一时之利，环保部门的正常执法行为却被个别地方政府叫“停”，甚至有环保工作者遭无端指责、问责或换岗、停职；君可见，一些地方制定的“十二五”规划中，虽然把绿色发展理念摆在努力拼搏的GDP之前，但如何落实转型、什么时间转型的细节却只字不提，“开局”半年多，转型还没着落；君可见，一些天然投资环境很好的地方，为了追求眼前的GDP，让污染毁掉了大好前程。

从《印象·刘三姐》油烟熏众来看，张艺谋的艺术细胞很开放、很浓厚，但在他的构思中，环保意识略显淡漠。试想，如果把烟熏火燎的火把改换成现今很多大型晚会使用的荧光棒、电子发光棒，不是也能一样展示闪耀光芒的艺术氛围吗？

《印象·刘三姐》，一台艺术、一场演出、一个细节的所谓“失误”，尚可影响环境保护、尚可影响游人对一个地方的感觉、尚可影响一个地方的环境形象、尚可影响一台艺术演出的民生效应。那么，如果我们把一个地区、一个时期发展的规划这个大盘子，也比作是一台标志时代发展文明程度的艺术演出，那么发展理念中的某一点失误、指导思想的某一点扭曲，对于生态环境的破坏、对于百姓幸福指数的影响，会不会危害更大、影响更大、更可怕呢？恐怕绝对不是无主观的一点艺术失误所能比拟的。由此，是不是可以启发一些政府、一些决策者、一些企业老总，在推进发展、强企创业、推进转型的过程中，多想一想如何利用现代科技文明成果为生态文明建设、为绿色环保发展助推助力呢？

前边笔者列举的诸多“君可见”，都是怎么造成的？一些地方政府，谋发展意识很强，但就是缺乏绿色发展具体落实的细节把关、细节定向、细节真诚、细节理念；一些官员为官一任谋求政绩的欲望很浓厚，但绿色政绩意识却很淡薄；一些企业追求利润的天赋很浓厚，但就是绿色利润意识扭曲，甚至“十一五”节能被挤到“拉闸限电”、减排被挤到“倒逼”问责的地步，“十二五”仍不思悔过。笔者不说这样的政府、官员、企业老总心术有问题，但最起码是未把顾此失彼的辩证关系摆清楚。科学发展观、以人为本、可持续发展，不是墙上的画、瓶中的花，也不是空洞无物的口号，他容不得我们决策者顾了这、失了那。试想，如果我们在“十二五”开局之年，从政府到企业、从政府官员到企业老总，在谋划“十二五”新规划的时候，都能把绿色与发展两方面理念记在心里；都能把生态文明建设当作大局大目标；都能把支持减排、转变发展方式作为责任；都能把维护人民群众环境权益的幸福指数当成天职，在顾“此”时多思一思“彼”，多谋一谋鱼和熊掌兼得之策，把眼光放远些，把视野看宽些，把目标看大些，把眼前利益看得再淡些，把谋发展的手段和路子想的再宽些，把抓落实的细节做实些，特别是政府能在细节落实上发挥好把关定向的作用，而不是提了要求完事，挂了标语完活，开了会完了，更不应说的一套、做的又是一套，如果是那样，即使发展再快，挣钱再多，民众在威胁生命安全的环境中生活，也难体验到快乐与幸福。

早思变，早受益；早转型，早受益。如果张艺谋大导演能见到和重视笔者的建议，用现代文明成果和手段把油烟火把的细节改成更加环保的方式展现，那他前边所“错”的细节，很可能还会对“十二五”的生态环境建设产生新的贡献。因为，他启发了现今的政府、现今的官员、现今的企业老总，不仅要从细节上谋划时代的发展，还要从细节上真抓落实。张大导演，如果用科技手段换了油烟火把，观众不再挨熏，人们对《印象·刘三姐》的印象一定会更好，一定不会影响它的整体艺术效果；如果我们的政府、官员、企业老总在推进“十二五”结构转型中，把真正顺应各族人民过上更好新生活新期待作为目标，坚持把经济结构战略性调整作为加快转变经济发展方式的主攻方向，坚持把科技进步和创新作为加快转变经济发展方式的重要支撑，在细节上本着又好又快的原则把好关，不仅群众会更拥护和支持我们，恐怕也不会影响到谁当官、谁发财。这样，是不是会对国家、对社会、对民众、对政府形象、对企业发展更好些？细节决定成败，特别是在GDP与环境此“轻”彼“重”、此“私”彼“众”之际，切不可顾“此”而失“彼”。

（本文在《求是理论网》《人民网环保频道》转载）

22.“我相信”岂能轻易说出口

《中国环境报》2011年8月23日第2版

有时我们可以看到这样的情景：在审批、验收或检查中，对于企业存在的环境问题，在企业方表态整治后，相关部门领导会本着鼓励的态度说：“我相信”。那么，“我相信”能否轻易说出口？特别是能否在环保工作中轻易出口？

笔者记起这样一件因地方政府官员和环境执法人员轻易说“我相信”而最终导致被问责的环境违法事件。某地一家企业，因违法排放污水，造成周边生态环境污染，引发群众集体上访和网上曝光。事后查明，企业违法排污是因没有认真按环评要求和“三同时”政策要求办事，在没有建成污水处理设施的情况下，便开始试生产。而企业的试生产行为，正是在地方政府官员和环保部门工作人员偏听偏信企业的表态后，一句“我相信”的简短决策，最终酿成了企业打着试运行的幌子长期违法排污的恶果。

现实中，一些地方环保部门在项目把关、项目审批、项目验收过程中，偏听偏信企业慷慨激昂地表决心、相信企业写保证书、相信企业用假动作、假证明瞎糊弄，而忘记监管责任，放松执法尺度，“我相信”轻易出口，导致企业违法排污，污染环境的现象依然存在。

俗话说，“耳听为虚，眼见为实”。现今有些企业，面对环保部门不断加大的监管力度，为了追求自身的利益，什么样的花招都能使出来。有的企业为了顺利过环评关，把环保政策法规研究得既深又透，治污手段讲得头头是道，但实际操作起来，“三同时”却变成了“三推迟”（治污资金推迟到位、治污设施推迟建设、治污验收推迟进行）；有的治污设施虽然建成了，但并不能正常运行，检查时轰轰烈烈，检查后直排污染物；有的企业专门借助有些地方政府急于求政绩、求GDP的软肋钻空子、搞投机，为规避环保法规的约束而奔波。

事实告诉我们，作为环境执法者，面对当地政府保发展的施压也好，面对各种人情、面子也好，面对企业的表态、许愿、决心、诱惑也好，“我相信”这3个字，一定不能无原则地说出口。因为，执法者的相信，就是对企业要求的一种肯定。一旦出了事，只要有“我相信”这3个字放在那，企业可以翻脸不认人。到那时，谁相信谁负责，谁表态谁负责。我们一旦轻易相信，后果就很可能把执法变成了违法、把原则变成了失责、把承诺变成了空话、把污染变成了现实。因此，作为环境执法者，一定要牢记，执法如山是责任，不论面对什么样的情况、什么样的关系、什么样的压力，信与不信让事实说话、信与不信让法规条文说话。不经实际认证、不经专家论证，千万别轻易表态“我相信”。

（本文在《求是理论网》中转载）

23. 减排主动性因何而来?

《中国环境报》2011 年 9 月 16 日第 2 版

河北省廊坊市最近发生了一系列在企业界被认为是“犯傻”的新鲜事：河北南玻玻璃有限公司、廊坊开发区热力公司等数家企业的负责人，跑政府、找环保，争着抢着要求投巨资上减排工程。其中，有一家企业过去还是宁可接受罚款也不愿上减排工程的“钉子户”。

花上千万元上减排工程，别说是小企业，就是对于大中型企业来说，这笔开支也不小。过去，不少企业负责人认为，投巨资上减排工程是负担，与其把钱花在减排工程上，不如直接用在减少贷款或开展生产上合算。那么，企业从不愿上减排工程到突然要求上减排工程，为什么会发生这种转变？

原来，在“十一五”收官之年，廊坊市针对日益加大的减排压力，改变过去靠罚和压、逼着企业承担减排任务的老做法，从给企业“一把手”上好环保课做起，引导企业法人增强环境意识，履行社会责任。通过让企业法人学习环境法律法规，政府和企业法人一起谋划地方发展大计，让率先上减排工程、率先抢占发展先机的企业现身说法，对重点减排企业由环保局长亲自送法上门、服务到家等方法，让企业认识到环保是企业的生命线，从而启发企业法人自觉探索环境保护和减排增效的双赢之路，在企业提高环境觉悟、认清发展趋势的前提下，再给企业下达减排任务，让企业自己顺势择路。

笔者认为，这种给企业“一把手”上环保课的方法，一招走活一盘棋，不仅破解了环境执法难题，而且为“十二五”各地实现绿色发展开辟了新径，带来了很多有益的启示。

企业的环境责任要得到真正落实，必须首先解决思想认识问题。用法律手段压、卡、罚，对拒不履行社会责任的少数企业来说很有必要，但是各级政府和环境执法部门更多地还应借鉴廊坊市的做法，在疏、理、帮、教上动脑筋、想方法、施良策。特别是在当前调结构、促转型的关键时期，要更加重视引导企业在增强环境意识、提高履行社会责任自觉性的前提下，落实好调结构与转方式的政策措施。

据了解，为从根本上加快转变发展方式，廊坊市不仅在招商引资上实行环保“一票否决”，而且从规范行政审批、严格行政执法、提高行政效能入手，出台多项举措，全力打造环渤海地区“审批环节最少、办事效率最高、行政成本最低、投资者最满意”的最佳商务城市。良好的投资环境，让廊坊发展渐入佳境，各地投资商纷至沓来。通过大力培养以高新技术产业为代表的新兴产业，廊坊经济正步入科技引领、创新驱动的良性发展轨道。

有人说管理者与被管理者是天生对立的。但在廊坊，管理与被管理这种观念被淡化了，取而代之的是一种新的服务与被服务的关系。这是一次政府职能的蜕变，更是一座新兴城市的施政理念嬗变。

事实再一次说明，良好的环境是发展的根基，而规范执法、让权力在阳光下运行，则是在为发展保驾护航，是对企业自觉自愿、积极、主动地承担环境责任的鞭策。只要当地政府和环保部门创新方法、优化服务、提升效能，企业就会主动配合，双方的环境责任就不会在尴尬的局面下难以落实。

思路一变天地宽。由此，我们还可以联想到，当今社会，提升社会管理能力已是大势所趋、民心所向、政府之责。在提升社会管理能力的过程中，各级政府和执法部门应当首先在提升社会和谐能力方面想办法、出策略、做工作。要动员公众广泛参与社会管理，让公众成为有责任的社会管理者、有自我管理意识和能力的参与者。要让公众认识到，各级政府和执法部门开展工作的目的是为了服务公众。只有得到公众的理解，许多矛盾和难题就会迎刃而解。

（本文在《求实理论网》中转载）

24. 被动局面怎么扭转?

《中国环境报》2011年10月19日第2版

基层环保一线的许多同仁都有这样的感受，随着经济社会的快速发展，环境保护面对的形势越来越严峻，情况越来越复杂，环保部门背负的工作压力也越来越大。压力来自很多方面，有地方保护主义带来的种种限制，有环境法律法规不完善带来的困惑，也有因监管手段相对滞后受到的制约，更有对企业不愿承担环境责任和对公民的环境权益得不到充分保护的无奈和担忧。面对这些现实境况与问题，基层环保部门的工作有时候难免处于被动的局面，而且这种被动局面有扩大的趋势。一些地方的环保部门被问责、被追究的消息屡见网络、报端，使本来已经严峻的环境管理和执法形势雪上加霜。

笔者认为，作为基层环保部门，要想扭转工作中的被动局面，首先应正视责任与现实，要有敢于担当的勇气和善于担当的智慧。同时，还应该在如何扭转目前被动局面上动脑筋、想办法，根据基层环保工作实际，及时做好被动局面的自我化解工作。

在消解中化解。要强化警示教育，提高规避风险的能力。通过观看、学习和解剖典型案例，提高行政执法人员的法律意识和勤政廉政意识；不断提高执法人员的政治思想水平、业务知识能力以及自我保护能力，努力通过提升自身素质消解那些导致问责的潜在风险。要严守执法底线，讲究执法技巧。严格按程序办事，注重执法细节，坚守优化服务底线。无论是招商引资，还是人性化执法，都不能降低环境执法标准；坚守廉洁奉公底线，防止部门权力个人化，个人权利利益化，严防权、钱交易。加强与政府部门的沟通，实现风险共担。一方面通过简报、汇报、培训班等多种形式向地方政府领导宣传环境法律法规，让政府了解环境政策，并支持环保部门依法开展工作。另一方面，环保部门要向政府多请示汇报，讲清环保工作存在的问题和政府多个部门应该共同明确的责任和任务，保证相关部门各司其职，各负其责。

在知解中化解。企业之所以污染环境无怪乎利益驱动、无知无觉、技术困难等方面的问题。对于因利益驱动导致环境违法的企业，要加大环境执法力度，提高企业违法成本，让违法企业成为“过街老鼠”。同时，要采用绿色信贷、媒体曝光、环保“黑名单”等多种手段对违法企业猛敲狠打，维护环境法律法规的尊严。对那些无知无觉的违法企业，要加大企业责任人及管理人员环保培训力度，提高企业责任人的环境意识，使其承担相应的环境责任。同时，为企业送上环保“明白纸”，让企业明白如何履行环境义务。

在了解中化解。化解一些群众的误解和矛盾，重要的是让群众更了解，其关键在于做好信息公开。如河北省廊坊市通过打好环境宣教主动仗的办法，让群众了解环保、支持环保、理解环保、参与环保，让群众在全面广泛参与环保工作的过程中成为环保的生力军，这样，既感动了当地百姓，也使百姓成为政府工作的监督员。

在理解中化解。在对待媒体问题上，环保部门应该了解媒体、懂得媒体。要了解媒体常识，明白媒体的传播方式、传播特点和传播规律，知道媒体与环保的工作目标是一致的，都是为了人民。环保部门对待媒体要以诚相待，应该把媒体和媒体人当做朋友，坦诚相见，力所能及地支持媒体工作。尤其是当自己或所在单位因工作存在失误受到媒体批评时，不能推卸责任，干涉媒体的舆论监督，而是应该真诚地欢迎舆论监督。在发生问题时，应主动提供真实情况，公开检讨自身错误，尽快消除不良影响。此外，要善用媒体，借助各种传播方式及时介绍本单位的新成就，宣传好典型，塑造好形象，特别是可以通过新闻发布会等形式有效地引导舆论，规避或化解可能出现的各种危机。

在破解中化解。如何圆满完成上级交给的任务，要求基层政府和基层环保部门找准影响目标完成的瓶颈加以破解。要加强能力建设。无论是基础建设能力、科技支撑能力，还是整体工作能力都应与时俱进、不断提升。只有提高能力素质，才能破解能力不足所带来的问题。要抓住工作重点，分清主要矛盾和次要矛盾，破解工作繁重、效率低下的问题。要解放思想，创新思路，不断破解新时期环境保护工作面对的新问题。要加强上下沟通联系，破解蛮干、盲干的问题。

扭转环保工作被动局面，是一项综合、复杂的工作，不可能短时间内一蹴而就，需要基层环保部门静下心来认真梳理被动的原因、症结与不足，针对问题拿出对策，并坚持用真劲、用实劲、用巧劲、用长劲加以解决。一时的问题解决了，新的问题还会随着形势的发展而产生，但只要我们充分认清各级政府正史无前例地高度重视支持环保工作，人民群众正积极热情地支援和参与环保工作的大好形势，不断增强对环保工作的事业心、责任心，永远保持创先争优的劲头不懈怠，一切被动都将转向良性轨道。

（本文在《人民网环保频道》中转载）

25. 减少失职要从细节做起

《中国环境报》2011 年 11 月 29 日第 2 版

某地发生一企业违法排污事件，虽然环保部门平时监察工作次数多、要求严，但因没有留下一纸文书，工作马虎，查无实据，遂遭失职之追究；某地环保局因有领导打招呼，违规审批一家企业上马，结果出现群众集体上访事故后，领导矢口否认，环保局领导吃上官司；某地一环评单位因环评文书少写了一个“不”字，结果语义大相径庭，让企业钻了违规乱建的空子，出事后环评单位和环评人员担责被究；某地环保局几名监察人员因吃人嘴短，拿人手软，放宽了执法标准，在企业放肆排污被举报后，尽管执法人员以“不熟知法规条文”为由相推辞，最终还是被追责下岗……笔者近年来听到和见到不少这样的一些实例，在企业发生环境事故、事件后，一些环保部门、环保工作者被追究行政或法律责任。

目前，我国已经进入污染事故的高发期，环保部门的风险越来越大。随着国家法制建设不断完善和对行政过错追究力度不断加大，对相关官员或环境执法人员的失职行为进行问责已成常态。那么，环保部门如何减少失职，规避问责风险？笔者认为，避在事发之前，功在日常，积极预防要从日常落实工作的每一个环节、每一个细节做起，坚持从严、从细、从廉、从实地做好每一项工作。

落实法规必须从严。环境法律法规是环保部门、环保工作者执法落实的根本依据。工作中，无论审批何种事项，都要依法办事，用法规条文说话，循规则办，违规必否。对于拿不准、看不清的，要请专家论证；对于需要多层、多头审批的，要发挥好各类审委会的作用，要明确区分责任，各负其责，健全工作程序责任制，严作风、严落实、严督查，督促全体人员依法循规开展工作。

工作实施必须从细。项目环评、稽查、监察执法、各项审批等工作，无论是要落实到文书上的，还是要依法、依规、依制度落实到实际工作中的，都要言出有据、言出有理，积极稳妥，既不能马马虎虎、粗心大意，又不能文过饰非、工作浅薄，更不能玩忽职守、留下后患。在从严执法基础上再做到细致认真，按程序办事，才会不出毛病或少出毛病、不出漏洞或少出漏洞。切记，哪怕在各类文书上写错一个字、一个标点符号，都可能出现问题。

权力运行必须从廉。从严执法、从细落实，还应从廉要求。纵观多起环境事件可以看出，在权力运行过程中，由于执法者自身要求不廉、执法不严、工作不细开了口子，造成被责任追究的实例比比皆是。因此，环境执法过程中，不论遇到什么事、什么人、什么背景，都不能丧失原则。要做到“不看来头、不看关系”，更不能被一些蝇头小利诱惑，自觉接受监督。

查差补漏必须从实。随着形势发展，我国对环保事业日趋重视，多项环境法规不断出台和修改从严。因此，我们不但要加强学习、及时掌握，把政策法规熟记在心，而且要查找过去工作中的不足和漏洞，并及时弥补。对党政机关和工作人员实施问责和责任追究，是督促国家工作人员依法行政、遵法守法、尽职尽责的重要手段，是维护社会公平正义、规范行政权力运行的有效方法。对于手中掌握国家公权的行政执法单位、执法人员来说，接受法规纪律的监督、接受问责追究，既是客观要求也是必然。

当然，作为环保工作者，我们的责任是对环境负责、对人民负责，做好环境执法工作。我们不是以规避问责风险为目标，但是规避问责风险，可以避免社会矛盾和问题，维护环保部门良好形象，不可忽视。

（本文在《人民网天津视窗》中转载）

26. 鸡蛋里挑骨头为哪般？

《中国环境报》2012年1月3日第2版

近期，“十二五”初年河北首个、国家首批通过全国环保模范城市现场复检的廊坊市，面对来自全国10多家正在争创或复检全国环保模范城市前来“取经”的考察团，不仅如实介绍经验做法，还出人意料地当着考察团的面儿如实在考察中揭短亮丑、指出受检企业存在的问题。与此同时，廊坊市环保局还安排精干力量，组成数个工作组，对已经通过国家模范城市现场复核的10项重点工作，以拉网式“回头看”的方式，明标对规、严抠细查、推促企业持续改进，上档升级。此番行动，在基层环保局和企业界引发了不同观点的热议。矛盾的焦点是，在上级检查验收得到肯定后，还这样“鸡蛋里挑骨头”，有没有必要。对此，主管环保工作的副市长断言：能从鸡蛋里挑出骨头是一种工作精神、工作标准、工作质量、工作效能，更是求真务实。

鸡蛋里挑骨头——没事儿找事儿，是盘古至今，传掉牙了的一句歇后语，是贬义。意思是办事太认真、太挑剔、太苛刻。

鸡蛋里挑骨头——求真务实，是肯定廊坊市环保局工作态度的褒语。意思是办事循规守据、客观公正、实事求是、敢于较真，通过自我揭短亮丑推进工作。

褒贬之间，大相径庭。

按照“没事儿找事儿”的惯性思维，从鸡蛋里是不能挑出骨头来的。其实不然。这个问题，我们只要认清了鸡生蛋的目的和鸡蛋里没有生出骨头的原因就会恍然。

鸡妈妈生蛋的目的，绝对不是为了给它的仇敌黄鼠狼备晚宴，也不是给它的主人添早餐，而是为了鸡生蛋、蛋生鸡，传宗接代、持续发展。若是按事物正常的发展过程去思考，鸡生蛋后一不受外来偷食者的侵略，二不受自然环境的侵袭，正常孵化，必会生出小鸡。鸡是有血有肉有骨头的，所以，从鸡蛋里挑出骨头就非常非常正常、非常非常合乎情理了。由此可见，从鸡蛋里挑不出骨头，首先怪鸡不负责任，没看好蛋，导致外力因素干扰，孵鸡的目标先天跑偏，或是鸡太笨，孵化的路数不对，导致鸡蛋变质，才有了挑不出骨头的后果。

由此可以断论：鸡蛋里不仅可以挑出骨头，而且是事物发展实现正常目标的务实标志。

把话头扯回到正事上，就是要说说对待检查验收的根本态度问题。

时下岁末年初又到了。各级政府、各系统各部门、各种各样的检查验收纷至沓来。检查验收的目的，从广义上讲，旨在总结经验、发现问题，通过固强补弱，推进工作，谋求更好更快发展。然而，笔者发现，在一些基层单位的年终检查验收中，有些领导和机关干部，在下厂、进企的工作检查中，“天生”就怕别人说自己是鸡蛋里挑骨头的人。就像鸡生完蛋就失职了一样，往往是“好好先生”、“过路先生”、“相面先生”，把“检查”变成“简查”，把“验收”变成“颜收”。只讲“好”、不讲“差”，只看“表”不看“里”，只问“诊”、不把“脉”，只愿吃“蛋”，不愿孵“鸡”。究其原因就是没有把检查验收看成是领导机关的应尽之责，应付差事；就是没有把 “揭伤疤”看成是对企业真正的帮和护，怕得罪人、怕伤感情；就是没有把原则放在心上，忘记了自己可能要被责任追究。

挑出毛病是为了解决问题，揭短亮丑是为更好发展，只有挑出了毛病，才有解决问题的可能。否则孵鸡过程不对路，蛋必变臭。“十二五”环境形势复杂严峻，开局之年幕鼓提锤。基层的减排任务能否圆满完成、已建成的污水处理厂能否全部正常运行、转型发展的目标能否如期实现、各项区域污染治理的规划能否达到目的、棘手的群众环境信访案件是否都已让公众满意等，都要靠我们年复一年的检查验收去推动、去发展；建设服务型环保、提升社会管理能力、探索环保新道路等，都期待着我们年复一年的检查验收去总结、去提高。检查验收的各个环节，就像鸡孵蛋的过程，来不得一点马虎和放纵。稍有放任、疏忽和麻痹，就会酿成“臭蛋”。因此，各级环保部门，应向廊坊市环保局那样，无论是“创模”工作也好，还是其他各项工作也好，本着对事业负责、对工作负责、对基层负责的积极态度，在环保工作的各项检查验收过程中，从整体上既要用为了从“鸡蛋里挑出骨头”的工作目标、工作精神和工作态度，去“抠”、去“查”、去整改，又要科学辩证地看问题，树立挑出骨头是政绩、孵出鸡来是作为的理念；既要盯着问题多、污染多、出事概率多的企业，又要用从鸡蛋里挑骨头的积极态度，帮助放心企业查出新问题、新毛病，防止放心企业“灯下黑”；既要敢于坚持原则，丢弃面子思想，揭短亮丑，善做挑刺先生，也要谨防重表轻里的现象，善于查出多层次、深层次的原因，防止走马观花、隔靴搔痒，得过且过，真正做到严肃认真、实事求是客观公正地评判、真情实意地帮助、细致认真地督导整改，见血见肉地准确指导，把没事儿找事儿的惯性思维变成求真务实的行动。

当然，要想从鸡蛋里挑出骨头，不仅要有强烈的事业心、责任感和求真务实的精神，还应首先挑选那些有能力、能干事的人去挑骨头，否则即使不怕得罪人，不懂业务、不懂法规也会因不会查而耽误事儿。

27. 辐射纠纷怎么防?

《中国环境报》2012年2月17日第2版

随着对核与辐射技术应用的不断扩展，人类逐渐意识到核与辐射技术带来利益的同时也会给人类带来健康和生命的威胁，它是一把“双刃剑”。

“十一五”以来，随着经济、社会的快速发展，用于公共场所安检的射线装置大量增加，由此引发的矛盾和纠纷逐年增多。以河北省廊坊市为例，目前有变电站、移动通信基站2 000多个，近3年由此引发的矛盾和纠纷达130多起。因此，做好处理和化解辐射纠纷的具体工作，已经成为各级政府和基层环保部门的一件大事。

矛盾的焦点在哪里呢？一是变电站或通信基站机房设置在小区居民楼附近或居民区内；二是在车站、医疗单位等地方使用的射线装置和放射源引发公众担忧；三是通信基站发射塔设在居民小区、农家院等人员密集区或学校附近，特别是在农村设置建设的通信发射塔，往往是收取通信发射塔看护费的一家受益，四邻多家以担心辐射影响健康为由，争取经济利益。

此类问题，在全国也具有普遍性。由此产生的矛盾和纠纷主要源于以下4个方面：一是审批环节上脱节，把关不严引发矛盾。现在，国家核与辐射监管实行的是“两级审批、四级管理体制”。“两级审批”是指国家和省级环保部门依照各自权限负责审批事项。“四级管理”是指国家、省（自治区、直辖市）、地（市）、县级环保部门均有实施管理的权力。这种管理体制的优点是便于对核与辐射建设项目的严格审管，但不利于调动基层监管积极性。审批前，省级环保部门也不是对所有审批项目逐一勘查，而是采用10%抽检率的方式。一些建设项目经常不经基层环保部门审查把关就未批先建。二是利益分配不均引发矛盾。许多通信基站发射塔，特别是建在农村的站塔，多是塔建在谁家谁就以看护管理的名义受益，而四邻农户因没有受益而找借口上访。类似情况也发生在城镇小区内，多是因小区管理单位单方收取管理费后，便同意通信部门把通信站塔设置在小区内，导致业主不满。三是“后生”发展引发的矛盾。很多变电站、通信站塔过去建设时，当地无居民居住区。虽然是“站”建在先，但开发商在售房时并没有向未来的业主介绍实情，引发矛盾。四是公众维权意识增强，而对辐射知识知之甚少。

目前由辐射引发的个体纠纷和群众矛盾纠纷已占环境上访案件的相当大比例，甚至引发群众集体上访事件。如何减少辐射引发的纠纷和矛盾？笔者认为，环保部门应做好以下 4 个方面：

（1）从源头上把好关。源头把关是避免矛盾发生的基础性工作。各地基层政府应依据国家相关法规出台辐射环境保护管理办法。对辐射项目和放射源使用的审批统一实施属地管理原则。所有项目或用源，都明确规定由县（市、区）环保局为第一把关人、责任人，由下至上，逐级审批、逐级把关。特别是与民众生活密切相关、生存区域紧密相连、健康关系紧密相关的项目，都须经环评审批并召开公众听证会，谁审查、谁签字，谁审批、谁负责。对所有辐射审批项目，一律施行先网上公示、后专家评审、再集体把关审批的程序进行。对群众意见大、环评把关不严的项目，一律实施限批、延批措施。

（2）从监管上施好策。有效监管是预防矛盾纠纷“后生”的有效手段。辐射管理工作应坚持以落实国家和地方辐射环境管理办法为主线，逐步实现管理机能全市覆盖、落实制度全时覆盖、用源许可全证覆盖、科技管控全源覆盖，有效落实辐射安全许可证、放射源转让审批、环评审批、跨省转移备案、闲置废弃放射源收储、辐射事故分级处理和报告 6 项制度。市县两级都应成立专职的辐射管理机构。各级还应建立辐射防控巡查联防队，形成监控、监察与应急相一致的政府主导、环保牵头、部门联动、属地管理、企业实施的“五位一体”的工作机制，实现放射源每天 24 小时有人管、不失控。同时，定期组织对公众关注度较高的民用放射装置，定期检测并公布检测结果。实施放射源安装自动报警装置。

（3）从调解上维好权。为群众维权，是处置辐射纠纷、防止矛盾激化的关键环节。在接待和处置辐射上访、纠纷工作中，不仅要坚持有访必接，24 小时有人值班，还要做到及时答复、及时回访、及时协调相关部门做好调解工作。同时还应特别关注经济利益，主动协调建设单位，尽量合理、合法地给信访群众以经济补偿。对建设在居民小区、人口密集区、学校等场所的站塔，既要使建设项目在先、环评审批在先、群众上访在后，也要依据国家法律、法规，引导建设单位搬迁重建，避免矛盾激化。

（4）从宣教上讲好课。在各地发生的辐射上访案例中，有超过60%的群众举报、上访、纠纷，是由于群众不了解辐射知识，道听途说后产生畏惧、恐慌心理所致。对此，环保部门应充分发挥桥梁、纽带和牵引作用。一方面，组织相关企业向社会公布电磁辐射安全标准数值，邀请权威专家、部门现场监测、为群众答疑解惑；另一方面，采用拍摄专题宣传片、刊发辐射知识常识等方法，向公众宣传辐射知识和防护常识，引导公众正确看待辐射利害。

（本文在《求是理论网》上转载）

28. 环保人要站得稳立得住

《中国环境报》2012年3月16日第2版

在一次全国地市级环保局长岗位培训讨论会上，与会者纷纷围绕环保人被问责渐多、环保局长难以坐稳位子展开讨论。有人抱怨对环保人问责设的条条框框过于宽泛、严厉；也有人出谋、献策，提出应该正视和面对。

现今的中国似乎已进入“问责时代”。实施问责、追究的法规条文不仅越来越细，且被问责的部门也越来越多。早已不是非出大事、大祸才被问责追究，问责情形甚至涵盖了机关工作人员有令不行、平庸无为等不履行或不正确履行工作职责的各类、多种情形。特别是对环保工作者的问责，已明确规定许多情形是终身问责。可见，环保人要想站得住、站得稳，经受住考验已成严峻之现实要求。

据笔者粗略统计，仅近3年，环保部门被曝光、被追究行政或法律责任的不在少数。一些环保人为何被问责追究？众多因素中，最直接的原因是主观上责任心不强、执法上不严、廉洁上不净。从客观上分析：其一，目前我国已经进入科学发展、绿色发展的新时期。过去粗放发展时期积累的环境问题，到了以“好”为首的转型发展时期，必然产生碰撞。同时现今是污染事故的高发期，环保部门的风险越来越大。其二，随着国家法制建设不断完善和对行政过错追究力度不断加大，对相关官员或环境执法人员的失职行为进行问责已成常态。其三，人民群众追求绿色、环保、健康、幸福生活的诉求与期待指数不断翻升，参与意识不断增强，监督力度不断加大，而有些环保人却置若罔闻，因此，在玩忽职守中被查处实属理所应当。

那么，环保人应该如何正视现实，减少和避免被责任追究呢？

第一，要增强依法办事的严肃性，做到行得严、行得细。环境法律法规是环保部门、环保工作者执法落实的根本依据。工作中要依法办事，用法规条文说话。健全工作程序责任制，严作风、严落实、严督察。要言出有据、言出有理，积极稳妥，既不能粗心大意，又不能文过饰非。对各项核查验收更要细致认真，切不可把检查当成“简查”，导致玩忽职守。

第二，要增强权力运行的公开性，做到行得明、行得白。由于执法者执法不严、工作不细开了口子，造成被责任追究的实例比比皆是。因此，环境执法过程一定要公开透明与群众见面。要做到把政策公开、处罚标准公开、处理结果公开，实现工作决策民主化、行政执法标准化、办事程度公开化；做到所有行政行为有组织、有标准、有程序、有记录；落实查处分离、核收分离、审验分离，施行政务运行全程公开，建立全方位的社会和群众监督平台，自觉接受组织和公众监督。

第三，要增强接受约束的自觉性，做到行得清、行得廉。作为环保人，应从被问责追究的教训中正视现实，查找自身存在的缺陷和不足。要学习好党纪法规和问责追究条例、准则与规定，做到心中有法，行为有规。要知耻而后勇，用提高素质、增强能力、适应需要、强根固本等方面加强自身建设、强化自身修养。同时，要坚持适应形势的发展，始终把制度建设作为一项根本任务，不断加大预防力度。从完善集体决策制度、建立行政权力运行监控机制和强化责任追究制度入手，建立形成较为严密完善的反腐倡廉制度防护网。作为执法者，还要始终做到丧失原则的事不办、越轨的行为不为，更不能被一些蝇头小利诱惑，做到不贪、不沾、不腐、不污、清正廉洁。

环保工作者的责任是对环境负责、对人民负责。在迎接新考验中只有做到行得严、行得细、行得明、行得端、行得清、行得廉，学会立身做人，只有这样，才可以使环保人站得稳、立得住。

（本文在《求是理论网》上转载）

29. 如何围绕环境敏感问题抓宣教?

《中国环境报》2012 年 4 月 13 日第 2 版

每年的世界环境日、世界地球日、世界无车日和年度重大节日各地开展各项活动时，各地各级政府、环保部门都会积极地进行环境政策法规、节能减排、环保常识等宣传教育，并通过开展各种活动，引导环境宣教进企业、进工厂、进校园、进社区。但是，笔者发现，近年来，一些群众对环境宣传内容越来越不感兴趣。一方面，是因为群众对环境诉求和环保部门的要求越来越高；另一方面，环境宣教形式、宣教方法、宣教内容没有与时俱进，缺少创新，未能满足群众日益迫切的需要。

引导公众参与，是“十二五”国家环境保护工作的既定方略。围绕群众最关注和迫切需要解决的环境问题，做好生态环境宣传、教育、引导工作，不仅是解决环境矛盾、减少环境信访，消除由环境问题引发的不稳定因素的良方妙策，也是引导公众参与环境保护事业，宣传环境保护政策、知识的有益途径，更是基层政府、环保部门施展环境宣传教育方略、树立环保部门良好形象的有益探索。

环境宣教工作是一门科学，应围绕环境敏感问题务实抓好环境宣传教育。结合多年基层环保工作经验，笔者分析认为，环境污染的成因和环境监测数据的真实性、“二十小”污染企业久打仍存、城区夜间施工难禁、信访举报问题未能及时解决、遍布城乡的通信塔和变电站辐射问题等都是当前群众反映强烈、与公众生活密切相关、信访反映较多的环境敏感问题。因此，建议基层政府和环保部门采取以下对策，加大环境宣教工作力度。

认真分析、梳理和解读敏感问题形成的症结，制定宣传教育方案。当前，民众关注的一些敏感问题之所以未能及时解决，主要原因是 3 个不够：一是一些基层政府和环保部门重视不够，缺少对民情、民意的分析研究；二是公开透明不够，一些基层政府和环保部门对当地空气环境的监测数据，往往是内部掌握，对外很少公布。如对“二十小”造成污染环境的成因，政府对已经形成产业链条的“二十小”行业转型规划缺乏力度，从地区产业发展链条上难以短时间内“断路”的实情等宣传不多，群众不知内情；三是环境法规、环保行业专业标准知识宣传不够。政府部门之间职责不清、分工不明确。对此，基层政府和相关部门应在认真分析问题成因的基础上，制定总体的工作方案，进一步进行解读和解决。

因势利导抓宣传，变消极为积极，变被动为主动。因势利导抓好环境宣教工作，是借势推进、提升环境宣教效能的有益方法。春节期间，河北省廊坊市抓住烟花爆竹造成空气污染这一重要时机，将 $PM_{2.5}$ 的成因、市区污染主要成因等知识，逐一向群众公开宣传，使群众清晰地了解到 $PM_{2.5}$ 是空气污染的罪魁祸首之一，汽车尾气、燃放鞭炮、煤炭燃烧等是形成 $PM_{2.5}$ 浓度超标的主要成因。由此，使群众形成减轻环境污染、维护自身健康要从自己做起，人人有责的共识，不仅有利于提高环境质量，民众对政府和环保部门的埋怨也大有减少。实例启示我们，作为基层政府和环保部门，保护环境是为了群众，同时也依靠群众的广泛参与。要维护人民群众的知情权，多向群众宣传、公布环境监测数据，征求群众的建议，倾听群众的心声与渴求，让群众在亲身参与中增加了解。要敢于把群众关注的敏感问题亮出来，引导群众参与共同治理。广泛发动群众，及时举报和打击各类污染环境的企业。通过印发新闻材料、电视讲座、报纸介绍、集中宣讲、制作光盘、网上传播等形式，从环境法规、环保知识、环境标准等多方面、多角度加强环境宣传教育。

创新管理方法，实施“打”“宣”结合、“疏”“宣”并举、“管”“宣”互动举措，切实把环境敏感问题宣传到位、解决到位。基层政府要牵头组织相关部门，联合行动，取缔非法加工、生产点，依法依规科学安排施工时间和进度。采用专项行动的办法，采取打击、控制与正面宣传教育一同落实的办法，形成声势，求得实效。如对在居民区、校园、人群集中区内建设的通信塔、变电站辐射问题，只要群众有意见，就应及时监测，向群众宣传、告知实情，疏导群众因不知情而产生的恐慌心理，引导群众相信科学。对因各类环境问题引发的群众上访和举报，基层政府和环保部门应本着抓早、抓小、抓苗头的原则，采取领导接访、领导包案、领导下访等举措，及时调查了解情况，及时宣传、反馈查处情况。对一些难以结案的案件，也要通过口头告知、送达文书、网上回复、公开宣传等形式，借助各种宣传渠道，全程发布举报案件的查处进展情况，防止矛盾激化，影响社会稳定。对政府、各部门之间的工作责任，既要分工，更要明确细化，实行精良管理，联合接访，信息互动和明确接访问责追究等制度，防止部门之间的推诿情况发生。

（本文在《人民网》《新浪网》《求是理论网》上转载）

30. 多办实事提高公众满意度

《中国环境报》2012年5月10日第2版

环境保护是重大民生问题，环保事业发展事关群众健康和福祉。环境保护部部长周生贤指出，要坚持环保为民，把群众满意不满意、拥护不拥护、赞成不赞成作为衡量工作成效的标准。基层环保工作者直接与人民群众打交道，一举一动、一言一行备受公众关注。只有加强自身修养，才能受群众欢迎，让群众满意。笔者认为，在当前形势下，至少做到以下四点：

1. 提高素质，增强能力

一是提高素质。李克强副总理在第七次环保大会上指出，基本的环境质量、不损害群众健康的环境质量是一种公共产品，是一条底线，而要提供基本的环境质量，基层环保部门工作人员首先要加强学习，提高素质。不仅要有把握全局、用战略思维考虑环保工作的能力，还要有立足局部、用具体举措落实好上级部署的素质。不仅要有环境执法的铁腕手段，还要有服务民生的情怀。特别是当前环境污染日益复杂化、复合化，新污染物不断出现，新项目、新课题不断提出，基层环保工作者只有不断学习，更新知识，培训技能，才能不断适应新形势下的环保工作。二是提升能力。能力建设是环境执法的基础保障，一些地方环保部门废气靠闻、污水靠看、噪声靠听的局面已经有了很大改观，但县级以下基层环保能力建设依然存在着机构队伍不健全、人员素质偏低、执法手段落后、仪器设备欠缺等突出问题，需要人力物力的大量投入。三是提高效能。建立上级部门业务骨干蹲点指导机制，通过“沉下去解剖麻雀”式的蹲点调研，坚持工作重心下移，扎根基层，倡导工作在一线开展、情况在一线掌握、经验在一线总结的“一线工作法”，并把基层实践经验带到上层，使政策制定时更具科学性、实践性、可操作性。制定科学可行的环保工作目标，明确责任，合理分配工作任务。对那些业务性强、较为复杂的问题，市级以上环保部门在布置工作时，要提供工作规范、工作标准，必要时制作模板供参考。

2. 运用科技，解决难题

环保部门要想人民之所想，急人民之所急，为群众办实事。在当前的形势下，饮用水安全、重金属污染、危险化学品、危险废物污染等问题是群众关心的热点问题。基层环保部门要高度重视这些问题，并采取措施加以解决。要开展专项行动，打击环境违法行为，维护公众健康。要建立引导企业守法排污的奖惩机制，规范企业环境管理。制定信访投诉、接访、处置、反馈、改良提高机制，提高群众满意率。要善于运用科技手段解决环境问题，时刻注意环境科技动态，注意收集企业在环境技术方面的难题，反馈给上级环保部门和科研院所，进行研究破解。发挥基层环境科学研究院的作用，研究适合本地的环境科学技术。

3. 廉洁从政，甘于奉献

环保部门地位越来越高，权力越来越大，廉政风险也越来越大。公众目前很重视腐败问题，一旦出现腐败现象，严重影响环保部门形象。因此，基层环保工作者必须做到讲廉洁、讲纪律、讲奉献。讲廉洁就是要求环保工作者时刻把人民的利益放在心上，绝不能把环境利益作为权钱交易的筹码。在建设项目环评审批、环境执法等关键环节，要严格要求自己，堂堂正正做人，规规矩矩办事。要推行政务公开，打造阳光透明的环保部门，接受群众监督，通过阳光会客、政策上墙、政务上网等措施，实现公众对环保部门的监督。讲纪律就是要求环保工作者遵守党纪国法，一切按法律法规办事。讲奉献就是要求环保工作者顶得住压力，受得了委屈，扛得住打击，自始至终以人民群众的利益为先，不比从环保工作得到了什么，而比为环保事业贡献了什么，最终打造一支特别能吃苦、特别能战斗、特别能奉献的队伍。

4. 依法办事，维护权益

让公众满意，还要坚持依法行政，维护公众合法权益。要坚持“三个严格”，严格环保审批，严厉查处环境违法行为，严肃追究环境监管失职责任。要实行环境执法监察包片负责制，谁监管的企业出问题就追究谁的责任。开展积案化解行动，对近年环境信访案件进行全面梳理，对久拖不决的重复访案件实行领导包案责任制，限期解决。在重点地区设置环境举报投诉箱，设立公开投诉日，妥善处理群众环境信访。地方党委、政府要营造公正执法的外部环境，不得以促进经济发展为理由，干扰环保部门的执法活动，对于干扰、阻挠环保依法行政、公正执法、公开执法的行为予以查处。要正确行使自由裁量权，防止以罚代处，以罚代刑现象的发生。要注意文明执法，严防粗暴执法、钓鱼执法等不文明执法行为的发生。深入推进创先争优活动和效能建设，做到严格执法寓于热情服务之中，坚持教育先行、惩教并举，以负责的精神、热情的服务、严格公正的执法维护好人民群众环境权益。

（本文在《求是理论网》上转载）

31. 游客环境权益谁来保障?

《中国环境报》2012 年 5 月 22 日第 2 版

最近笔者到泉州和厦门去了一趟。时近盛夏，游客如织。两地同属福建，两地的海岸中心浴场也同样是岸上风光秀丽，鲜花盛开，干干净净。但海滩上却是大相径庭的另一番景况。泉州海滩浴场：由酒瓶奶瓶矿泉水瓶，海藻拖鞋旅游鞋，海绵树枝包袋组成的垃圾杂物，沿海岸线堆积成片，伸向远方，实足令游人生厌，用狼藉不堪来形容，一点儿也不过分。在泉州假日酒店门前的海滩上，两只小螃蟹已经在一只破旧不堪的旅游鞋里安下家，看似已经是常驻良久了。厦门既是在十四桥金滩之地，也仍是垃圾遮水，杂物漂浮。很多游人怨声不断，来前的期盼与到后的心情截然相反。甚至有游客打手机向当地 12369 申权举报：游客的环境权益该由谁来保护。

游客也是公众。公众的环境权益正日益受到国家和全社会的重视。在我国目前的法律法规中，公众的环境权益有一定体现。中央领导同志在第七次全国环保大会上指出，基本的环境质量，不损害群众健康的环境质量，是一种公共产品，是一条底线，是政府应当提供的公共服务。不损害群众健康，这就是环境底线。

环境状况与人的健康息息相关。海滩也好、公园也好、古迹也好、江河湖泊也好，作为吸纳民众游赏之地，同时也就属于公共产品之地。各地各级政府也好、部门也好、开发商也好，既然把吸引公众的广告招牌都打了出去，公众作为游客，无论是本地人、外地人、外国人，花钱来了，就等于买了你的产品，从形式上，作为政府、机关部门，就该遵循法规要求、服务承诺，保证游客享受到应有的环境权益。因为，游客到你这里来，绝不可能是为看垃圾、伤情感、损健康而来的。言不由衷，其实就有了对游客环境权益的极不尊重、对游客身心和身体的健康不够负责之嫌。

公共旅游场所的环境维护，责任在政府，这是不用质疑的事情。公共场所的垃圾杂物虽不像化工厂事故、重金属污染、燃烧塑料制品那么直接损坏空气质量和土质，但谁敢保证那些垃圾杂物里不会有伤游客皮肤、眼睛、身体的污染物，谁又敢保证有些不明身份的垃圾不会污染海水而导致间接伤害游人？

李克强副总理说：加强环境保护是人民群众的迫切愿望。对群众来说，没有健康，生活水平和质量就无从谈起。笔者试问：对游客来说，如果没有了健康保证，出行水平、旅游质量还从何谈起。

环保无国界，同样，对游客来说，环保在国内也无地界之分。作为公民、公众，其环境权益无论在国家的哪个地方，都应受到法规的保护。同时，公众无论作为游客时，无论走到哪里，也该自觉为保护环境尽责和维权。

游点的垃圾是哪里来的？以海边为例，除了海生物之外，大多是游客留下来的。可能很多游客在自己长期生活的地方，已经养成了自觉保护环境，不乱丢弃垃圾的好习惯，但到了异地就缺失了责任感。由此可见，倡导公众参与环境保护，公众首先还应确立大环保概念，跳出家里家外的误区，做到天南地北一个样儿。不仅要自觉做到身到一地维护一方，更应主动参与旅游地的环境保护，及时举报、制止损害环境的行为，提倡合理化意见。为体现公众的环境权益，公众在环境管理和相关事务中应有参与机会。政府部门在政策层面上应保障公众参与环境保护的热情和动力。一方面，要通过法律、行政、部门规章等手段赋予公众享有环境权益的权利，并承担相应的义务；另一方面，要通过授予荣誉等来启发、鼓励公众积极、主动地维护当地生态环境，引导公众更好地参与环境保护活动。

提升社会管理能力，是以政府为主体的公益事业，公众也有不可推卸的义务，尊重自然，首先应该保护自然环境；尊重游人、公众的人身权益，首先应从尊重其环境生存权益做起。不论是作为各地政府还是作为游客，保护公众和公众自我保护都刻不容缓。

政府是区域发展的责任主体，区域发展离不开良好的生态环境和民声民愿。一个地区无论天然发展环境如何的好，恐怕也经不起公众对你以后由于不满意所导致的拒绝与远离。环境是人类生存和发展的物质基础和必要条件，科学利用和保护环境是人类可持续发展的重要保障，是重要的发展资源。环境保护既要靠政府主导，又要靠群众参与。必须创造良好的环境，让群众积极参与环境保护，体现公民环境权益，使环境与政府、公众形成一个有机的关系体。旅游本身就是一项高创收的产业，旅游产业还可以影响到其他投资发展的热度、可信度与知名度。让旅游者、投资者对某一地区知什么名、给予多大的可信度，是各地政府应在生态环境保护中小处着眼的大事情。游人也是地区发展的评论员、信息传播者，很可能也是投资者。你尊重他，他才会给你打好分、打高分，否则，因小失大，实在不值。因此，哪一级政府也不要忽视了对游客环境权益的保护。

及时修订和完善相关法律，使法律法规能够很好地体现公民的环境权益。对现有法律中有环境权益相关内容的，要做相应的、能被公众了解的、非专业的司法解释。对没有具体实施规范的法律法规文件要进行补充和完善。比如，《中华人民共和国环境保护法》第六条规定，“一切单位和个人都有保护环境的义务，并有权对污染和破坏环境的单位和个人进行检举和控告”，但没有保护检举和控告人的相关措施。再如，第八条规定，“对保护和改善环境有显著成绩的单位和个人，由人民政府给予奖励”。这一规定太笼统，没有进行量化也就没有可操作性。

维护公众、游客的环境权益，必须通过大众传播使公众了解自身的环境权益，提高环境意识和环境知识水平。要让公众理解，应在发展中保护，在保护中发展，处理好环境、发展与公众的关系，维护公众的环境安全，着力解决危害群众健康的各种环境问题。

（本文在《求是理论网》《中国旅游新闻网》上转载）

32. 环首都周边农村环保怎么做?

《中国环境报》2012年6月13日第2版

农村环境保护工作正越来越受到重视，迎来了一个加大力度推进的新时期。环首都东部和南部的河北省廊坊市，近年来在推进农村环境综合整治中，积极、主动地与北京农村环境综合整治实施“一盘棋”对接，在实施环首都经济圈战略同时，把环首都环保圈同步考虑、同步实施。具体而言，是做好“两大两小”两篇文章。“两大”即服从大局，大处着眼抓统筹；“两小”即立足小地方，小处做起抓精良。

1. 服从大局，大处着眼抓统筹

所谓的服从大局，就是要服从首都北京对周边农村环境质量总体要求。环北京周边地处敏感区域，农村环境综合整治要从服务首都环境、维护首都环境安全大局来开展。具体来说，就是标准要高端，思路要接轨，投资要倾斜，措施要超前。

要抓好区域间统筹。北京周边地区和首都共有一条河流，同处一片蓝天，必须实施大气、水污染治理的联防联治。这些地区大多为农村，有些还是贫困山区，各级政府要加大投入力度，优先安排“以奖促治”、“以奖代补”等污染治理资金，扩大受益范围，提高生态补偿范围和标准，让当地群众不再受穷。可以考虑打破行政辖区界限，实施村庄连片整治，共建共享环境基础设施。还可以充分发挥进京方便优势，聘请高层次环保专家指导，引进优良的环境治理技术，提高农村环境综合治理水平。

要抓好区域内部统筹。解决农村环境问题不能靠环保部门单打独斗。只有充分发挥政府主导作用，落实政府保护农村环境的目标责任，各部门密切配合、协同作战，与新农村建设、新民居建设、生态村建设、村庄整治等工作紧密结合、综合考量，农村环境综合整治推动起来才有力量、有效果。

要坚持发挥农民的主体作用。要建立和完善相关机制，鼓励和引导农民参与、支持农村环境保护。要结合实施“以奖促治”、“以奖代补”、生态文明示范创建等现有政策，建立和完善农村地区节能减排和农村环境综合整治目标责任制定量考核机制，确保农村环境综合整治治得好、能保持。

要坚持整体推进、分类指导。在坚持整体推进、落实好各项农村环保决策部署基础上，一定要从实际出发，因地制宜，选取不同的工作侧重点，采取相应措施，确保农村环境得到有效治理。

2. 立足小地方，小处做起抓精良

立足小地方就是守土有责，看好自己的环境，管好自己的事情，别把自家的污“染”到北京去。环首都周边地区环境质量好坏直接波及北京环境。只有地方都把环境保护好了，才有利于净化北京周边的大环境。

要做好农村环境综合整治规划。不仅要做好整体规划，还要做好单村规划；既要有总体要求，还要有具体工程项目；既要提出科学、适度的工作目标，还要明确完成时限；既要推动重点工作，还要兼顾一般工作；既要发挥好示范县的带动作用，又要明确农村污染连片治理等工作重点。

要扭住机制建设抓规范。重点建立3个机制：一是建立领导协调机制。建立市、县、乡农村环境综合整治领导小组。二是建立资金使用机制。建好中央、省农村环境综合整治“以奖促治”专项资金申报项目库。争取培养一批、储备一批、申报一批，使资金申报项目做到高效、高质、高标准。三是建立群众参与机制。发挥农村基层组织作用，充分调动农民的积极性和自觉性，鼓励社会闲散资金投入、当地群众劳动投入，建立长效管理等机制。

要抓好典型提升。廊坊市制定了农村环境综合整治整体规划，通过实施“581”典型示范工程，对环首都周边5个乡镇所在地、8个集中生产小区、100个村庄环境进行综合治理，为下一步综合整治发挥示范带动作用。“十二五”期间，全市将围绕提升典型档次、典型质量、典型标准进行督导检查、查漏补缺、总结表彰，使典型示范作用更强、更具带动力。

要有耐心细致的敬业精神。无论是制定计划、措施规范，还是典型提升，都应克服本位主义思想，树立大局意识，主动协调、开拓创新、踏实做事。

（本文在《求是理论网》上转载）

33. 统筹城乡环境发展是“廊坊市城镇建设三年上水平”的最佳出路

《中国环境保护新视野》丛书

城镇建设能不能上水平、有没有上水平，关键看什么？答案是五个字：看环境质量。

环境质量上水平是廊坊市城镇建设三年上水平重点中的重点、“标志”中的“标头”。可以说，上水平易，但若求经得住科学发展、可持续发展的质量检验，难。

故此，市委、市政府提出的建设生态文明、实现绿色发展的美好愿景，适廊情、宜实际、合民意。可以说，推进生态城市建设，是对廊坊市城镇建设三年上水平奋斗目标的科学统领。

“三年上水平”，是“三年大变样”的深入、延续和推进，是使城市建设更贴近百姓生活，提高人民群众满意度和幸福指数的实际需要，对增强城市聚集优质要素的能力、提升城市核心竞争力，意义非凡。

从站位廊坊毗邻京津的特殊地理区位思考廊坊城镇建设三年上水平也好，从站位谋求三年上水平要经受三年中、三年后、乃至更长时间发展“考验”的角度考虑也好，我认为，廊坊市城镇建设三年上水平的最佳操作出路，应该是统筹城乡一体化发展，特别是统筹城乡环境建设一体化发展。

为什么这样说？

因为，第一，廊坊的城镇建设上水平，需要有环境质量作支撑，而这个支撑，不应该仅仅是城区内“孤立”地上水平，而不考虑周边乡村环境质量对城镇环境质量的影响。试想，一个垃圾围城、污水围河、污气围空的城市，即使建设的再净化、再亮化、再美化、再低碳化、再现代化，也经不住环境的“丑”化，而这“三围”恰恰来自周边的乡村。第二，廊坊左右是首都和天津两大城市，夹缝中的乡村环境建设搞不到位，不仅影响廊坊市城市建设三年上水平的质量，还会从形象和实质上影响到两大城市，这与培育具有核心竞争力的城市经济、“优质要素”不符。第三，城市建设三年上水平，周边乡村环境与城市反差越大，越会带来百姓的不满，这与让人民群众共享改革开放成果的民生观大有不“和”之嫌。第四，“三年大变样”时期，市委、市政府高度重视城乡统筹发展，特别是高度重视城乡环境发展所实施的“四边村”环境治理大汇战、农村环境综合治理“581”典型示范工程、筹巨资建设的城乡共享共用的垃圾、污水处理场（厂）等成功经验做法已被实践“佐证”是城乡统筹发展、科学发展上水平的“给力”之举。由此可见，廊坊市城镇建设三年上水平，既不能城镇单独上水平，也不能忘记京津独立上水平、更不能丢了乡村环境建设而谋求上水平，要走出一条城乡统一协调，运筹帷幄发展之新路。当然，受多种实际条件制约，城乡环境的发展要分步推进，乡村的环境建设也不可能一下子都达到城镇的水平。但是，城镇建设三年上水平这件好事要真正经得起历史评估，那肯定是从昨天、从今天做起，在城乡环境科学统筹发展上做得到位。

怎样谋划城乡环境统筹发展上水平？

在“三年大变样”的基础上谋求廊坊城镇建设“三年上水平”，应借鉴“三年大变样”时的“给力”之举，在探索瞄准“四化”谋“四化”上用真工夫。一是瞄准一体化谋深化。各级政府要在进一步提高思想认识的基础上，把统筹城乡一体化发展的工作往深里做、往实里做。要切实把城乡环境统筹发展看得同等重要，要在多还旧账、不欠新账上强化统和筹。二是瞄准生态化谋细化。要把城镇生态化建设化建设作为大目标，细致谋划部门工作，合力上阵。要规划先行到位、工程保障到位、督导检查到位、保障措施到位。特别是在城乡垃圾、污水处理厂（场）建设、水源地保护等重点项目建设上，实现资源共享。还要突出重点、有序推进，抓好典型带动。三是要瞄准低碳化谋量化。要在城乡产业转型上加力度，着眼建设低碳城市谋求总量减排最大化。还要充分利用好国省“以奖促治”、“以奖代补”政策措施，争取上级资金保障的基础上，市县两级财政也要加大支持转型、减排力度。四是瞄准常态化谋机制运行化。在“三年上水平”中实现城乡环境建设一体化、互动化上水平，应进一步稳固和加强机制建设，从工作运行和各项保障上建立多元化的保障机制，形成配套政策，还应积极谋求公众参与，加强宣传引导，提升公民环境素养，努力为我市城镇建设三年上水平提供民众支撑，增强城乡统筹发展活力。

34. 探索基层环保文化精神的有益启示

《河北环境保护》2012 年第 6 期

今年 1 月 11 日，《中国环境报》在综合新闻版以《廊坊收获累累硕果靠的是什么？》为题，报道了河北省廊坊市环保局，在探索基层特色环保发展新道路过程中，结合本单位实际，力行数年，以倡导以局为家、和谐兴家、勤奋持家、廉洁护家、从严治家的“五家意识”为主题，积极探索弘扬环保文化精神的有益之路，成为推进单位创优争先、奋力前行，取得累累佳绩的巨大精神力量。读来令人振奋、受益与深思。

1. 廊坊“环保文化精神”的“立”与“利”

21 世纪之初，地处首都近邻的河北省廊坊市环保局，面对人民不断提升的对优良生存环境质量的新渴求，面对历史欠账的不良环境压力，面对来自各方面对环境保护工作的不够理解、不够支持，全市环保系统中一度产生了畏惧各种困难、等待、观望、应付和进取动力不足的现实问题。

责任重于泰山，创业时不待我。局党组经过沉痛的反思、前行的谋划，找出了用环保文化精神振奋队伍、推进事业、创先争优的创新之路。“五家意识”，就是在这种背景下提出并付诸了生动实践。

以“五家意识”为核心的廊坊环保文化，聚家、和、勤、廉、严为一体；彰德、业为融合；扬团结奋进、敢于担当、干净做人、创业建功之精神；承民族传统文化、中国环保文化和廊坊精神之操行，具有求真务实的强旺生命力与实践性，已成推动廊坊环保的巨大精神力量和优秀资源。

以环保局为家、和谐兴家、勤奋持家、廉洁护家、从严治家的“五家意识”，横向思维，是讲团结、树正气、干事业、树形象，一脉相承的用家聚心的有机整体；

纵向观察，是自强不息、崇尚气节、厚德仁民、大公无私、勤谨睿智民族精神的与时传承、实践俱进。廊坊环保文化精神，概括来讲就是八个字：团结、厚德、守纪、创新。

团结，体现了廊坊环保人自强不息的群体精神。群体精神就是合群、团结。既以家融心，以家聚心，以业合心，以家和人，以家谐理，吸引人、感召人，用一家人、一条心、一股绳理念催人刚健自进，团结担责，和谐共事，奋发进取，为家献力。形成人心齐、困难移，家和万事兴，共同干事业的氛围。这是“五家意识”的基本精神。

厚德，体现了廊坊环保人厚德仁民的人道精神。人道精神，既是以人为本，强调尊重人的品格，维护人的尊严和权利。由此理念产生的廊坊环保“为科学发展服好务，为生态环境把好关，为人民群众维好权”的庄严承诺，无一字不体现廊坊环保人站位时代、厚德载物，为民敬业，敢于担当的人道精神。

守纪，体现了廊坊环保人崇尚气节的守纪精神。气节即志气与节操，指的是坚持正义和真理，守法守规守纪律。以此昭示环保人讲大局，守本分，执法如山，严而不懈，遵规守纪，从严要求，宁亏自己，不负法规，宁贫自己，不沾污贿，爱岗敬业，强能提效，知耻后勇，有礼有节。廊坊环保的众多荣誉、良好口碑，正是由此而得。

创新，体现了廊坊环保人勤谨睿智的创业精神。创新，是廊坊环保事业持续创先争优的不竭动力，众多荣誉的取得，都得益于廊坊环保人的睿智创新。针对廊坊的特殊地理位置、政治背景、天然环境，廊坊环保人仅近年来就围绕全国环保模范城市创建、生态城市创建，提出了许多独有见地的创新举措。“五区”分类监管、“五个三”工作法、源头把关的环评之举、环境监察的职权下移、总量审核的削减把关、监测能力的不断提升、辐射管理的“四个全覆盖”、农村环保的“581”典型示范工程、科长上讲台、局领导包县包访包案和AB岗责任制等，鲜举多多，道道为赢，迎来全国见学者不胜枚举。其内在之核心因素，不难让人认知，但很让见学者开眼。媒体的相继报道，点点滴滴汇之一起，时刻映耀着廊坊环保文化精神的兴旺发达。

由“五家意识”结晶的廊坊环保文化精神，可骄之的，是廊坊环保人已做过的；可望之的，是他们没有小绩既安。因为，廊坊环保人已经深刻认知：文化催生和谐、文化催生廉洁、文化催生动力、文化催生无尽的精神动力。

2. 基层单位探索“环保文化精神”的“路”与“行”

廊坊“环保文化精神”的有益探索，是民族传统文化精神、中国环保精神，在基层环保单位具体落实的有益探索和生动实践。至少可以给我们这样几点启示。

第一，探索中国特色环保新道路，离不开基层，离不开坚强有力的思想保证。基层环保单位，是环境保护事业各项工作落实的最终点，是环保基塔立于科学发展之巅的坚固基石。基层环保人，是探索中国特色环保新道路的亲历者、实践者，是主力军、战斗队。

基础不牢，地动山摇。在环境保护形势依然严峻、减排压力持续加大、环境执法困难重重、环保责任追究面临险境的普遍情况下，探索中国特色环保新道路的重任，在基层环保单位、基层环保人的肩上有不小的份额。基层工作是讲实际、讲实干、讲实在的。起着坚强有力保证的思想政治建设的那些大道理还是要通过潜移默化的小活动、小招法去实现灌输、教育、感染、影响、激励目标实现的正确方法。廊坊市环保局正是这样。他们把“五家意识”为基本精神的“团结、厚德、守仁、创新”廊坊环保精神，通过开展讨论征文、演讲比赛、和谐段子互发、文体竞赛活动和科长上讲台、局领导做示范等多种健康有益的活动，把环保精神融入其中，寓教于乐，寓教于心，寓大道理、大事业与小活动之中，收到了良好的教育效果，由此产生了强大的精神动力。仅“十一五”以来，廊坊环保就取得了多项骄人佳绩，有多项创新、创优成果变为推动环保工作发展的有力支撑，成为河北环保工作的一个窗口单位。他们探索的以创建全国环保模范城为牵引，推进地区生态文明建设、扎实破解环保难题的许多经验，得到全国20多家地市级创建单位的取经、学习，并由此推进了不少地区“创模”工作的开展。由此可见，基层环保单位的生动实践，对基层环保全局工作，在一定层面的深刻影响。

第二，以“家”文化聚心聚力，适应了民族传统“家”意识的道义根源，使之产生强大的精神力量。家和万事兴，为家不遗力；家廉万事安，为家不行恶。一家人、一条心、一股绳。这些在民间传衔的普普通通的话语，在廊坊市环保局之所以变为兴家、护家、为家的喻世明言，正是决策者借家兴业的策高之处。“为了这个家，我当……如何、如何”的征文誓言，在200余人的廊坊市环保局，仅近两年，就有数百篇文稿表达出心愿与决心。《廊坊环境保护》不惜版面刊登，在局内外传扬。由此产生的不断深化的对“家”的认知、对家的维护、对家的奉献，下边这组荣誉录是最能证明她的动力是何等的强大：在“十一五”期间成功争创成为河北省第一个全国环保模范城市荣誉称号后，2011年又成功通过环保部现场复核、2012年得到重新命名；全国7个被联合国表彰的保护臭氧层示范城市，廊坊榜上有名；成功创建国家ISO 14000示范区和2个国家级生态示范区、3个国家级环境优秀乡镇；连续13年被河北省人民政府表彰为“环保工作目标考核优秀市”第一名；中国人居环境范例奖，2008年就已落户廊坊；2008年被环保部表彰为北京奥运会空气质量保障先进集体；2009 年环境监测站荣膺全国工人先锋号……面对困难、面对超常规的工作劳累，面对人民群众对优质生活环境的期待，廊坊市环保局历任党组班子成员没有一人掉队，整个局机关没有一人掉队，并从国家和省市各项表彰奖励中，获得 130 余人次的荣誉奖项。七年中，全市环保人有 300 余人次被各级评选为优秀共产党员；有 400 余人次被各级评为劳动模范、执法标兵、三八红旗手和先进工作者。

廊坊市环保局借助身边这些普通的先进典型，用身边人、身边事，开展比、学、赶、帮、超活动，抓好自我教育和引导。同时，他们还把竞争机制引入中层科级干部的选拔使用上。用谁，让群众说话；谁行，让群众公开评议。从而起到了事半功倍的良好引教效果。事实启示我们，“家”，是聚心的港湾，有了家，大家不仅有温暖、有鞭策，还会有干劲、创业绩。

第三，基层环保单位结合实际探索具有本单位特色的“环保文化精神”是推动基层环保工作创新发展的有益之路。廊坊市环保局在困境中找出路，找到了“思想保证”、找到了“精神动力”、找到了“文化之源”，也找到了“单位特色”。这个特色就是居于廊坊紧邻北京，一行一动，都要站位讲政治高度谋划环保求作为；就是站位让人民满意这一唯一宗旨，为廊坊人民谋幸福为首都稳定做贡献；就是要时刻准备比“天高皇帝远”的地区交付出更多艰辛和努力的合格答卷，为保首都环境安全多奉献。

“团结、厚德、守纪、创新”八个字，历经局内同仁数载实践与历练，组合到一起，成为“廊坊环保文化”精神的深度概括。

解读这“八个字”的分量有多重？廊坊环保人说只有一条路：实践、实干、实绩。

廊坊的实践告诉我们，“八个字”在廊坊环保有生机、有活力，已经融入每个人的心田，植根于环保大家庭。字字千金，直接支撑着廊坊环保人团结一心、众志成城、勇往直前的精神状态。

廊坊的实干告诉我们，精神的动力是无穷无尽的，承诺的力量是永无止境的。厚德仁民的廊坊环保人，时刻在用实干的行动敢于担当，敬业为民。只有实干，才是出路，只有实干，才对得起组织、对得起廊坊人民。

廊坊的实绩告诉我们，团结、厚德、守纪、创新，是应该永久传承的治家敬业之宝贵财富。有了它，困难会低头，再创环保新辉煌的目标会时刻向勇者招手。组织的信任、人民的期盼，是中国环保人共同的动力之源，它的分量之所以无限珍重，也许，正是我们选对了让人民满意这条路……

民族文化是中华民族的传承之宝，中国环保 24 字精神，是各地基层环保单位探索适合本单位实际特色文化精神的基石。一个诞生于实践并适合指导本单位建设实际的环保文化精神，会像磁石一样，牢牢地把众人吸引到为环保事业无私奉献的历史舞台。

当前，我国正处于世情、国情、社情发生深刻变化的高度敏感期，环境保护工作的压力大、任务重。一些基层环保工作者由此产生怕吃苦、怕问责、怕困难、怕得罪人的“四怕”情绪。因此，迫切需要坚强有力的党建工作思想政治工作保障队伍稳定、精神振奋。在这种情势下，倡导基层环保单位用本单位特色的环保文化精神引导同仁怀报国报恩之心，立奋进创优之志，用健康向上的环保文化精神凝心聚力、激励斗志，拒腐防变、强筋壮骨，树立信心、勇于担当，显得尤为重要和迫切。

3. 探索“环保文化精神”的“忌”与“避”

基层环保单位探索环保文化精神，要本着结合实际、求真务实、顺应时代、注重特色的原则。系统总结，不应为贴门面而一哄而上。环保文化精神的提炼要通俗易懂，切忌字生意蛮；要切合实际，切忌生搬硬套；要朴实达意，切忌哗众取宠；要富有创新，切忌老话无味；要深有内涵，切忌浅尝辄止；要广纳众意，切忌闭门编造；要注重实践，切忌无中生有，言行不一。总之是要“忌”虚、“避”伪，不求高、大、全，但求新、深、实。易解易记易传易行，使之真正成为凝心聚力的精神支撑和激励斗志的动力之源。

35. 解决环境信访难题能否从“结合部”突破？

《中国环境报》2012年8月第2版

做好、做实新时期环境信访工作，有效解决环境信访重点、难点问题，是法律意义上积极维护公众环境权利的需求，是社会意义上解决民企纠纷、维护社会稳定的需求，是哲学意义上维护社会公平正义的需求。结合环保工作实际，开展环保“为民服务创先争优”活动，必须以解决环境信访突出问题为突破口，把解决环境信访突出问题纳入环境保护工作、区域生态建设“大盘”，把办理信访案件与环保多项业务工作相结合，与相关部门协作相结合，与政府主导相结合，从而用实、用足政策机制、法规机制、管理机制，从相关联的“结合部”突破，推促信访重点、难点问题真正得到解决，从而确保提升公众对环境的满意度，努力打造优质服务窗口，树立环保部门良好形象。

“结合部”是军事学名词。指作战时两个或多个相邻部队的连接地带。这个地带极易产生防御“间隙”，而这个“间隙”，又极易成为敌方“突破”取胜的有力地带。由此，逆向思维，会给我们做好新时期环境信访工作，解决环境信访重点、难点问题，以重要启示。它启示我们：如果机关内部、部门之间能实施弥合“间隙”的“一盘棋”整体“作战”，在创新中求突破，环境信访工作就会做得更好。

环境保护工作业务宽泛，涉猎面广泛、业务工作很多。如果机关内部都各行其是，把环境信访工作“排”拆在环保工作一“角”，或拿出来单枪匹马地做，不仅缺乏政策法规保障，同时，也缺欠力度。不仅不利于环境信访重点、难点问题的解决，也不利于环境保护工作的有序开展，更不能发挥环保现有政策法律对违法违规者的制约与惩罚，还可能影响环保部门的整体合力与形象。现今的信访环保法规，多是对政府部门、信访部门不作为、欠作为强调问责的多，而对违法企业该如何“综合执法”欠有条文。现实中，基层一些单位之所以信访积案甚多，解决起来甚难，多源于法规无据、信访无助、维权无耐。

把解决环境信访问题与环保业务工作结合到一块做，从环境信访工作与其他业务工作的“结合部”和环保部门与其他相关部门的“结合部”突破，会收到事半功倍之效。如环保部门内部在项目环评审批、上市公司环保核查、绿色信贷、排污许可证审批核发、辐射用源许可证审批等过程中，对有无群众反映的环境信访问题进行核实，对有违法排污、噪声扰民和项目环评文件中承诺事项未兑现等问题或未整改到位的企业，实施政策把关，行政限批，不予受理，即可收到督促整改、逼“污”从“良”的作用和效果，从而推促信访积案化解和重点、难点问题综合解决，全面提升环保执法工作的整体效能，推进环境信访工作的良性开展。

从“结合部”突破解决环境信访重点、难点问题，在基层环保部门的实际工作中有很多好的做法和有益探索。最近，报载，安徽省环境保护厅，针对近年来信访投诉案件多、案件情况复杂等现实，不断改进“12369”环保举报热线工作方式和方法，把解决环境信访问题，与环保业务工作、环保专项行动、处罚环境违法行为、调解化解环境纠纷和维护社会稳定工作结合到一起做。报又载，河北省廊坊市环保局，一方面采用多科室把关、信访“会诊”、局务会把关、一票否决的方法，发挥信访部门关口“作用”；另一方面，有些工作的结合，不仅仅局限于环保系统内部“本体”的结合，甚至扩延到了与公安政法部门、土地部门、规划建设部门、综合执法部门、新闻媒体机构和社会公众、环保志愿者层面。环保部门可以在与相关部门共同进行行政审批、信贷、上市、土地征用、出具环保守法证明、政府实施优惠奖励政策、专项资金支持和公众民主评议等方面实施环保“一票否决权”，从而达到“要我审批事项，先过信访大关”的、一举多得之效。“结合部”理念的运用，结合点面的扩延，为有效推促环境信访问题的解决提供了更广泛的空间、增强了更巨大的活力和助力、产生了更多效应、效果和社会支持效能。笔者调查，某地级市环保局信访办，几年前环保信访积案每年都有十几件。但同时，同在一个局内，同是一个被群众举报违法排污的企业，信访问题解决不了，却还能顺利审批上马新项目。近年来，通过实施环境信访积案一票否决，政府牵头，健全综合法规，用法规制度为环境信访撑腰，走活了治污、解决积案“两盘棋”。不仅使一些过去积压很久的环境信访重点、难点问题迎刃而解，也让环境信访部门和环境信访工作者从单打独斗的困惑中走出了求助难援、求效难能的低谷。环境信访案件的解决走上了“有案必结”、

"年无积案"的良性之路。

从"结合部"突破为信访民众维权，对违法违规不诚信企业施压，也应注意依法行政、依规办事、按章操作。当前，在环保法规还不够健全完善、企业守法意识还不够自觉自愿的形势下，环保部门应积极建议地方政府结合当地实际情况出台一些有利于环境信访工作开展的地方法规，以便环保部门在行政执法行政过程中有法可依、有规可遵、有据可行。切实避免好心办了违法的事儿，到头来把官司引到自身上来，落个"乱作为"的后果。同时，还应不断针对新情况，出台新办法，扩延结合面，给环境信访问题的解决不断注入新的活力与动力。此外，还应注重不断加大环境保护政策法规、环境信访制度措施的宣传教育力度，让公众知道如何依法信访、依法维权；让违法企业知错后心服口服地限期改正，不至于走上被处罚、被限批的道路，减少企业损失，在维护企业的正当利益中，最大限度地减少信访量。借此最终达到既能维护公众合法环境权益，又能维护企业正当利益的目的，为生态和谐、社会和谐作出贡献。

总之，环境信访工作是一门在探索中国环境保护新道路上诞生的新的科学。学习贯彻环保"两会"精神，创先争优迎接十八大胜利召开，需要基层环保部门从方方面面有新举措、新作为。仅就有效解决环境信访重点、难点问题，切实维护公众合法环境权益而言，从环保系统内部业务工作之间和环保部门与相关部门工作相关联之间的"结合部"上寻求突破，不妨正是一项创新有为的工作思路。因为，只有不断创新，才会有迎难而"胜"的出"路"。

36.“方丈”不能把“经”念歪

《中国环境报》2011年7月15日第2版

固镇县用“土政策”凌压国法、打压环保干部的事件虽得到初步解决，但固镇现象却在许多地方依然存在。是否还会长期存在，笔者不敢断言。但当前正值污染减排的攻坚时期，如果固镇现象不断发生，地方政府领导仍念“歪经”，必然会对污染减排工作起到“倒拉”的消极作用。正如某县的一位老环保语出惊人地感叹：打好污染减排攻艰战，就怕有的地方政府、领导，为追求眼前利益，片面追求GDP，像歪嘴方丈一样把经念歪，让环保部门不能正常执法。

这位老环保的话并非危言耸听，有例为证。

例一：正值减排战役与国际金融危机险境交锋的当口，某县政府却以支持企业渡难关为由，下达了红头文件，要求环保局做到“铁三条”：一是到企业监察必须先向政府报告，同意后方可进厂；二是监察人员到企业后不许指手画脚、挑毛病；三是对违规排污企业实行零罚款。

例二：某县一领导亲自挂帅招商，引进一个外资新项目。环保部门环评以“污染严重”、“属限批项目”为由不同意。该领导便气冲冲亲自给环保局长打电话，大骂环保局不懂事、不会干事。环保局长被压无奈，为应对政府领导，竟想出了个瞎主意：一个红头文件号，发两个截然不同的批复意见。发给企业的批“同意”，发给相关部门的批“不同意”。

结果闹出了惊动上级追查的大笑柄。批完后，该局长毅然辞职。

例三：某县有一家财政支柱级的知名企业，不仅连续数次违法排污，还拒交排污费，环保部门依规责令该企业限期停产治理，并补交排污费。该企业不但不听招呼，还到政府领导那里告黑状，说环保局破坏发展稳定。谁知政府领导一屁股坐到企业方，开大会，众目睽睽之下竟威胁环保局长是否想摘乌纱帽。

史上早有这样的传说，说古时有个“方丈”级别的老和尚，嘴歪心也歪。有一次念经时不慎念错。为了树权立威，维护地位，以后念经时就故意把天定经文断章曲意地念，还要小和尚效之。结果把庙内和尚搞得不知所措。随波者有之，疑虑者不乏，有个别提出疑义者，结果被方丈冠以“不可教也”之名逐出。

传说终归是传说。但现今实际工作中，作为方丈一类角色的某地某些某级政府、有些领导，在会上会下、文件讲话中大喊大书“第一位的是保护环境”、“环境就是生产力”、“为保护环境宁可放缓有严重污染的GDP增长”、“不要GDP、也要保环境”口号的背后，却是说的一套、做的又一套，搞得环保部门无所适从。拿到全国层面说，上述现象和问题，肯定都是个案，不能以个盖全。但“个”在哪里，那里肯定就会有人难受。

说实在话，有不少地方，环境历史欠账确实很多，治理、减排，短时间内不可能一下子都能到位。政府为了推进经济社会发展，急着上项目，保增长，心急之下，一时忽视环境保护，假如从一心为公角度上说，也有让人稍稍理解的一面。但若真的叫起真来说，这个“理解”不是不正确的政绩观在作怪又是什么、不是拿着人们的健康权玩忽职守又是什么、不是错误的发展观在作祟又是什么、不是逼着环保部门失职又渎职还能是什么呀！

打好减排攻坚战，责任的主体是各级政府。因此，政府、领导，应该以科学发展观为理念，着眼长远谋发展、着眼环境谋发展、着眼大局谋发展。把“好”放在前头，把“快” 放在后边，把“心”放在正处。而不能像歪嘴方丈那样，为 一己之名，为争个权威，为一己之功，为拼个政绩，而脑袋发热、发晕办出糊涂事。打好减排攻坚战，环保部门是政府责任主体的实际执行者。政府应多给环保执法创造良好环境、良好氛围。多栽花，不扎刺、不设墙。还要给环保部门多一份理解、多一份支持、多一份爱护，让环保部门能理直气壮地代表政府去为打好减排战役，干好自己的活、执好自家的法、看好当地的家。

据报载，介于京津之间的河北省廊坊市，在勇打减排攻坚战中，政府非常开明地提出“环境是第一生产力”。并下狠心、出实招，支持环保部门严执法、硬起来，为环保执法当家做主。结果，全市域提前完成”十一五”减排任务，名列河北榜首，实现经济发展与环境保护双赢。在这样的环境中执法，环保减排能做不好吗？

眼下，各地方因时常发生污染案有环保局长被撤职、被处分、被换岗。有的环保局长就问：本地发生那么多刑事案件，为什么公安局长未被处理反而还破案立功？为什么税务局查出多年漏税案未被处理反成政绩？

很多现实确是令人匪夷所思，因此，这样问不无道理。但作为我们环保人，在面对承担重大责任之时、光荣使命之下，也应多添一份为保发展、保环境而勇于推功揽过、蒙点受怨的勇气。探索中国特色环保新道路，打好减排攻坚战，在现今的环保执法条件下，风雨多、困难多、难题也多，如果我们不知难而进，选择知难而退，动不动就想辞职，那对于事业不利，对于发展也不利。作为地方环保局，应多在当好协调员上动脑筋、想办法；要多向政府领导汇报我们的工作，更多地争取政府、领导的理解和支持，多建议政府围绕环保执法制定规矩，让法规替人说话；要学会忍耐和用法规手段保护自己；要多在发生问题时为政府、领导担责揽过，这是我们环保人应有的襟怀，这恐怕也是许多成功环保人、环保部门、环保局长能够立足、立业、立志的根基。成就当地环保事业的真经、实感。但反之，如果政府、领导不能很好地爱护和保护环保干部，不出事时为求 GDP 压环保局干违规的事儿，出了事就一板子把环保局长打个半死，那谁还敢干这种替罪羊式的工作呢？基层环保局被压得、挤得、气得、吓得不能也不敢去依法履职了，那减排攻关战又怎么能打得好、打得赢呢？那环保法规的严肃性还怎么体现呢？到头来，上级追责下来，最后吃亏、担责的，肯定还是“方丈”级的政府、领导，固镇县不就是实例吗？

37. 解决信访难题要与业务工作相结合

《中国环境报》2012年9月21日第2版

做好、做实新时期环境信访工作，有效解决环境信访重点、难点问题，是积极维护公众环境权益的需要。但是现实中，环保工作业务宽泛，涉猎面广，只有把解决信访问题与业务工作相结合，才能推动信访问题解决，提升公众满意度。

1. 解决信访重点问题与环保重点工作相结合

环保部门在项目环评审批、上市公司环保核查、排污许可证审批核发、辐射用源许可证审批等工作中，要对群众反映的环境信访问题进行核实。对存在违法排污、噪声扰民和项目环评文件中承诺事项未兑现等问题的企业，实施政策把关，进行督促整改，从而推动信访重点、难点问题综合解决，化解公众与企业之间的矛盾，推进环境信访工作良性开展。在这方面，基层环保部门有很多好的做法。如安徽省环境保护厅针对近年来信访投诉案件多、案件情况复杂等现实，把解决环境信访问题与环保业务工作、环保专项行动、处罚环境违法行为、调解化解环境纠纷和维护社会稳定工作结合到一起，收到良好的效果。

2. 环保部门与相关部门实现联动

除了实现环保信访工作与环保业务工作相结合之外，环保部门还可以与其他相关部门联动。如河北省廊坊市环保局与公安部门、司法部门、土地部门、规划建设部门、新闻媒体机构实现联动，共同推进了环境信访重点、难点问题的解决。比如，对环境信访积案，就应实行“一票否决”制。在一些地方环保局信访办，每年都有一定数量的环保信访积案。一个真实的案例，一家被群众举报违法排污的企业，信访问题尚未解决，却还能顺利通过审批，上马新项目，这与公众的期待是不相符的。因此，应由政府牵头，对环境信访积案实行“一票否决”。这样可以让环境信访部门从单打独斗的局面中走出来，促进环境信访重点、难点问题解决，顺应公众的期待。

3. 制定地方法规促进环境信访问题解决

当前，环境法律法规还不完善，企业守法意识还比较薄弱，在推进环境信访问题解决过程中，环保部门容易遇到一些障碍。地方环保部门可积极建议政府，结合当地实际情况，出台有利于环境信访工作开展的地方法规，以便环保部门及其他相关部门在行政执法过程中有法可依、有规可遵、有据可行。此外，还应注重不断加大环境法律法规、环境信访制度的宣传力度，让公众知道如何依法信访、依法维权，让违法企业知错后限期改正。

38. 信息公开贵在及时

《中国环境报》2012 年 10 月 31 日第 2 版

最近读到中国环境报社编写的书籍——《请给出一个问题》，书中回答了许多生态环境建设理论思想问题，不禁引发笔者书外之思。

人的正确思想从哪里来？毛泽东主席的回答简明扼要，即人的正确思想来自于社会及生产实践。这与马克思所说的“向现实本身去寻求思想”一脉相承。然而，有些基层环保工作者在日常工作中，对于思想与现实的理解和处理，多过于表面化、片面化和主观随意化，以致现实与思想相脱节，使一些环境疑难问题长久地徘徊于现实的困扰之中。

当前，世界上很多国家都在持续加大生态环境保护力度。在我国，公众对环境质量、健康生存权利的重视日益增加。面对公众上访、媒体曝光、NGO 问责和企业对不断增加的环保投入的不满，有的基层环保部门一方面束手无策，被动应对；另一方面，“灭火”求和，牵扯了巨大精力。

面对现实该如何应对？基层环保部门普遍缺少从思想层面寻求突破之道。甚至有人说：“基层就是靠实干，出思想是上边的事儿。”基层环保部门直接面对公众，应该了解公众所思、所想、所盼。面对公众对环境质量的渴求，为何会不知所措？

首先，基层环保部门没有正确认识公众。公众由于思想文化层次不同、道德水准不一，往往对于生态环境的认识和言论也各不相同。有些群众由于不能正确认知生态环境建设的现实，把一些污染问题看作是整体的现实，继而对环保部门大加指责。而有的环保部门没有做到认真梳理和加以引导，导致双方形成一定程度的对立。

其次，基层环保部门缺少换位思考。基层环保工作人员也是普通群众，对良好生态环境的追求、对健康幸福生活的目标，是与公众一致的。基层环保部门在践行承诺的过程中，是否真的像保护自身的健康、幸福一样，对环境污染问题做到严格执法、认真履职？事实上，一些工作人员缺少换位思考，不能很好地履职尽责。

最后，基层环保部门没有踏实做好具体工作。环保工作该具体到什么程度，是基层环保部门向现实寻求思想最应思考、最应解决的问题。思想认识不能只停滞在基层环保部门能力有限、现实的生态环境问题不可能一下子解决的思想认识上。

现实需要思想的升华才能得以澄明，思想需要现实的滋养才能海阔天空。面对现实寻求思想，最好的办法无疑是交流。当前，网络丰富了人们的交流形态，极大地满足了人们对交流和沟通的渴望。然而现实中，因为一些基层环保部门过分偏重于使用网络和手机发布公共信息、环保动态、情况，交流环保工作经验，最终导致效果不佳的事例也不少见。

如某地一家垃圾发电厂要试运行，在网上公布了试运行期间可能会造成的短时噪声和气体污染。结果，那一段时间因天气炎热，群众大都外出散步，没有见到网上信息，由此导致当地群众误解、上访，要求拆除电厂。

实际工作中，许多基层环保部门面对严峻的环境形势，已经开始注重与公众和媒体交流，如通过电视讲座、媒体访谈、印发宣传材料、组织大型维权活动、借助电话下访、进行网络交流等，但却忽略了面对面交流这一关键环节。笔者认为，要加强基层环保部门和公众之间的交流，向现实寻求思想，要做好以下几方面工作：

第一，基层环保部门要向群众、向实践寻求解决让公众理解和支持环境保护工作的办法。比起面对现实无动于衷者来说，靠媒体、手机、网络寻求思想的做法，已经相当有责任感了。如果能够加上面对面、心贴心的举措，问计于民、问策于民，在理解中寻求支持、寻求办法，解公众之不满，维公众之权益，效果一定会更好。

第二，基层环保部门要力戒怕麻烦，要面对面地听取群众意见。工作中，面对以下情形，应及时与公众面对面交流信息，不怕公众提出尖锐的问题，提升群众工作水平：遇有重大项目立项，公众由于不知情而实施上访阻挠时；对广大群众都十分关注的环境敏感问题，如辐射、$PM_{2.5}$、“十五小”和新“六小”污染害民问题；夜间施工扰民问题；对久拖未决导致群众上访的老大难问题；突发环境事件发生后；媒体和公众就某一生态环境个体事件、问题，要求与环保部门领导见面和澄清事实真相时；预测重要敏感期可能发生的某些群众上访问题时；违法排污企业与群众直接发生矛盾时；发生媒体片面曝光某项环境污染事实后和公众对环保部门执法满意度民主测评前。

第三，面对众多环保工作难题，基层环保部门应重点抓住体现基层环保实际的问题直接向公众、向实践寻求方法和解决之道。如基层执法难，难在哪里？群众信访多，多在哪些方面？有些信访问题久拖未决，究竟拖在何处？群众对某地域的环境现状不满意，根源何在？基层环保人员工作积极性在减弱，源于何因？

第四，基层环保部门不仅要注重深入社会、深入公众之中寻找破解环保难题的锦囊妙计，还要注重发挥本单位一线环保工作者的智谋作用、形象代言人作用和具体工作落实者作用，让大家献计献策，出思想、出高招、抓落实。通过增强大家的事业心、责任感，提高办事效能、服务质量和执法力度，提升公众满意度。

第五，对公众关注的环境敏感问题，基层环保部门不仅要高度敏感和关注，而且要切实想出办法与之回应。对侵害群众环境权益的行为，基层环保部门不仅要依法打击、制止，而且要为受害群众举证维权。基层环保部门不仅要热情接访、及时查证和处理，而且要在第一时间向信访群众反馈情况，向社会公布。

39. 美丽是空谈出来的吗？

《廊坊环保文化丛书》A 套

近期，笔者连续多次在各类媒体上看到这样“两类”报道：第一类讲减排。《深圳环保实绩考核“考”出碧水蓝天》《四川出台节能减排问责办法》既“考”企业，也“考”地方人民政府、河北某市对完不成节能减排指标任务的县市区政府主官严厉“兑现”问责，不搞“理解”性照顾。第二类讲美丽。某市、某县、某乡、某村各阶层都齐声高呼要制定规划、加大投入、全民动员，建设“美丽”市县乡村。

减排，是环保的核心任务；环保是生态文明建设的重要任务；生态文明，是实现党的十八大提出的，建设美丽中国的重要标志。正因为如此，在党的十八大后，各地纷纷出台、完善减排、考核政策、措施，制定生态建设规划，并以“考”促“减”，以严厉问责，推进减排目标任务完成和“美丽”目标的实现。

单说以“考”促“减”，失“约”问“责”，其实在环保目标任务考核中不是什么新鲜事儿，也不是党的十八大后各地才有的创举。只不过过去多是提要求严严肃肃、签责任书热热闹闹、动起来磨磨蹭蹭、考起来马马虎虎。考核是考核、问责是问责，减排任务完不成，也只是追查一下客观原因、开会批评一下或是分析一下“可以理解”的因素，再或就转向了“下不为例”的另一面，而没有几个地方真正的对照问责的条条文文去依规处罚或免职、处分过几个责任人。

深圳把减排指标体系纳入市管领导班子、领导干部考核范畴，通过成立专门的领导小组、将环保工作纳入政令检查事项进行立项等一系列严、细举措，对考核不合格的予以通报批评，诫勉谈话，公开道歉、两年内不予提拔或重用或转任非领导职务，举措强力，“考”出碧水蓝天，定是当然之事；而四川出台的减排问责措施更为科学严厉。他们将地方人民政府和企业放在同一“考场”上接受考核。对未按规定完成节能减排任务的地方人民政府及未完成本系统、本部门及牵头负责行业节能减排任务的政府部门，不仅书面检查、取消评先、依规问责，甚至对发生某些严重问题的，提到了依法移送司法机关处理的严肃度。力度之大，实属空前。如果真的能把现有的条文落到了实处，四川的节能减排，肯定会有更大推进。

其实，再好的问责措施、减排措施，再好的生态环境建设规划，也只是文字，只有落实才算生效，只有落实才会见效，只有落实才会真正推进落实，否则，就仅仅是空谈。

大力推进生态文明建设，努力建设美丽中国，实现中华民族的伟大复兴，需要一代又一代中国人共同努力，需要一届又一届政府和政府部门真抓实干。习近平总书记在参观《复兴之路》展览时的重要讲话中说：空谈误国，实干兴邦。这不仅是对党员干部的警示要求，也是对各级政府、政府部门履职尽责的警示要求。成功源于实干，祸患始于空谈，建设生态文明，抓好节能减排，用环境保护事业的持续文明，实现中华民族的永续发展，也亦如此。美丽中国，绝不是靠空谈就能实现的。

在实现发展与环保还不够协调的情况下，有专家说，判断基层政府环保履职标准有六条：一看环保规划是否纳入经济社会发展规划；二看环保计划是否纳入政府年度工作计划；三看政府是否建立健全环保长效机制；四看政府是否定期研究重大环保工作；五看当地突出环境问题是否得到有效解决；六看当地环境质量是否逐年得到明显改善。

笔者赞同专家的评说，但面对各种“空文”、“空谈”，严厉问责必须落到实处，否则，什么样美丽会自己从天上掉下来呢！

由此不难看出，党的十八大报告提出的“保护生态环境必须依靠制度。要把资源消耗、环境损害、生态效益纳入经济社会评价体系，建立体现生态文明要求的目标体系、考核办法、奖惩机制”的新要求，既切中时弊，又高瞻远瞩。

各地在具体的落实中，不仅要深刻理解，还应求实、务实地制定各种规划、目标，切不可把目标定在“空”中、种在“花”上，否则，到时落实不了，不仅组织上要问责，老百姓也会失望的。

40. 尊重民意　激发正能量

《中国环境报》2013 年 2 月 27 日第 2 版

今年春节，全国多地与以往有些不一样，鞭炮声没有那么密集，持续时间也没有那么长。亲朋好友聚在一起，多以没放鞭炮、少放鞭炮，没有开车或少开车而倍感自豪与荣耀。

当中国大多数地区遭受持续的雾霾袭击后，大家在渴望呼吸上新鲜空气的同时，也开始反思自己原有的生活方式和消费模式。过年放鞭炮本是图个吉利和热闹，但是当了解这一传统的做法会严重影响环境和健康时，很多人选择改变习惯。这是一个不小的改变。

新年里的这些新举动，反映的不单是放不放鞭炮、开不开车、燃不燃煤的问题，更重要的是体现了公众的社会责任、环境意识正在觉醒。而这种觉醒，很大程度上来源于政府和相关部门的广而告之、启发引导和紧急呼吁。而这些引导与呼吁，又恰恰迎合了公众对于良好的生活环境和健康身体的强烈心愿与期盼。

前些年，我国曾全面实施鞭炮禁放。但禁而不绝，公众偷着放的现象不少。打、罚、压的禁放手段，还引发了不少社会矛盾。其实，那时的禁放，同今天一样，也是为了维护公共安全与公众健康。只是压的强制方法与今天的疏导方式不同而已。

由此可以得到启示，尊重公众意愿，才是激发民众参与环保的有效方法。

公众在环境管理和相关事务中应有参与和决策的权利。因此，政府部门在政策层面上，应保障公众参与环境保护的热情和动力。一方面，要通过法律、行政、部门规章等手段赋予公众享有环境权益的权利；另一方面，要通过经济政策、授予荣誉等来启发、鼓励公众积极、主动地维护生态环境，引导公众更好地参与环保。

其实，在因环保问题引发社会不稳定因素趋升的特定时期，尊重公众意愿，不仅仅可以激发环保正能量，还可以化解社会矛盾。

化解社会矛盾、创新社会管理，必须充分尊重公众意愿。当前，环境保护已经成为保障和改善民生的重要内容，环境质量怎么样，群众最有发言权。群众对于环境质量的良好期待和愿望，不应成为政府的负担，而应该是动力。今年以来，面对来势凶猛的雾霾天气，各地及时发布环境空气质量监测数据，就是一个尊重公众意愿、顺应群众要求的良好成果。

化解社会矛盾、创新社会管理，必须及时回应公众要求。有些地方面对社会矛盾习惯采取捂、盖、压的方式，会导致矛盾进一步激化。有了问题不能回避，也无法回避，尤其是在网络信息高度发达的今天。在处理一些群众关心的问题，特别是突发事件、突发问题时，应做到有多少信息就披露多少，满足群众知情权，及时回应群众的关注。

通过大众传媒使公众了解环境形势、提高环境意识和自我保护意识，是创新社会管理，处理好环境、发展与公众关系的有效方法。解决环境问题，政府部门要认真对待公众诉求，坚持从群众最关心、最直接、最现实的问题入手，解决好影响可持续发展和群众健康的突出环境问题。利用好大众传媒，及时让公众了解环境形势，提高公众环境意识和环境知识水平，让人民群众在共同参与中激发正能量，共同保护环境。

（中国环境网、求是理论网、中国色谱网、安庆市环保局网转载）

41. 呵护群众的环保热情

《人民日报》2013 年 3 月 2 日第 9 版

我们常说环保为民，环保为民首先要了解民意，回应群众关切。环境质量怎么样，群众最有发言权。去年以来全国 74 个城市实施新的《环境空气质量标准》，如实发布监测数据并评价空气质量，1 月的持续雾霾来势凶猛，政府发布的空气质量数据不再与群众感受“两张皮”，许多人对雾霾的来源及其危害有了更多了解，这正是顺应民意之举。

当前，环境保护已经成为保障和改善民生的重要内容。群众对于环境质量的良好期待和现实诉求，不应成为政府的负担，而应成为动力。在网络信息高度发达的今天，有问题不能回避，也无法回避。只有充分满足群众的知情权，政府的决策才能得到理解和支持。

满足知情权，除了及时披露信息，耐心解疑释惑，还要主动宣传生态环保知识。前些年，一些城市曾全面禁放烟花爆竹，但是禁而不绝。那个时期的禁放，同今天号召限放一样，都是为了维护公共安全与公众健康。不同的是，禁放是“压”，限放是“疏”。今年春节前，许多城市为动员群众积极防治空气污染，加大宣传力度，比如媒体刊登公益广告，政府部门编发短信，告诉市民为什么要少开车、少放鞭炮、少燃煤、不燃烧垃圾，起到了良好的引导作用。

今年春节期间，大家普遍感到鞭炮声少了，这是因为许多人认识到这一传统民俗会严重影响环境、影响健康，主动不放和少放。这是一个不小的改变。认识到烟花爆竹的负面影响，只能说是有了环保意识；光是抱怨污染，却戴着口罩燃放，环保意识谈不上多高；主动不放和少放，才是真正具有环保热情。

环保热情犹如刚出土的小苗，需要精心呵护。现实中，一些群众自发不放或少放，剩余的烟花爆竹怎么办？这件事如果处理不好，不仅会留下安全隐患，而且影响群众的环保热情。北京市在元宵节之后开展为期三天的“礼品换花炮”活动，市民可以将家中剩余的烟花爆竹上交到附近的回收点，并换取小礼品。这就考虑得比较周到，受到群众的欢迎。

环保热情热一阵子容易，持久下去挺难。呵护群众的环保热情，应急式的宣传引导固然必要，长效机制的建立更为重要。政府部门应当在政策层面保障群众顺利、有效地实现参与环境事务的权利。比如，通过合理的经济政策，让群众感到参与环保不吃亏；通过授予荣誉等精神鼓励办法，让群众感到参与环保“很有面子”。现有一些法律、行政、部门规章虽然赋予群众维护环境权益的权利，群众真正维权时却时常撞上“玻璃门”，此门必须尽快打破。

美丽中国，共建共享，共建离不开群众参与。只有不断提高群众的环保意识，激发每个人持久的环保热情，群众参与才能形成强大的推动力量。

42. 企业法人怎能不懂法？

《中国环境报》2013 年 5 月 8 日第 2 版

笔者最近在某地企业调研，发现一个值得关注的问题：有人执法，没人普法。在地方，很多企业对国家近年来新颁布的环保法律法规不够清楚或一知半解，产生了不少违法违规行为，不得不接受处罚。

近年来随着国家生态建设力度加强和对高耗能、高污染行业治理力度加大，国家和地方相继出台了多部环保法律法规。但调查发现，很多企业法人，对国家近年来新出台、新修改、新施行的一些环保政策法规，根本就是一知半解或根本不知道。如某地一家钢铁企业，十几年前从小作坊干起，买了好大一块地。那时不需要做环评，跑个手续就开工。近些年来国家对建设项目实行环评和“三同时”政策后，企业法人在不知情的情况下，违法在院内建设新项目，导致当地污染加重，被严厉处罚后企业法人大喊冤枉。相关部门也因监管不到位被问责。在各地，企业法人因不学法、不知法，最终导致不守法、受到处罚的事例比比皆是。

知法才能守法，这是最普通的道理。但追究起企业法人为什么不学法、不知法，企业法人无不诉苦：天天为企业经营东奔西跑，行在车上，忙在路上，吃在外边，听广播、看电视的机会都很少。为节约开支，近年来很多企业甚至不订与业务相关的报纸。有的负责人办公室书柜里看似丰富，但脑海里对相关法律法规的认识却是一片空白。

笔者近日走访某辐射源使用企业，发现有近一半的企业法人对国家放射性污染防治法的条文说不清、道不明。一些企业职工无证上岗、对放射性同位素管理规定不落实，根本不知晓其危害和后果。甚至，法人不学法、不知法，已成为一些地方违反“三同时”行为屡禁不绝，企业转型升级难以实施的主要因素。去年某地发生数起私自倾倒化学危险废物、违规在水泥地周边建养殖场等，经查，企业法人基本为环保法盲。

国家“六五”普法已经进入第二年。笔者了解，各地普法的重点群体多在党政机关和学校。对于学法普法，在党政机关要定期“考证”；在学校是必修课程，甚至连幼儿园也有法制课。但是理应知法守法的企业法人，没有被列入普法的重点群体，反倒成了普法的半盲区。

企业是经济社会发展的主力军。建设和谐社会、法制社会，推进生态文明，需要全社会共同努力。企业要转型发展、守法经营，要推进节能减排，企业法人理应知法守法，提高管理素质。但是现实中，很多已成规模的企业，都是从过去的小作坊、小企业发展而来。许多企业法人头脑中的法规信息也还停留在几年前、十几年前。

对此，政府和相关部门有责任、有义务来帮助企业法人上好、补好法规课。应有计划、有组织地让企业法人尤其是私营企业法人，与时俱进地学习、掌握好国家和地方新出台的法律法规。特别是，对于企业法人的普法不能等同于一般的社会公众，应将其视为重点群体，下大力气开展普法活动。

首先，各级政府特别是基层政府和主管部门要提高认识，把对企业法人的普法宣传教育列入重要议事日程。

其次，要形式多样。着眼于企业需要，采用集中辅导、网上教学和以会代训等多种形式，学新学精。

再次，要以处促学。就是要加大执法力度，严厉查处违法违规企业。并以案说法，促使企业法人增强学法守法的责任心、紧迫感。要让学法、知法、守法者尝到甜头，让不学法、不守法的企业吃到苦头，知耻而后勇。

最后，要统一协调对企业的普法管理。工信、工商、建设、环保等部门各有部门法规。在普法教育中，应由各级政府牵头，集中组织、集中授课。环保部门要通过对企业法人的法规培训，让企业明白哪些环保政策法规是红线、底线、高压线，从而力求实效。

43. 纸岂能包住火?

《中国环境报》2013 年 5 月 29 日第 2 版

笔者近日听闻了 3 件来自基层、与环境保护相关的事情，颇为感慨。

第一件，某乡政府为求多收一点利税，帮一违法企业遮“三无”建设之丑，结果上级追查责任，乡长被免职，相关部门领导被处分。

第二件，某地环境执法人员在执法中明明发现一家化工企业在偷排偷放，却因有领导打电话说情，碍于面子，在向上级领导汇报工作时，隐瞒此严重违法事实。结果，在上级突查时违法企业再次被查获，企业负责人把环境执法人员早已知情这一事实抖落了出来。

第三件，某地一县级环保局副局长，在上级检查企业违法排污、超标排污、恶意排污情况时，以保护当地名誉为借口，指使部下为一污水处理厂出具假数据、假证明，致使群众上访不断，引发责任追究，副局长最终丢了官职。

这 3 件事最初都是基层政府或环保部门工作人员出于好心，却没有想到最终会引火烧身。3 件事有 3 个共性，就是为了保税收、保名誉、保情面。

表面上看，上述“三保”有充分的理由、充足的情谊，充满了人情味。但是，如果我们站在党纪政纪、法律规定、绿色发展层面去分析，可就不是那么回事了。

不顾环境被污染的事实，一些地方政府一味地保税收，事实上保的却是 GDP，是发黑的政绩，是自己的虚荣与官帽。这样的经济增长、这样的发展成果，根本就是得不偿失。就是说得再好听，组织和群众也不会答应。

环保部门保政府，两者是上下级关系，下级服从上级按说也是符合组织原则的。但事实上，除此之外，环保枉法人员之所以如此听招呼，恐怕也有私心杂念在作祟。因此，企业出了事，只要政府领导拿出“保地方面子为重”的招牌，环境执法人员则能捂则捂。可是，纸毕竟包不住火，一旦捂不住了，就会受到党纪国法的处罚。

环境执法者保企业，又是出于何种心理？恐怕这个问题更复杂。吃人家嘴短、收人家手短，帮违法者讲情，肯定有短在先。当然，可能也有一些执法人员心软，念违法排污企业是初犯或以为外人不知道，遮遮丑、抬抬手，让违法排污者过了处罚关。殊不知，这正是宁伤众人，不伤一人；宁伤世人，不伤恶人；宁伤环境，不伤个人情面的下策，是枉法渎职之举。

政府也好，部门也好，执法者也好，分析众多遮与捂的原因，不外有4类：一是私欲作祟；二是原则性差；三是法纪观念淡薄；四是有些地方对类似情形处理不够严肃。

在打击违法排污、违法建设声势一浪高过一浪，广大人民群众积极参与环境保护的今日，很多环境问题捂是捂不住的，而且往往越捂越热，越遮越丑，越压事越大。最终是谁捂谁就引火烧身，谁遮谁就打自己的耳光，谁压谁就抱住个不定时的炸弹。

现今中国正在阔步迈进法治社会。公民要学法守法，企业要知法守法，政府部门官员更要带头懂法、讲法、守法。

环境问题越来越突出，越来越成为社会关注的焦点，人民群众要求解决突出环境问题的呼声高涨，这正是环境执法蓄势发力的时候，是环境执法人员有所作为的时候。

作为基层政府，应更加支持当地环保部门依法开展工作，积极探索环保与相关部门联合执法新机制，加大对企业法人学法普法守法的宣教工作力度，使环保工作得到社会公众更多的支持。同时，各级政府还应不断加大对恶性违法排污行为，尤其是对恶意中伤执法人员和暴力抗法行为的调查处理力度，保持高压态势。如果对违法行为从轻、从松处理，甚至姑息、包庇、纵容，只会助长其嚣张气焰，加大环境执法难度，伤害环境执法人员工作的积极性。

广大环保工作者在打好蓝天保卫战和深入开展查非法排污、查超标排污、查恶意排污中，要不怕辛苦、不怕加班加点、不怕困难，不怕得罪人，应廉洁自律，依法办事，使一批批违法排污单位受到严处与追究。

不论是政府、政府部门还是普通执法人员，在知晓企业的不法行为后，解决问题的最好办法就是及时公开真相，依法依规办事。该停止建设的予以拆除、该停产整顿的整顿、该挂牌督办的督办、该处罚的严厉处罚、该曝光的曝光。要让违法违规的企业受到应有的制裁与处理，切不可漠视群众的举报，纵容违法者恶行，趟进浑水帮恶人。

对企业违法的一些问题，早发现、早改正、早处理，对企业、对政府、对执法人员都有好处。遮遮掩掩、捂捂盖盖，只会使企业违法的事实越积越大、越积越多，到头来收拾不了。表面上看，是在帮企业，实质上是害民害企害自己。

44. 违法排污为啥喊“冤”

《人民日报》2013 年 6 月 8 日第 9 版

企业法人特别是私营企业法人，平时考虑企业如何谋利赚钱多，了解生态环保法规少，地方政府及执法部门有责任帮助企业法人学法知法

最近在企业调研，发现一个值得关注的问题：目前，国家颁布实施的生态环保法律有近 30 部，但是不少企业法人对此不够清楚或一知半解，在违规建设、违章操作、违法排污受罚后，觉得很“冤枉”，由此被追究、被问责的，还有政府的相关管理部门和政府官员。

某地一家钢铁企业，十几年前从小作坊干起，买了好大一块地，那时不需要环评，跑个手续就干。近些年，国家对建设项目实行环评，严格执行“三同时”制度，企业法人在不知情的情况下，擅自建设新项目，导致当地污染加重而被严厉处罚。

现实中，很多已成规模的企业，都是从过去的小作坊、小企业发展起来的，许多企业法人头脑中的法规信息也还停留在几年前、十几年前。在许多企业违法违规案例中，除少数企业属于知法违法，恶意妄为，不计后果外，多数是企业法人按“老黄历”办事所致。

企业法人不学法、不知法，已成为一些地方违法排污事件屡禁不绝、企业转型升级难以实施的主要因素。去年某地发生的数起私自倾倒化学危险废物、违规在水源地周边建养殖场等事件，经查企业法人基本为环保法盲。

追问这些企业法人为什么不知新法，很多人诉苦：天天为企业经营东奔西跑，行在车上，忙在路上，吃在外边，听广播、看电视的机会都很少。过去政府部门要求企业订报纸，如今政府为企业减负，很多企业连报纸都不订了。有的老板书柜内藏书很丰富，说起环保法律脑子里却是一片空白。

知法才能守法。企业是经济社会发展的主力军。企业法人特别是私营企业法人，平时考虑企业如何谋利赚钱多，了解生态环保法规少，这也是现实。正因为如此，地方政府及执法部门有责任帮助企业法人学法知法。

要把企业法人普法教育作为重要工作。普及生态环保法律法规，涉及工信、环保、林业、水利、国土等多个部门，普法教育切不可各自为政，今天你组织，明天他组织，搞得企业疲于应付。要明确牵头部门，根据企业需要和企业法人的工作特点，采用集中辅导、网上教学、编印学习手册和以会代训等多种形式，联系实际重点学，让企业学了有用，明白哪些政策法规是红线、是底线、是高压线。

要严格执法，改变“违法成本低、守法成本高”的现状。让知法守法者尝到甜头，让不守法者吃点苦头，知耻而后勇。在执法中深刻分析违法案例，以案说法，帮助其他企业举一反三，增强其学法守法的责任心、紧迫感。

当然，各地企业数量多，差别大，特别是组织私营企业法人集中普法学习，困难很多，也很麻烦。但只要政府出面，部门协调，这件事还是能做成、能做好的。企业法人的环保法规意识增强了，不仅可以大大减少违法违规事件，企业也可以充分利用国家和地方的优惠政策，推进转型升级。

45. 放下包袱轻装上阵

《中国环境报》2013 年 6 月 14 日第 2 版

笔者长年身在环保基层一线，深感当前在部分地区的基层环保队伍中，存在着三大负面情绪。当前，广大环保工作者迫切需要理顺情绪，轻装上阵，履职尽责。

第一，困境畏难情绪。面对的困境主要有 5 种。一是执法困境。现行国家和地方环保法律法规，有的滞后，有的可操作性不强，不利于基层部门执法。二是协调困境。一些地方政府给环保部门下达的工作协调任务越来越多，越来越重。有的甚至把原先明确过的由其他部门负责的城乡垃圾、污水的日常清扫、处理任务，也推到了环保部门头上。三是国家专项资金使用上的困境。国家下拨农村环境综合整治"以奖代补"、"以奖促治"资金，明确要求地方各级政府要预算专项配套资金。但在落实中，有些地方政府根本不落实配套资金，导致工作难以开展。四是面对某些媒体不客观报道的困境。有些不负责任的媒体揪住环保工作中一些小问题，给钱则息事宁人，不给钱则大力炒作。五是面对公众期望值过高困境。公众近年来对环境质量尤其是大气环境质量格外关注，空气质量若较差，在一片怨声中，环保部门承受着公众难以理解的压力。

第二，疲劳厌战情绪。近年来，随着环境问题不断得到重视，各种专项行动也此起彼伏。空前的工作量，使基层环保部门从领导到执法人员，有的甚至连续几个月没有休息，白天黑夜连轴转。即使在这种情况下，由于编制人员少、执法力量不足，也很难按时、高标准完成任务。

第三，问责担心情绪。如今，环保工作已被架上了各种考核、问责、追究的高压线。环保工作者不严格执法，出了事要被问责；执法过严，得罪了相关企业，到民意测验时企业给执法人员打低分、提意见，同样要被问责。这使得执法人员无所适从，由此产生担心情绪，影响到工作的积极性、主动性。

上述情绪的存在，导致有些基层环保部门在实际工作中出现了3种怪现象：一是低调求稳，宁可不干事也怕出事、怕得罪人；二是消极保平安，宁可破财四处灭火，也不让各类媒体曝光；三是被动应战，宁可打疲劳战，造成工作质量差，也要围着连续不断的各种检查验收打转转。

面对现实，如何破解基层环保工作人员存在的畏难、压抑、担心情绪？

第一，应强化思想政治建设，加强对全体人员特别是基层各级领导班子成员和一线执法人员的思想教育，引导大家用责任强化斗志，用调研理清思路，用创新破解难题，用公正廉明、不求名利之心端正执法心态。

第二，上级部门和各级政府，面对当前环保工作困境、压力与责任，要着眼长远，科学、合理地安排阶段工作任务，突出一个时期的重点、难点问题，有序开展专项行动。切不可在一个阶段安排开展过多的专项行动，避免造成忙乱、影响落实质量。

第三，各级政府和环保部门要正确看待和认真分析一些负面报道，实事求是地评价基层工作，切不可因为不真实的负面报道，挫伤基层同志的工作积极性。

第四，基层政府和相关部门要积极支持和配合环保部门开展工作、严格执法，不可随意压担子、多派活。在编制、体制许可情况下，各地政府应适应环保工作的新形势、新要求，最大限度地逐步壮大环境执法队伍，提升环境执法能力。

46. 环保执法期待好的执法环境

《廊坊日报》2013年5月17日第4版

近年来，全国各地发生过多起违法排污企业抗拒环保执法人员正常执法，写匿名信、打匿名电话威胁、恐吓、辱骂环保工作者，在网上，编造恶意虚假网贴，伤害环保部门领导的事件。更为恶劣的是，4月下旬，山东省东明县，又发生一起违法排污者率不法人员殴打当地环保执法人员事件。为此，《中国环境报》5月14日在一版以《必须严惩暴力抗法恶徒》的评论员文章，为环保人伸张正义。

环保部门正常执法，却遭遇违法排污者辱骂殴打，致使环境执法人员受伤，舆论一片哗然。这是一起典型的暴力抗法事件，性质十分恶劣，社会影响极坏。违法排污，本已突破法律和道德底线；暴力抗法，更让这一行径毫无遮掩。这是对道德体系的公然践踏，也是对法律权威的公然蔑视，必须严惩。公众与网民齐声对违法者予以斥责，对环保执法人员表示慰问，正义之声彰显公众对生态环境的企盼与期望。

回顾近年来发生的类似暴力抗法事件，不难发现，违法排污者背后往往有着深厚、复杂的社会背景。虽处法治社会，但他们依然习惯于用金钱、关系、背景摆脱困境，依然习惯于通过恐吓、威逼、殴打摆平问题，一旦自身利益受损，他们就会不择手段，恶意伤人。处理类似暴力、恶意事件，不仅要查清其环境违法行为，还要好好查查其复杂的社会背景，唯此方能彻底铲除滋生暴力抗法行为的社会土壤，才能使环保执法人员挺直腰杆执法护法。

当前，环境问题越来越突出、越来越成为社会关注的焦点，人民群众要求解决突出环境问题的呼声高涨，正是环境执法蓄势发力的时候，正是环境执法人员有所作为的时候。基层政府和相关部门，要积极探索环保、公安等相关部门联合执法新机制；要积极加大对企业法人学法普法守法的宣教工作力度；要大力宣传各级政府、相关部门和环保工作者为改善生态环境所付出的努力，使环保工作得到社会公众更多的支持。同时，还必须对恶性违法排污行为尤其是对恶意中伤执法人员和暴力抗法行为，保持高压态势，如果从轻、从松处理，甚至姑息、包庇、纵容，只会助长其嚣张气焰，加大环境执法的难度，伤害环境执法人员工作积极性。

从以往的经验来看，环境问题解决的过程，往往也是各种利益博弈的过程，中间难免有矛盾、摩擦，甚至对撞。环境监察和执法致力于维护社会公共利益，势必会使违法排污者利益受损，自然容易引起反弹、挣扎，甚至对立。可以预见，未来一段时间，环境执法依然任务艰巨，其面临的挑战和危险也将有增无减，执法环境不容乐观。

然而，这种挑战吓不倒环境执法者，这种危险阻止不了环保部门的正常执法，反而会激发环境执法更严、更硬。我们倡导人性执法、文明执法、柔性执法，但不会因此对环境违法有丝毫放松、妥协。对那些恶性违法排污者来说，现在到了该彻底收手的时候了。如若一意孤行、拒不改正，甚至变本加厉、暴力抗法，必将被恢恢法网惩戒。大家看到，山东省东明县暴力抗法事件发生后，省、市、县相关部门迅速采取了措施，所有的相关责任人都将得到严惩，大力支持环保部严格执法。我们希望看到，类似的违法、抗法事情，今后少发生、不发生。

邪不压正。环保执法期待更好环境执法氛围。面对环境污染的严峻现实，面对持久打击违法排污的繁重任务，面对严格执法的各种困境，面对维护公众环境权益的艰巨考验，面对服务绿色崛起的迫切要求，大家看到，全市环保工作者，在坚持打赢蓝天保卫战和深入开展查非法排污、查超标排污、查恶意排污行动中，坚决打击各类违法排污行为。环保执法人员不仅不怕辛苦、不怕加班加点、不怕困难，而且面对威胁、恐吓，面对各种行贿诱惑，做到了不怕得罪人。大家廉洁自律，依法办事，使一批违法排污单位受到严处与追究，这充分体现了廊坊环保人敢于担当，善于担当，乐于担当的高贵品德和为高端发展服务，为生态环境把关，为人民群众维权的良好形象和坚定决心。

为廊坊绿色崛起、高端发展贡献正能量。全市环保系统正努力用“解放思想、改革开放、创新驱动、科学发展”大讨论激发动力，激发干劲，创建新业绩。

47. 环保人要明白“为谁干、干什么、怎么干”

《环境保护》2010 年第 1 期

2010 年 3 月 8 日，廊坊市环保局党组书记、局长张卫东在市环保局召开的中层以上干部参加的局务会上强调指出，为全面完成 2010 年工作目标任务，实现全面争先，全体环保人要进一步明确为谁干、干什么、怎么干的问题，做到恪尽职守、各尽所能、各尽其责。

张卫东局长指出，环保工作责任重大，使命光荣。大家要明确工作为谁干？他说：工作首先是为党、为人民、为社会干的，但同时也是为自己干的，也是自己的事业。一个人对待工作的态度就是其对待人生的态度，是一个人人生价值的体现。人为什么要工作，是为了自己能够活得更精彩。工作能丰富我们的经验、增长我们的智慧，能让我们获得技能与经验、赋予你终身受益的能力。艰难的事务能锻炼我们的意志，新的任务能拓展我们的才能，与同事的合作能培养我们的人格。没有卑微的工作，只有卑微的工作态度；没有不重要的工作，只有不重视工作的人。当你因为尽职尽责全力以赴将工作做得有声有色有滋有味时；当你发现自己因为全身心地投入工作而忘记了时间的存在时；当你经过加班加点熬战数日后终于完成一项工作时；当你因为工作出色而得到同事的认可和领导的表扬时，你就会感觉到工作带给你的无穷乐趣，你的人生也因此变得充实而有意义，因为你的价值得到了体现。

张卫东局长强调，大家要知道干什么？他说：首先要履职尽责，干本职工作，看好自己的门、管好自己的人、干好自己的事、负起自己的责；其次要团结协作，干兄弟科室需要配合的工作，不能只扫门前雪；最后要政令畅通，提高执行力，干领导交办的其他工作。

张卫东局长要求，大家要清楚怎么干？他说：要勤奋好学、学以致用：从工作的实际需要出发，本着缺什么、补什么的原则，着眼于解决工作中的实际问题，把学习的体会和成果转化为谋划工作的思路、促进工作的措施、做好工作的本领；要真抓实干、务求实效：增强工作的责任感和紧迫感，克服浮躁情绪，抛弃私心杂念，把心思用在干事业上，在攻坚克难上狠下工夫、在改革创新上狠下工夫、在抓好落实上狠下工夫，创造实实在在的工作成绩；要顾全大局，令行禁止；正确认识局部和全局的关系，切实树立大局意识、纪律意识、责任意识和使命意识，真正做到顾全大局，令行禁止；和衷共济，团结奋斗；要秉公用权，廉洁从政；自觉遵守党的纪律和国家的法律法规，严格执行领导干部廉洁从政的各项规定，坚持原则、秉公办事、公私分明。时刻警惕权力、金钱、美色的诱惑，防止手中的权力商品化、庸俗化，决不能把权力变成以权谋私的工具；要生活正派，情趣健康；自觉加强思想道德修养，模范遵守社会公德、职业道德、家庭美德，讲操守，重品行，注意防微杜渐，坚决抵制腐朽没落思想观念和生活方式的侵蚀。要时刻检点自己生活的方方面面，做到台上和台下一个样，工作时间和业余时间一个样，有监督和没有监督一个样。

怎样理解张卫东局长的讲话要求，笔者深有感触。“为谁干、干什么、怎么干”，从言表上讲，说的是人生观、价值观、事业观的价值取向，表现的是人的觉悟和思想。其内涵也深刻地表现着一个人的品德和素养。作为环保人，我们更应该站在做事、做人的角度去深思、去身行。生活中，我们常讲：要常怀感恩、尽责、奉献之心，在承担责任中感恩，在学会感恩中奉献。感恩是中华民族的传统美德，感恩是一种处事的良知，心怀感恩的人，生活会赐予你阳光，让你充满希望；感恩是一种生活态度，是健康人格的表现。因此，感恩就是要明白为谁干，尽责就是要知道干什么，奉献就是要懂得怎么干。要感恩党、感恩国家、感恩社会；要履职尽责，干好本职工作；要敬业奉献，做勤奋好学、学以致用的模范，真抓实干、务求实效的模范，顾全大局，令行禁止的模范，秉公用权，廉洁从政的模范，生活正派、情趣健康的模范。只有这样，我们才能不断地开创工作的新局面，才能勇攀事业的新高峰！

48. 心诚理信聚人心

《环境保护》2010年第8期

时入国庆，一场“爱局兴家 创先争优”主题演讲活动，把《廊坊环境保护》历时数月组织开展的增强“五家”意识讨论推向了阶段性高潮并引入更为深刻的讨论和实践领域。从6月初张卫东局长提出增强“五家”意识到现在，不仅全局、全市环保系统，甚至有网友朋友，纷纷加入讨论行列。大家表情叙意、论理讲识、谈心喻法、支招献计、明辨是非，从多方面、多角度、多观点发表真知灼见。

局就是“家”。“因为有缘，我们共聚在市环保局这个大家庭里，这个家给我光荣，给我梦想，给我欢笑，给我保障。我们与这个‘大家’，同兴衰、共荣辱。因此，我们要爱家、要顾家，要敢于为家担当”。讨论中，大家从对家的认识、理解、希望、寄托、渴望和体验家的温暖、和谐、体贴、呵护、爱恋谈起，言语道破家之贵、家之暖、家之情。随着深入的讨论中，“珍爱家庭、珍爱集体、珍爱自己”的呼唤、“和谐兴家、团结干事、秉承一家人、一条心、一盘棋、一股劲、一个目标”的理念，把我们是一家之主、一家之人的心，融入了团结、和谐的同一港湾。我们拥有一个共同的大家，通过交流，大家的心靠得更加亲近了；我们拥有一份共同的责任，通过交心，大家凝聚得更加紧密了；我们拥有一样共同的荣誉，通过交融，大家团结得更加真诚了。情谊在大家团结中由生、事业在大家和谐中共成、心愿在大家凝聚中守望、理想在大家合力中实现。弘扬正气，强聚兴家合力、是这次讨论的真挚收获。

治家必“严”。讨论中，大家认为，从严治家，就是强根固本、强化斗志、昂扬激情、强化标准。严是尽责之需、严是创业之基、严是创新之策、严是创优之道、严是保廉之本。要从严格要求强作风、严求创新强落实、严格执法强规范、严明纪律树形象等方面做起，严之有道、严之有法、言之有物、严中求效，唱响严字当头的主旋律。通过严字当头，破陋习、立规矩、行约束、倡勤奋、思节俭、施严谨、保廉洁。大家把讨论的过程变成深化认识、自觉践行的过程，特别是广大党员干部，直接联系创先争优话题，把党员处在群众之中、直接面对群众，作为发挥模范带头作用的压力和动力，促使机关风气在百日内焕然出新。

贵在谋“事”。团结和谐、爱家护家、从严治家，都是教育、引导、提倡和手段，归根到底，我们是要着力同心干事业。因此，讨论中，“如何倾情营造爱岗敬业好氛围”始终是主话题、主格调、主旋律。乐业、勤业、敬业、创先争优、大家见解多多。特别值得一提的是，局部分中层领导干部，把“贵在实现责任与承诺”作为增强“五家”意识，奋力创先争优的共同心声，从如何为党组、领导当好参谋助手；如何当好桥梁纽带作用；如何协调配合工作；如何正确用权干事等多方面提出了许多好意见、好建议、好办法、好措施，得出了只有团结才是出路，只有干事才有成事，只有争先才有出路，只有责任才是追求的共识。团结和谐的政治氛围至关重要。借讨论之“舟”，行事业之“船”，唱响“树正气、讲团结、求发展”，为全市冲刺跨越、全面争先作贡献的主旋律，让想干事、会干事、干成事的人在局里红起来、香起来，让每个人都甩开膀子施展才能和本领，是大家讨论的焦点之重。

兴家为“本”。五家之本是兴家。兴家靠爱家；兴家靠真诚；兴家靠团结；兴家靠和谐；兴家靠勤俭；兴家靠奋斗；兴家靠呵护；兴家靠廉洁；兴家靠制度；兴家靠严格。环境保护责任重于泰山。我们要发扬“忠于职守、造福人民、科学严谨、求实创新、不畏艰难、无私奉献、团结协作、众志成城”的中国环保精神，团结一心，形成合力，踏实肯干，竭尽全力，圆满完成今年全市环境保护工作的各项任务，实现全面创先争优的目标而不懈地努力，向党和人民交上一份合格的答卷，就要做到争当先进有思路、争当先进有方向、争当先进有行动、争当先进有干劲。一句话，成绩已成过去，兴家尚待拼搏。

实践无“止”。“以局为家、和谐兴家、勤奋持家、廉洁护家、从严治家”，增强“五家”意识，不是一句权宜的口号，而是一项体现廊坊环保人核心价值观的长久实践和考验。集中讨论在继续，实践课题更无限。讨论中，《廊坊日报》的记者、广阳区委宣传部的干部，在网上发来了《从“五家意识”感受市环保局的人文管理理念》《从内聚合力强素质，外树形象谋发展》的网帖，甚至，永清县一些小学生也加入了写信“鼓励”的行列。这些来自网友的热情，同时对我们环保人也是有力的精神鞭策。当“爱局兴家 创先争优”主题演讲活动走进我们的时刻，全局广大干部职工都会为之一振的是，各级领导干部已经把演讲比赛看成了凝心聚力的强有力的思想政治工作；各科室全体动员，以“讲”促“教”，激情昂扬；“家的渴望与温暖；家的盼望与嘱托；家的希望与兴旺”三部演讲主题曲，十篇进入决赛的演讲，各具特色，深入浅出，理实意丰，情缘俱汇。它标识着我们的认识再升华、我们的合力再增强、我们的行动再自觉、我们的思索再飞跃地向往着我们今后履行环保工作者伟大历史使命的明天奋进。在下一阶段的深入讨论中，我们将针对存在问题，着重围绕如何建设好我们这个大家、如何维护好我们这个大家和如何用干事业、创佳绩请大家发表真知灼见，推动讨论活动向广度拓展，向深度推进。

“环保局就是我的家、家和万事兴、家是事业的摇篮，严是爱、松是害、保廉洁树形象、家廉法生威，贵在勤奋敬业、崇尚荣誉创先争优、环保事业责如山、团结就是力量”，把大家在演讲决赛中的标题连起来念一念、想一想，即刻汇就了扬正气促和谐，干事业创佳绩的洪声挚途。用“家”凝聚合力，用事业凝聚人心，这正是我们组织开展讨论和深入开展这场讨论的核心话题！

49. 以党建凝心聚力创先争优

《环境保护》2011 年第 5 期

在庆祝中国共产党诞辰 89 周年暨优秀共产党员表彰大会上，市局党组书记、局长张卫东同志提出了以党建推动环保工作创先争优，推进全市环保工作创新发展的工作思路、有为理念。近日，再次强调，要用党建和创先争优活动推动全局岗位立功。并充分肯定了近一时期，《廊坊环境保护》组织的几期围绕“增强五家意识”的大讨论，是抓好思想政治建设的机关的建设、强化机关思想整治建设的有益尝试。

纵观多年廊坊环保工作取得的诸多成绩和荣誉，局党组的坚强领导、基层党组织充满活力的有力工作、全体党员的先锋示范作用，是众识同一的成功经验。事实证明，党的建设是环保工作创新发展、不断创先争优的政治基础和力量源泉。用抓好党的建设凝聚力量，用事业凝聚人心是正确的选择。

用加强党的建设凝聚人心、凝聚理想、凝聚力量，是开展创先争优活动的重要过程。不加强党的建设，人心就会涣散、团结就会失聚、责任感就会变弱。党的十七届四中全会提出了建设马克思主义学习型政党、以适应时代发展、推进事业发展、加强党的建设的需要。作为基层党组织，往往由于人员少、事务多，对学习抓而不紧，致使少数党员对自己要求不够严格，作风出现涣散、事业心有些衰退、工作不求进取。应该说，这种现象，在我们市局也有所表现。由此可以想象，市局党组书记、局长张卫东同志提出的新年工作“严”字当头和强化五“家”意识的要求，也是针对局内存在的一些问题和现象才提出来的。这些现象和问题，虽然表现在少数党员干部身上，但同时也说明需要进一步加强党建工作的迫切性。

当前，抓好发展这个党执政兴国的第一要务，深入贯彻落实科学发展观，就必须要处理好节能减排与经济发展的关系，人与自然的和谐关系。如何处理好这两个关系，是我们在日常工作中必须思考的问题。处理好这两个关系要靠党组织的创造力、凝聚力、战斗力，要靠我们不断学习研究，汲取新的理论和知识，了解新的政策法规，确立新的工作思路，掌握新的工作方法，解决发展过程中的新问题。

在环保系统抓好学习型基层党组织建设，关键是抓好建设过程中各项工作的落实。

抓学习，是抓好党建工作的首要任务。建设学习型基层党组织也是做好环保工作的迫切需要。在创先争优活动中，大力推进学习型基层党组织建设，不断增强党组（支部）的创造力、凝聚力、战斗力，推促全体党员从严格要求、严格自律做起做人、做事是做好环保工作的重要保证。

干事业需要长本领，长本领需要扎实学习提高素质。抓学习，首先要按上级党委机关的要求和局机关党委的具体安排，加强学习的计划性、系统性；其次要增强学习的针对性和实用性；最后要坚持理论联系实际的学风。落实学习制度、学习任务，无论是党组（支部）还是党员个人，都不能忽冷忽热、时紧时松。要带着责任学、带着压力学、带着任务学、带着目标学，还要带着问题学。要按党组织的要求学做人、学做事、学本领。

干事业需要团结，团结需要党内有正常的民主生活。民主的过程就是公开的过程，民主的过程也是统一思想的过程。加强党建，用党建统一全体人员理想信念，目的在于增强党员的党性观念、党性修养服务性，着力提高理论素养和解决问题的能力，让大家扎实做好本职工作。过去的成绩令人鼓舞，未来的挑战催人奋进；过去的丰实业绩来自于坚强的党建推动，未来的创新争优，还要靠党的坚强领导。正如张卫东同志在“七一”讲话中强调的那样：让我们牢记宗旨，坚定信念，认真践行“三个代表”重要思想和科学发展观，继续发扬爱岗敬业、无私奉献的主人翁精神；艰苦奋斗、努力开拓进取的拼搏精神；与时俱进、争创一流的精神；团结协作、互相关爱的精神；干一流的工作，创一流的业绩，造一流的环境，为实现“保护廊坊环境，服务科学发展、建设生态文明、再创环保事业新辉煌”。

用党建凝聚团结奋斗的力量，用党的意志团结党员、团结群众扎实苦干。全体党员要努力用“五家”意识强化事业心、责任感，做科学发展的实践者、做精益求精的落实者，做严格要求为党旗增辉的示范者，做无愧于时代的环境保护工作者。

50. 重视从“小节”上管住自己

《廊坊环境保护》2011 年第 5 期

生活“小节”，就是工作生活作风。工作生活作风是人们在日常生活中形成的态度和行为方式，是人们思想品质、道德观念、文化素养等在日常生活中的综合反映。作为环保战线的干部、职工，工作生活作风虽然不是直接体现在行使权力和职责的过程中，但是能够影响权力、影响工作、影响形象、影响威信。

不同的工作生活作风反映出不同的思想情操、道德品质和工作作风。工作、生活中，许多人功成名就，“成”在重视细节、注重“小节”，同时，也有不少人“失”在忽视细节，不能在“小节”上严格要求、引起注意。

日前，在一次局务会上，张卫东局长针对近一个时期机关工作、生活管理上仍然存在的问题讲了这样几种现象：一是上下班仍存在迟到、早退现象，在执行局内规章制度上有失之于“松”、“散”问题；二是工作中存在推诿、扯皮、不负责任现象，有失之于“懒”、“躁”、“推”问题；三是在行政执法过程中存在怕得罪人、不敢负责、不愿负责现象，有失之于“回避矛盾”、“上交矛盾”等问题；四是在学习上有不刻苦、不认真、不联系实际现象，有失之于“应付”问题。在全局上下认真开展增强“五家”意识讨论活动，全面践行“五家”意识抓落实的氛围中，仍然出现这样的现象和问题，很值得大家深思和纠正。

管住自己，要从工作、生活“小节”做起。应该承认，全局绝大多数干部职工，在工作、生活中对自身的要求是非常严格的。但确实也有的人，不把规章制度放在眼里，记在心上；不把工作当成责任、当成快乐；不把严格要求当成本分，当成自律；不把学习当成任务、当成大事。其实，要做到管住自己，首先就要做到从工作、生活的“小节”、“细节”上管住自己。有言道，细节决定成败。“小节”就是“细节”，“细节”即为“小节”。因此，要从一点一滴做起，不论在什么时候，什么情况下，什么地方，都不能放松对自己的要求，一定要划清是非、善恶、美丑界限，管住管好自己吃、住、行、用、干等方面的生活细节；从上下班、办一份文件、完成每一项工作任务、执行每一项规章制度做起，严格按规章制度办事，严格落实各项要求，培养严谨作风。

管住自己，要从世界观改造做起。坚持加强世界观的改造，是我们每一位环保人的立身之基。良好的素质是在长期实践的磨炼中获得的。面对社会变革和转折，面对权力、金钱、“酒绿灯红”的考验，并不是所有环保人都交上了合格的答卷。有的同志在入党、工作之初，还比较谨慎，能注重改造自我，但遗憾的是不能善始善终、一以贯之，往往出现前紧后松、虎头蛇尾的现象。有的同志沉醉无忧无虑的生活状态，放松对自己的要求，开始自我陶醉，不再做自我改造的努力。从思想上放松对自己的要求，必然在工作上降低标准，给工作带来损失。在改革开放和发展社会主义市场经济条件下，我国社会生活发生了广泛而深刻的变化，社会经济成分、组织形式、利益分配和就业方式等都出现了许多新情况新问题，必然要对每个人的世界观、人生观、价值观产生影响。作为环保人，即使已经初步树立了正确的世界观，也丝毫不能放松对主观世界的改造，不仅要经受住一时一事的考验，而且要作为一生一世的任务来完成。只有不断校正自己的人生坐标，规范自己的人生追求，才能在各种诱惑和考验面前打胜仗。把改造世界观作为毕生任务，既要努力克服种种模糊认识，也不能把改造世界观光停留在口头上，更不能冷一阵热一阵、松一阵紧一阵，必须从一点一滴、一言一行做起，始终如一，活到老、学到老、改造到老，生命不息，改造不止。

管住自己，要从勤奋工作、埋头苦干做起。勤奋工作、埋头苦干，是我们几代环保人默默奉献，创优争先的优良传统。实践“五家”意识，奋力创先争优，更需要我们勤奋工作、埋头苦干。防“松”戒“怠”，严格要求、忠诚事业、强化责任意识是根本。责任心对工作的质量、对事业的成败起着决定作用。责任心不一样，精神状态、工作标准和工作质量也不一样。责任意识强，是勤奋工作、埋头苦干、全神贯注干事业的思想基础；反之，毫无责任意识，思想懈怠，心思和精力不在工作上的人，即使能力再强、水平再高，也不可能把工作干好。有了强烈的责任感，就会出使命感、出工作思路、出高标准、出严要求。强化责任意识，就是要真正把个人的岗位职责、工作任务和具体要求搞清楚，树立有所作为的思想，在其位谋其政，尽己所能，干好本职。要把本职工作当成家里事想，把抓环保局建设当日子过，才能真正长期地严格要求自己，才能全身心地投入本职工作，全局建设才会不断在新的平台上向前迈进。

51. 营造和谐共事的良好氛围

《廊坊环境保护》2011 年第 5 期

在一个单位里，党组“一班人”也好，中层以上领导也好，形成一个和谐共事的良好环境，是实施坚强有力领导的前提，是形成凝聚力、执行力、战斗力、创造力的基础。有了团结、和谐的良好氛围，大家共事才能意志统一，心情舒畅，集中精力谋发展，全心全意抓落实。然而，要营造和谐共事的氛围并不是一件简单的事，这需要大家共同的努力。

1. 要用党的最新理论成果武装头脑，不断提高各级领导的理论素养

理论素养是领导干部、领导班子的灵魂，是领导者综合素质中最重要的素质，是党组一班人和谐相处的思想基础。用“三个代表”重要思想和科学发展观武装头脑，不断提高理论素养，政治信念才能更加牢固，政治立场才能更加坚定，政治态度才能更加明确；才能做到在思想上、政治上同党中央保持一致；才能更加客观、全面、深刻地认识问题、分析问题，更加准确地处理和解决问题，找到团结协作、和衷共济、互让互谅的共鸣点。

2. 要以环保事业大局为重，加强思想修养，做到胸襟和眼界宽阔

良好的思想品德修养，是与他人和谐相处的基础，包括有宽广的胸怀，识大体、顾大局，讲党性，容得下人、容得下言、容得下事，容得下误解和委屈，等等。只有具备了这样良好的思想品德，大家共事才能做到不去争你高我低，抓落实才会心往一处想、劲往一处使，不去计较你的我的，即使发生问题或者有了失误，也会主动承担责任，不会相互指责和推诿。当然，宽广的胸怀与无原则的让步不是一回事，那种对不良风气、不正确做法也睁一只眼闭一只眼，或不愿讲、不愿听真话的行为是在原则问题上“和稀泥”，最终会埋下殃及班子团结和谐的祸根。

3. 要增强理解和信任，做到尊重人信任人关心人

理解、信任是友谊的沃土，是班子内部形成和谐氛围的催化剂。大家只要互相理解、信任，就能全神贯注、心情舒畅地工作。做到这一点，关键是每个党组成员都从我做起，切实做到严于律己，宽以待人，小事讲风格，大事讲原则；政治上互相信任，不猜疑；工作上互相支持，不拆台；生活上互相关心，不计较小事，不搞无原则的纠纷；达观超脱，遇到急事不急躁，遇到大事不糊涂，遇到难事不紧张；多看别人的长处，对人多看优点，凡事往好处想，与人相处减少“火药味”，增加“人情味”。这样，大家在一些具体问题上即使看法不一，认识各异，也能求大同存小异，多些信任少些误会，多些支持少些埋怨。

4. 要经常交流沟通，真心诚意地合作共事

交流是人与人之间沟通心灵、密切关系、加强合作的主要途径。通过思想交流，使党组成员相互坦诚相见，心里有什么想法，对问题有什么看法，都与其他同志交流，通过换位思考，互相启发，求同存异，达到思想一致。通过工作交流，通报分管工作的情况，使大家资源共享，掌握全局，对及时调整思路很有益处。通过交流使感情进一步融洽，一些分歧、问题就可以消除，一些矛盾就不会导致磕磕碰碰、互相找茬，而是协商解决、互谅互让，使和谐共事有了良好的感情基础。党组一班人做到思想多沟通，感情多交流，工作多协调，和谐共事的良好氛围就一定能形成。

5. 党组“一班人”要做增强团结的模范，要主动营造讲团结的氛围

大家既然在一个班子里工作，书记也好，副书记也好，成员也好，相互之间要多接触、多商量、多支持、多谅解、多提醒。只要每个人都坚持做到这些，就不容易发生不团结的问题，即使发生了问题也容易解决。团结是一种胸怀、一种境界、一种水平，作为一个领导干部，为了党的事业，为了单位的建设，应该有这样的胸怀、境界和水平，主动营造讲团结的氛围。否则，就可能会因为一些小事引起误会，造成思想上的隔阂。在一个班子里，由于阅历不同，各成员分析、认识、解决问题的能力水平难免有差异，这是符合辩证法的。古人讲“物之不齐，世之情也”，就是说世间万事万物本来就是长短不齐的。班子成员也是这样，有的同志在这方面有优势，有的同志在那一方面有弱项，这是完全正常的。这就要求每个成员都要学会辩证地认识和处理相互间的关系，即人人都有长处，要相互学习；人人都有短处，要相互提醒；人人都有难处，要相互帮助；人人都有个性，要相互谅解。都这样来认识和处理相互之间的关系，班子团结的状况就一定会好，并且一定会越来越好。“天容万物，海纳百川”，作为一名领导干部，心胸应该十分豁达，眼界应该十分开阔，有了这样的心胸和眼界，相互之间的关系就一定能处理得很和谐、很融洽。

52. 执法环境改善尚需制度保障

《中国环境报》2013 年 12 月 25 日第 2 版

自党的十八大把生态文明建设列入“五位一体”总体布局后，新一届党中央领导集体把环境保护工作提升到了空前高度。作为环保一线的环境执法者，我们既倍受鼓舞，又深感压力。

2013 年，环境执法由过去上压下顶难落实、冷热不均难使劲，转变为力度持续加强，可以说是取得了巨大变化的一年。这些变化形成的主要因素包括：

一是上压的重力转变了。从中央到地方，各级党委、政府开始对生态文明、环境保护有了更高认识和更大支持，很多地方的基层政府从改变片面追求 GDP 做起，大力支持环保“一票否决”权，支持环保部门严格执法。心变带来“行”变，“行”变带来事变。

二是下顶的怪力扭转了。“两高”出台了新的司法解释，降低了环境污染犯罪的入罪门槛，明确了污染环境罪入罪标准，为从严治理环境污染提供了必要的法律依据，也使违法排污者变得不愿排、不敢排、不乱排了。正是在这种形势下，河北省廊坊市一举摧毁了多年久打不绝的小电镀、小炼油等“十五小”、“新六小”污染企业。

三是执法的能力提高了。廊坊市、县两级政府对环境执法能力提升加大了人、财、物的投入。一方面加大环境执法能力建设，使全市形成了市、县、乡、村四级有环保机构，处处有人监管、有人监督、有人举报的局面。另一方面，从环境监察、监测车辆、器材保障上加大了投入，保障执法中拉得出、能到位、管得好，特别是下半年进入开展大气污染治理攻坚战阶段后，良好的设备保障使千余次环境执法做到了不迟到、不误事、打胜仗。

四是公众“气”顺了。面对环境问题久拖不决、困扰长时存在、期待难以实现，过去公众参与环保多是以抱怨、上访等形式督促政府部门解决问题。随着执法力度的加大、问题的解决，公众参与逐步由赌气变为“顺气”，由观望转变为心平气和地支持环境执法、参与环境治理，敢于揭发违法行为。

党的十八届三中全会提出建设生态文明，必须建立系统完整的生态文明制度体系，用制度保护生态环境，这是切中时弊的举措。作为环保一线工作者，热切盼望环保法规、

制度建设能够进一步完善、加强。同时，也希望各级政府和环保部门要从现在做起，坚持从落实法规制度入手，认真解决过去存在的监管不力、执法不严、应对不够、廉洁不足等现实问题，不断提高思想认识，增强风险意识，严肃执法态度，树立廉洁意识。要特别注重强化部门联动，落实污染治理责任，完善监察制度，规范执法机制，加大宣传力度，在工作上下工夫，用实劲儿，干实事儿。

为适应新形势要求，当前河北省环保厅正在全省积极落实环保网格化管理新机制。廊坊市公安局组建了环境安全保卫支队，公安、环保联合执法，共同打击污染环境犯罪。这是新课题、新机制、新任务，迫切需要环保和公安、司法部门主动加强工作沟通，探索联合执法方式方法。同时，环保与公检法等部门还应着眼实际工作需要，通过建立检察机关督促起诉、支持起诉机制，环境保护临时禁令制度，环境保护恢复性司法机制等，形成环境保护合力。特别是对社会影响大、群众反映强烈的污染环境犯罪案件，公安、检察机关应及时介入，依法快捕快诉；人民法院应当依法快审、快结，增强打击犯罪的威慑力。

总之，法规越是健全、制度越是健全，环境执法才越能有效推进。当前，环境执法的环境改善，急需各相关部门联动，出台相关制度予以保障。

53. 推广环保小炉具　农民为啥不买账

《人民日报》2014 年 8 月 16 日第 10 版

环保小炉具达不到农民一炉多用的要求，造成“燃煤更多”“负担更多”“排放更多”。大气污染防治工作必须往细里做，才能让好政策发挥最大效能，让群众满意。

加大“城中村”和城乡结合部散烧煤的治理，已成为多个地方防治大气污染的一项重要举措。仅以“城中村”为例，一个 50 万人口左右的城市，“城中村”往往有几万住户，城边村住户达几十万。把这部分散烧煤的零散排放治好了，对大气污染物减排来说是积少成多，贡献很大，政府理应采取得力措施，公众理应大力支持。

但是，最近笔者听说这样一件事。某地为了减轻散烧煤的无序排放，减轻大气污染，决定把城边村的散烧煤炉换成环保小炉具，先在一些村试点，农民不用掏一分钱，每户更换一套，并可获得政府补贴的几吨优质煤。这本来是既节能减排，又让农民得利的好事情，但农户们却不愿沾这个“便宜”。

原因何在？调查后发现，给城边村农家更换的新炉具，只能用于取暖，不能像过去家里用的小炉具一样既能烧水做饭，又能取暖过冬。

进一步了解得知，目前当地已经升级推广使用的环保小炉具，存在不少问题。一是有些炉具虽然冠以节能环保招牌，实际上却是外观鲜亮，效果糟糕，远远达不到宣传单上所说的燃烧值，减排量很有限；二是有些小炉具挂上节能环保招牌后，立马身价倍增。如果普遍推广，不可能完全免费，但这样的产品除非政府全额补贴，否则农户不愿掏钱；三是有些小炉具从设计上就只是奔取暖而来，达不到农户要求的一炉多用的目的。

实际上，农户用上这样只能取暖的环保炉具，烧水做饭还要另起炉灶，还要烧煤烧柴，不但达不到减排的目的，而且用农户的话说是“燃煤更多了、负担更多了、排放更多了”。

散烧煤小炉具市场为什么如此混乱？原因多种多样。笔者认为，目前国家对散烧煤小炉具缺少统一的行业技术标准是最主要的原因。当前，大气污染治理任务紧迫，炉具市场鱼龙混杂，于是乎一些地方在推广使用散烧煤小炉具过程中，便出现了无据可依、各行其是的局面，甚至还出现了不顾客观实际，强行推广“跛脚”炉具的问题。

如何解决这一问题？这里提出四条建议。

一是各地在大气污染防治中，切忌头脑发晕，办事武断。面对混乱的小炉具市场，权威部门要尽快出台统一的质量技术标准，各级政府也要通过检测、论证把好推广使用关，切不可在推广使用散烧煤小炉具中“看谁门牌硬”“看谁关系硬”“看谁吹得硬”，以这“三硬”作为判定标准，而是要科学论证与决策，让市场说话，尊重用户的选择。

二要加强大气污染防治专项经费使用的监督核查，向乱拍板、乱投入亮黄牌、打板子、严问责。只要是国家的钱，不论是哪一级领导，都不能自拍脑门个人说了算，办劳民伤财的事。

三是有关部门要加强市场监管和技术标准把关，对确实达不到节能减排目标的小炉具，要坚决予以取缔，让国家配给的低硫煤“好马配好鞍”。

四是各地要从基层实际出发，坚决克服形式主义，把大气污染防治的工作往细里做，把实事办好，好事办实，让每一项举措真正发挥减排作用，让国家和地方的好政策发挥最大效能，让群众满意。

54. 保持 APEC 蓝关键在行动

《人民日报》2014 年 11 月 22 日第 10 版

体验过 APEC 蓝的人们，多么希望这样的好空气永驻身边，但临时措施不能持久发挥作用。向污染宣战，是实打实、硬碰硬的较量，需要每个人都拿出决心和行动。

APEC 会议结束了，保持 APEC 蓝仍是人们谈论的话题。

为保障 APEC 会议期间的空气质量，政府采取了一系列措施，企业限产、停产，工地停工，汽车限行、停运，禁烧散煤、秸秆、树叶、垃圾，各执行单位和个人不讲条件、不论公私，履行各自的责任。效果如何？那几天风不大，天却蓝得很。天为啥能蓝好几天？污染物排放量大幅度减少了。

APEC 蓝的成功实践，给我们很多启示。一些网民总结 APEC 蓝的成因时说，平时停不下的停下了，平时限不住的限住了，平时禁不住的禁住了，平时改不了的改了，平时问不了责的真的问责了。有媒体评论，APEC 蓝说明，只要下定决心、措施过硬、联防共治，灰霾是可以治理的。APEC 蓝的背后，是各地形成了党政同责，政企联心，公众参与，狠抓落实的良好氛围。

应该看到，APEC 蓝是采取非常措施产生的非常效果。非常措施不可能用于日常的生产和生活，但是，APEC 蓝与此前几轮重污染天气形成鲜明对比，说明我们过去的治霾工作还有很多短板。尤其是在重污染天气的应急响应中，还存在重视不够、尽责不够、宣传不够、参与不够、问责不够等几方面的不足。在气象条件不好的情况下，重污染天气仍然会卷土重来，我们需要努力弥补这些不足。

首先，党政领导要切实重视污染预防。可以加大应急响应的提前量，在重污染天气来临之前的一两天就进入应急状态，这样可避免污染物的持续累积。同时，各个地方要根据当地大气污染的成因，制定个性化的应急预案。

启动应急机制后，各相关部门要各司其职。防治灰霾不是环保部门一家的事，各地的应急预案都规定了各相关部门的职责，履行职责应该是主动自发的，不应再由上级部门来督查催办，不履职就是渎职、失职。

宣传动员，不妨多管齐下。应急宣传不能等霾来了再临时“烧香”，要经常讲、反复讲。宣传时依靠媒体固然重要，但不能只靠一种渠道，党政机关、社会团体、厂矿企业和医院学校要发挥自身优势，通过各种方式做好内部宣传，让防治雾霾知识更加普及。

鼓励公众参与，关键是要讲清人人都是排放源、在污染面前谁也不能独善其身这个道理。同时，要创造各种条件，引导群众绿色出行，积极使用低硫煤，抵制露天烧烤，鼓励群众举报各类违法排污行为。

问责要动真格。对于不遵守限行、限产、停工规定的，该处罚的要处罚，该扣分的要扣分，该承担法律责任的不能放过，要把问责的板子打到具体责任人身上。只有严格问责，才能改变“违法成本低、守法成本高”的现状，让违法违规者付出代价，让旁观者警醒。

蓝天不能靠风刮，向污染宣战，是实打实、硬碰硬的较量，来不得半点虚招。体验过 APEC 蓝的人们，多么希望这样的好空气永驻身边。实现这一美好的愿望，关键是每个人都拿出决心和行动。

55. 留住“5·18蓝”靠什么

《廊坊日报》2015年5月21日第2版

老天爷真是帮忙。

2015中国·廊坊国际经济贸易洽谈会期间，廊坊的天空白蓝相映，令人神怡。为此，引发媒体赞叹，还有报道直呼：让环保产业留住“5·18蓝”。这让我不禁又回忆起去年北京召开APEC会议期间，京津冀地区曾经有过的“APEC蓝”。

“APEC蓝”也好，“5·18蓝”也好，主题词都是一个字：蓝。这足以表明时下世人在雾霾、阴霾、灰霾、烟霾的经常笼罩之下，迫切期待持久冲出霾笼阴影的梦想与急切之情。

霾不是好东西，是害人的污染物，是剥夺和侵害人类健康的大敌。对于这一点，世人已有共识。但共识之下，真的舍土为民，不惜血本，痛下决心，铁腕治霾的基层政府是不是已经100%？舍企为众，坚定守法，绝不再挣制霾黑心钱的企业，是不是已经100%？舍己小利，自觉参与，向霾宣战，自觉行动的公民，是不是已经100%？三个疑问，其核心主题是一个：为留住那个期盼的“蓝”字，你做了什么，你的期盼真实不真实？

2013年以来，廊坊市的大气污染防治工作，在市委、市政府的坚强领导下，扎扎实实落实国、省部署要求，通过科学解析，辨明污染源头；通过科学决策，精准防治；通过党政同责，全民参与，成果赫然显见。2014年，廊坊市市区共采样365天，达标天数为153天，与2013年同期相比，达标天数增加了21天；重污染天数为71天，与2013年同期相比减少了14天。

2015年，作为廊坊市大气污染防治保“退”（退出全国大气污染倒排前十名）、保“城”（全国环保模范城市）的攻坚之年，防治形势依然严峻，防治任务依然艰巨，防治目标可望存险。一个环节、一个部门、一项工程、一项任务稍有松懈，后果都难以后补。为此，市委、市政府出台《大气污染防治十条》铁心定计，铁策求保，铁招儿防范，铁腕施治，不留余力之态，全市皆知。

面对曾有的“APEC 蓝”，有人曾道“关”、“停”、“限”之“难”、之“苦”；面对“5·18 蓝”，有人可能已“喜”中忘“忧”。据专家系统、全面分析，近期我市大气污染状况“异常”向好。持久施治，固然是“5·18 蓝”得来之一因，但老天爷帮忙的成分很大很大。近期，我市空气质量之所以基本维持在二级良或三级轻度污染水平，气象因素主要是：北风活动频繁。偏北风日数与频次较多，未形成持续的静稳天气过程，污染物浓度不容易积累；风速较大。无论是偏北风还是偏南风，风力多在 3～4 级，能够非常有效地降低各项污染物浓度；气温不高。最近我市未出现连续 30℃以上高温天气，加上形成 O_3 的前体物浓度较低，市区未出现 O_3 浓度超标现象；相对湿度较小，除几次降雨前后出现短暂的湿度升高，其余大部分时段相对湿度较小，气溶胶粒子吸湿作用不明显；逆温出现的频率非常低，持续时间短，对流作用较强，有利于污染物垂直扩散。而不是我们已经彻底把污染防住了、治好了！这一点，必须清醒认知。否则，会掉以轻心，盲目自满！

面对蓝天，我们心旷神怡，深呼乐吸！但蓝天不会作假，白云不会虚飘。老天爷也不会天天帮忙。留住蓝天白云常驻，到底靠什么？仅靠环保产业肯定做不到，必须综合发力。这类话题已不新鲜，笔者也不想在此赘言多述，重复几句老话儿，仅供真心实意想留“APEC 蓝”、“5·18 蓝”常驻、真心实意想追求健康生存的读者参考：真心实意行动吧，把被污染的政绩观，从决策者头脑中真实洗净；把偷鸡摸狗的挣钱术，从经营者的双手上剥光洗净；把抱怨与观望的阴影，从每一个社会成员的嘴巴上、眼睛里洗净，变成与政府同向而行，同令而动，把我们仍然比比皆见的不落实、欠落实、少落实、懒落实、看落实的政府责任、部门责任、企业责任、公众责任，该是谁的谁都能真真实实地担当起来，用管得住、守得住、防得住，治得了、治得精、治得好的成果，赢得蓝天，留住白云，回馈自己，捍卫自然。

56. 蓝天下的“谜烟”哪里来

《廊坊日报》2015年1月5日第2版

新《环境保护法》已于1月1日正式实施。此时此刻，全国上下普遍关注的，不仅是新年度各地出台的大气污染防治举措，更多的公众同时在思考“落实新法我能做点啥？”对此，我在环保小说《霾来了》的创作中，用了很大篇幅用讲故事的方式已经作出解答和呼吁。

在刚刚过去的2014年，整个京津冀地区的空气质量是个整体向好的年头儿，有两个因素促成了蓝天的常常出现：一是自然气候条件向稳，没有出现大起大落、稀奇古怪的恶坏天气；二是拼了一年多的大气污染防治联防联治系列举措见到了较大成效。以廊坊市为例，2014年我市市区共采样365天，达标天数为153天（其中一级天数10天），达标率为41.9%，与去年同期相比达标天数（132天）增加了21天，达标率提高了6.0个百分点；重污染天数为71天，重污染天数比例为19.5%，与去年同期相比减少了14天。

很多听众听到过交通台的两名“快嘴”，多次借助麦克风与电波的传递，向听众发出“今儿个廊坊的天好蓝”、“今儿个廊坊的太阳好亮”的惊呼。

少见的蓝天而今能“常回家看看”，应该是值得公众高兴的大喜事，也应该给各级政府、企业和公众同时加“赞”。但现实生活中，人们仰望蓝天时，却时常笑不起来。为什么呢？细心的人会发现，不少城市市区天空出现了一个怪现象：蓝蓝的天，白白的云，高高在上，洁净无瑕，但市区低空，城里城边却时常出现灰蒙蒙、黑蒙蒙的重污染烟带，有时是连成一片，有时是沿街成线，气味十分难闻。特别是一早一晚，一冬一春，城际周边的有些区域的居民，居家不敢开门窗，出门不敢深呼吸，还有不少的老哮喘、气管炎、心脑血管病患者，躲在屋里还戴着口罩。

蓝天白云之下，灰蒙蒙的低空谜烟怪像是咋来的？刺鼻、刺眼、刺喉的气味是什么东西？很多人在发问，“蓝天白云还是大气质量好转的标志吗？”“为什么污烟浊气会在低空徘徊？”

其实，解开蓝天下的谜烟成因之谜并不难，难的是闹清了污染之因，知道了低空污染之故，人们能否“对号入座”进行“阻击”行动？

还以廊坊为例，很多市民知道，在廊坊市区，环保部和省环保厅建成了 4 个廊坊市空气质量监测点。这 4 个点广阳区有 2 个，安次辖区和廊坊开发区各有一个。这 4 个监测点，由环保部和省环保厅实时监控，并公布空气质量相关监测数据。对当地环保部门而言，只有看护维护守护好的责任，没有给监测设备“搬新家”、给监测环境“搞装修”和给监测数据“动手脚”的机会和可能。也就是说，从技术角度来讲，从 2013 年 1 月 1 日起，各级发布的廊坊市区空气质量监测数据，无论是烟是尘还是有其他什么东西，都是在用事实说话。

回答蓝天下的谜烟、污霾形成的原因，不是一两句话就能说得清楚并让人心服口服。让专家讲，他给你讲一大堆 $PM_{2.5}$、SO_2、CO、O_3 之类的污染物种类，好多人听不懂；让外行讲，他可能会告诉你，要享受美好生活，吃点“霾”也可以忍受，世上没有十全十美的事儿。其实不完全是这么回事。

在监测点周边，就有排放油烟的饭店 330 余家，居民散烧煤户有 30 000 余户，各类洗浴、小燃煤企业有几百家；几乎布满了整个主城区的 40 多万辆汽车，每天在市区排放尾气；几百家大小饭店和数十万户居民家中的厨房，每天向空间排放着大量油烟。这些生产生活产生的粉尘、烟尘、二氧化硫、氮氧化物等，对市区环境质量影响很大。

过去，有很多人，包括政府执法部门在内，一提防霾治污，大脑的思维首先都会想到各类大企业。但科学和实践证明了的“事实”却是反向的结果。大企业的大烟囱，几乎被全部推倒，所剩无几的几个也已经早安装上了脱硫、脱尘装置。有网友和市民非常“服气儿”地说，国营企业治霾比私企好，私企治霾比公众参与好，常住居民防霾比临时租房户好。

很多时候，当我们自己面对不愿接受的污染现状时，可以说，没有几个人能冷静地分析污染的成因，更没有多少人能实事求是地从自身找问题。

现今工业企业的污染源虽然还占一定比例，但徘徊在市区低空的“霾”，特别是冬春季节的各种烟气，大都是由“民生源”形成的。“民生源”大致分为两种，一种是“集体”的，一种是“分散”的。“集体”的主要有三：一是冬季集中供热燃煤；二是公共交通的大小车辆燃油；三是饭店油烟。分散的主要成因有六：一是分散取暖、做饭、洗浴用的街头和菜市场摊点燃煤小锅炉、小炉具；二是私家车；三是各类烧烤；四是家庭烹饪排放的油烟；五是垃圾、秸秆的焚烧；六是鞭炮、焰火燃放。

上述种种，皆是形成污霾的产生源头。为防治这类污毒之霾，政府出重拳、办了实事儿，但在北方个别地区，有这样的现象：政府出补贴配发节能环保炉具，有人把它丢在一边，仍用旧炉具；政府发补贴换掉劣质煤，有人一边收补贴，一边又烧上了劣质煤；政府发补贴淘汰黄标车，有人收了钱，却仍旧偷着开车上路；政府三令五申要求在雾霾重污染天气临时限行、限产，有人置若罔闻……

燃煤产生的烟气，垃圾秸秆焚烧产生的烟气，各类烧烤小吃的烟气，汽车燃油的尾气，家庭生活各类烹饪的油气烟气，其实就是我们生活中见到的蓝天下的谜烟。

霾，其实每天都在我们身边，造霾的人，就是我们自己。正因为我们还没有真正认识霾的成因，所以才有了怪天怪地怪这个怪那个。政府依法治霾，企业依法治污，公众依法参与，三者其实就像家里过日子，孰轻孰重，说不清楚，道不明白，唯有在求生求存求幸福的大前提下，才能求同向而行。

在雾霾重污染天气情况下，我们生活中的很多小污染，都是形成更加严重霾毒危害的因素，也就是雪上加霜。监测证明，生活中的小污染源，如：小烟卷、小火堆、小炒锅、小煤炉、小烧烤、小污水、小燃油、小作坊、小鞭炮等，这些在生活中看似很不起眼的小污染源，一旦汇集起来，短时间内积少成多，就会变成大的雾霾污染源。污染物的突然集结，会导致污染物指数瞬间猛增，让人窒息，致飞机不能起降，让老弱群体不堪承受。这样的实例，在近些年的媒体报道中，常有实例。

科学证明：高空有蓝天白云，低空有谜烟袭扰，并不是防霾治污无成效，只是由于气温高和低暂时导致的阶段污染。大量燃煤集中在冬春季，同时冬春季早晚气温过低，烟尘难以升空。一旦阳光高照，气温升高，低空的烟气、油气，会很快升空，蓝天会很快变成灰色，那时，高空与低空会浑然一体，最终遮住蓝天。

伴随着 2015 年 1 月 1 日国家新《环境保护法》的正式施行，政府、企业和公众的责任全方位落实已成没有商量的新话题。防霾治污，政府和企业肯定是“主角”，但如果政府和企业治了大而公众不从防“小”处见行动，积少可成多的各类烟污、油污不会离开我们生活的空间。只有公众也都依法行动起来，从小处着眼，从小事做起，减少各类烟气、油气的排放，蓝天白云才会才能接上地气，我们生活的环境持续向好。公众应自觉践行环保部发布的《“同呼吸、共奋斗”公民行为准则》，核心内容有八句话：关注空气质量、坚持低碳出行、选择绿色消费、养成节电习惯、举报污染行为、共建美丽中国。从少开车、少燃煤、少燃放鞭炮、不燃烧垃圾秸秆等小事做起，与政府、企业形成合力，创建防霾治污新常态之下的生活新方式、新思维、新时尚。

57. 大气防治差点啥?

《中国环境报》2014 年 8 月 22 日第 2 版

《京津冀及周边地区重点行业大气污染限期治理方案》日前出台，笔者闻讯欣喜不已。去年以来，大气污染防治行动以防霾治霾为主攻目标，攻坚克难，呈现良好态势。但在基层实际工作中，笔者也发现，由于大气污染防治工作开展时间还短，过去缺少经验，各项防治工作仍处在起步、研究、摸索阶段，思想认识欠缺、合力形成不足、政策法规不完善等问题还十分明显。

笔者认为，当前各地大气污染防治，应从以下几个方面进行深入探求，使防治走向持续、深入、科学、良性发展轨道。

一要区域互动不差劲。大气污染防治必须走出大区域联防联治，小区域同心专治，持续化科学施治之路。着眼联防联治工作中存在的问题和症结，笔者认为，必须解决好两个问题：一是合心和谐。各行政区划地必须树立大局意识，少算自家经济账，要站位大局，勇于担当，敢于牺牲，树立真合心、真合力的理念。只有心往一处想，劲儿往一处使，才能使区域联防联治尽快实现。二是合力合谋合拍。例如，在区域污染源解析、产业结构转型发展、电气能源分配利用和应急响应机制等方面，要防止一哄而上，忙乱投资，更不能相互责怨，你争我抢。以京津冀地区为例，北京作为地区优势集中的龙头市，在投入规划上，要统筹与周边地区协调；从保护措施上，要京津冀同向而行。

二要法规互动不差劈。大气污染防治行动起步急、任务重、压力大，相应法规、政策尚不完善，特别是在淘汰落后产能、关停重污染企业等方面，暴露出很多矛盾和问题。例如，一些地方一味要求淘汰燃煤锅炉，实施煤改电、煤改气。电、气能源供应实际上缺口很大，根本不能满足急改需求。在这种情况下，有的地方在既没有相关政策，也没有具体扶持措施的前提下，便下达纲性文件，试图推动落实。但很多文件仓促下发后又不得不无果收回。像这样关停缺少法规依据、拆改缺少能源政策保障、奖补缺少政策支撑、推广使用新技术产品缺少技术标准的现象与问题，在实际工作中比比皆是。笔者认为，当前国家和各省（市）应围绕大气污染防治出台相关法规政策。地方法规的制定，应首先建立在维护国家法规政策的严肃性的基础上。地方出台的一些治理措施、奖励政策、推行标准，要尽量考虑与国家现行法规政策合拍。不能盲目推动缺少法规支持的关停治理，不能推广使用无国家质量认证的所谓新技术、新产品，以免因法规不到位在防治上出偏差，导致社会矛盾加剧，防止资金投入上盲目浪费，产生欲速则不达的苦果。

三要上下互动不差钱。笔者发现，一些地方，大气污染防治存在上热下冷的情况。一些基层政府和纳入整治范围的企业，常常以资金紧张、经营困难为由，层层递减治理任务，拖延工作落实。为推动大气污染防治，国家和各省（市）每年投入成百上千亿元专项资金。但在资金的使用上，存在两大现实问题。一是有的地方没有按国家要求备足配套资金，导致国家资金不能在基层和企业充分发挥引领作用。二是上级下拨的资金出自多部门。一些地方政府未能充分整合使用，形成了撒胡椒面式的花钱形态。导致重点治理区域政府和企业缺少积极性。笔者建议，围绕大气污染防治工作，国家和省一级，应首先统筹专项资金的划拨。地方政府应把上级下拨给发改、城建、环保、水务、工信和农业部门的资金，实行政府统一管理、统一规划、统一奖补、统一下拨的政策措施，整合多条块儿资金，形成拳头，抓住本地的重点防治工程，把钱用在实处，从而有效发挥专项资金效能，保证重点治理项目落实。

同时，县级以上政府，应本着实事求是的原则，认真落实国家大气污染防治地方资金配套投入的相关要求，确保上级资金使用好，本级配套不差钱儿。

此外，着眼大气污染防治区域性联防联治才能出真成效、大成效的现实，一线城市要特别关注周边二、三线城市的防治需求。在二、三线城市治理资金严重不足，而治理项目又特别需求的情况下，一线城市应及时伸出援助之手，确保二、三线城市不因缺钱儿而误工殃邻。

四要部门互动不差责。笔者发现，在大气污染治理行动中，仍然存在两种倾向：一是有的职能部门参与大气污染治理热情不高，实际工作落实中存在职责不明、细化不够、抓得不实，部署多、落实少，政策规定多、具体执行少，讲起来滔滔不绝，干起来拖拖拉拉的问题。二是有的部门怕担责任、怕得罪人，工作中推诿扯皮，落实中偷工减料，工作中放低标准。由此，导致政府下达的大气污染防治任务落实标准大打折扣。笔者认为，改变上述弊端，迫切期待各地严肃落实部门责任，真正操起问责大棒，把不落实的问责追究到具体人身上，让不落实没有规避的空间，让“南郭先生”没有立席之地。

五要大小互动齐抓实。防治行动中，有些地方很注重抓大工程，如对重污染大企业关停并转、黄标车大量淘汰、燃煤锅炉改气改电、城市扬尘多手段抑制等。但对一些小污染行业、居民生活源治理却不够关注。如某地实施一系列重大治理举措后，却发现煤烟污染却依然严重。经专家调研分析，原来是城中村和城边村几十万户散烧煤小炉具排放所致。事实上，有些看似不起眼的小污染、小企业，积少成多，其危害往往超过一些大企业、大锅炉。因此，在防治中，一定要切记抓大不放小，积小可成多。

六要城乡互动共治。大气污染成因复杂，因素多样，渠道广泛。在大气污染联防联治中，大家往往把治理的视觉盯在大中小城市群上，精力、财力投入也往往顾城轻农。殊不知，农村的面源污染、秸秆焚烧污染、垃圾污水的污染、生活起居的炊烟污染，在气象条件的作用下，往往起到农村包围城市的负效应。因此，治理中，各地不仅要心联心、城联城，还要注意城联村。要在防治规划的制定、资金的分配、技术的使用、防治的目标上，始终注意树立城乡联防联治的理念。把大气污染防治，与农村环境综合治理融为一体。只有形成城乡并治的大格局，才能让大气污染防治取得长治久效的善果。

58. 新环保法宣传要接地气

《中国环境报》2014年9月24日第2版

新修订的《环境保护法》即将于2015年1月1日起施行。学习、贯彻、落实新环保法，在全国各地已形成热潮。但笔者也发现，一些地方在组织新环保法宣传活动中，由于思路方式旧、形式做法老、拓展眼界窄，放不开时代的视野，抓不住公众的心路，接不上基层地气，导致宣传效果不佳。

河北省廊坊市采取“六个一”宣传模式，即认准一针一线、抓住一早一晚、用好一屏一车、开拓一网一机、突出一官一企、发动一老一少，将宣传地点搬到了大街小巷，让市民在日常生活中不经意间就了解了新的环保政策。这一做法获得了市民的认可，取得了较好的宣传效果。笔者认为，廊坊市宣传贯彻新环保法的做法，值得借鉴。

第一，重点明确。法是一根针，群众有千条线。这就指明了宣传的“针眼儿”。开展新法宣传，必须针对群众的关注、群众的需求、群众的期盼，区分不同群体，有针对性地安排宣传主题、宣传内容，突出不同主线，开展有的放矢的活动。开展宣传活动时，要注意把内容的设置、方法的采纳和不同层面的每一条“线”都对准“向污染宣战”这根“针”，通过以事说法、以理讲法、以案宣法，把“千条线”融会贯通于群众需要中，让不用层面的群众在喜闻乐见中学法、知法、守法、循法。各尽其责，各尽其力。

第二，时间灵活。在新法宣传活动中，要改变过去用正课时间停班、停课搞群众性集会宣传活动的惯性思维，顺群众之自然，利用早晚群众开展自发性健身娱乐、集市贸易的时机，开展多样式的宣传活动，让新法宣传进广场、进市场、进商场。这样因势利导地开展宣传活动，不仅可以大大减少组织工作的麻烦，还可以更广泛地提升宣传效能。

第三，方式多样。街头的大型电子宣传屏幕和画着大幅图案的出租车、公交车，如今已成为遍布大小城市的新景观。利用好这一屏一车搞新法宣传，已成为许多地方环保部门采用的新招。借助和租用街头电子屏等，价格不高，但受众宽泛，其宣传效果，不可小视。例如，某地在今年8月集中开展新环保法宣传月活动，租用了街头18处大屏幕电子显示屏，2 000多辆出租车的LED屏，昼夜不间断宣传新法规条文和标语口号，只花7万元钱租用金，但有几百万人受益。

此外，网络已成为当今开展各种宣传活动不可忽视的重要载体。因此，在新法宣传中，各地可利用手机短信、政务微博等形式，不间断发布新法内容，引导网民在网上留言讨论。同时，针对网民们提出的疑难问题，由环保部门和媒体不断做出解答，从形式到内容将宣传不断引向深入，形成新法宣传新亮点，提升新法宣传新境界。

第四，对象广泛。如今，让孩子在学校受到教育后当家长的老师，已经成为一种生态文明教育的重要途径。事实上，老人的作用同样不容忽视。老人作为居家族，在家里听广播、看电视的时间长、机会多，可以成为各种知识和各种信息的传播者。因此，在新法宣传活动中，切不可忽视对居家老人环境教育的渗透，让老人当好青壮年的信息员。

毋庸置疑，新环保法的宣传贯彻落实，主体在政府，难点在企业。因此，在新法宣传活动中，既要考虑受众面，也不能把政府官员和企业作为一般公众来对待。要从形式到内容、从条文到引导、从尽责到监督等多方面，突出加大对政府官员、政府部门和企业法人的宣教力度，引导政府官员和企业法人做学法知法守法用法讲法的带头人、主力军。在组织新法宣传中，要坚持政府挂帅、环保推动、企业率先、媒体联动、突出重点、全民行动原则。环保部门要首先给各级政府官员和企业法人“吃偏饭”，通过给环保工作领导小组成员单位印发公开信、给企业法人印发公开信，以及请专家集中授课讲法等方式，引导政府官员和企业法人知法明责，增添压力和动力。

59. 冬病夏治为何落实难?

《中国环境报》2014 年 10 月 8 日第 2 版

今年“三伏”之时，华北某地区围绕大气污染防治工作谋划了一揽子“冬病夏治”工程。工程着眼于冬季燃煤带来的高污染问题，以供热供暖锅炉煤改气、煤改电和统一推广使用低硫煤为重点，提出了具体的控煤、减煤、提质的治理工作目标。但是，从开始谋划到现在，很多工程都没有得到如期落实。通过查找原因发现，大部分工程都是在工程招标上出了问题。

实施工程招标的目的是防止暗箱操作，防止腐败浪费。大气污染各项防治工程的实施本不该与之形成矛盾。可是，为什么有些地方却把大气污染防治工程被延误的账单挂到了招标上？原因有四点：一是工程谋划从起步时就已经晚了，缺乏预见和计划；二是招标过程中工作拖拉，有些环节不够作为；三是对国家相关的政策法规不够了解，心里没数，事到临头想特事特办，结果碰了钉子；四是对大气污染防治工作的特性缺少客观认知，缺少整体规划。大气污染防治作为民生工程，至关重要。围绕大气污染防治，全国许多地区都采取了一系列积极有效的措施，甚至是开了政策绿灯。但从华北某地区“冬病夏治”工程未能如期落实的经验教训分析，其根源主要在于对工程缺乏事先规划，缺少科学安排。

各地要在探因解析基础上，把整个大气防治工程作一个长久性整体规划，并分步实施，要通过科学安排，避免打乱仗、打无把握之仗，防止冷一阵、热一阵，更要防止拍脑门工程既误事又伤财的情况，确保阶段性工程得到落实。

科学谋划是开展大气污染防治的重要环节，不仅体现政府科学运筹的能力，也体现了政府的法纪意识，更体现了政府的担当与责任。不招标就不能实施工程、不验收就不能拨付全额资金、不配套就不符合国家的政策，这些硬性条件，在谋划大气治理工程时，就必须要进入决策者的脑子里，落实到整体安排上。

试想，华北某地的决策者，如果将“冬病夏治”工程起步于冬季诊病寻医、春季上路操行、夏季治病吃药，即使招标时间再长，恐怕也不会出现无法落实的后果。

60. 夏病冬治要及早谋划

《中国环境报》2014年10月15日第2版

中医治疗筋骨伤湿伤寒病有冬病夏治一说。在大气污染防治战役中，许多地方采用了这一方法，在夏季开展的防霾控煤战役中，早动手、早谋划。一手抓控制燃煤质量，从煤炭招标开始，进行源头治理，推广使用低硫煤；一手抓燃煤锅炉煤改电、煤改气，从而确保冬季控煤、减煤、压煤、少燃煤、燃优质煤。这一系列举措被统称为冬病夏治，以此大量减少冬季因燃煤引发的污染排放，减轻冬霾的危害程度。

笔者认为，冬病夏治固然重要，夏病冬治也实不可缺。扬尘、烟尘污染，在我国北方乃春夏之大患。由于气候条件因素所致，在春夏季导致扬尘污染的各类施工工地和夏季火热一时的烧烤烟尘污染，到了冬季便会进入猫冬期。可以说，冬季这一时期，正是防治夏病污染的最佳时节。

时已深秋，冬季即将来临，开展夏病冬治已是当务之急。笔者认为，当前应做好以下3方面的工作：

理一理治霾的工作思路。雾霾的危害性很大，进入冬季，空气污染防治形势更加严峻。对此，各级政府急需采取有效的行动来改善生存环境，并和公众一起行动，使雾霾防治工作形成方案、形成规划、形成制度，逐步落实。

理一理夏病冬治的具体工作。要针对本地城市雾霾形成的原因，通过源解析，监测并找出夏病冬治的针对性方案。

一是治灰尘。冬季是治理工地扬尘的最佳时机。冬季工地多停工，许多车辆停运，在这个时节对相关车辆进行渣土运输车密闭改造、建设工地控尘设施和储备夏季苫盖土堆的物资，施工方和运输方都易接受。

二是治烟尘。露天烧烤和汽车尾气是夏季烟尘的主要来源。治理露天烧烤应采取疏堵结合的方法。可以有规划地在市区居民集中的地方建一些有烟尘处理设施的露天烧烤店，由地方政府搞建设，商家来租用，冬建夏用，这样就能解决很多矛盾。对于机动车尾气问题，在冬季可以通过汽车相关技术进步，机动车增加尾气净化装置以及提升油品质量等措施，实施冬季集中攻关治理。

三是治挥发性有机物。VOCs（挥发性有机物）是夏季臭氧形成的主要前体污染物之一。在冬季谋划开展化工、钢铁、涂装、包装印刷等行业的VOCs专项治理，将对夏季臭氧浓度的降低起到关键性作用。

四是开展冬季治霾教育活动。利用冬季长假多的特点，开展全民防污治霾教育活动。利用各种媒体，通过广泛宣传，引导公众践行绿色消费、绿色出行，少用空调、少开车，发动公众从自身做起，增强社会责任感，自觉、主动地为治霾贡献力量。

理一理治污的法规制度。雾霾防治在我国起步不久，各地可参照的成熟经验很少。一年多来，一些地方围绕大气污染防治出台了相关法规和政策。但是，也有可能出台过一些不合时宜、不可行的地方法规条文。当前，基层各级政府和相关部门要发扬实事求是的精神，及时纠正、坚决完善，切不可死要面子不改错、不纠偏、不顺民意。与此同时，各地要有效落实夏季雾霾防治工程中的奖补政策，理清拖欠款和治理工程落实不到位等问题。

61. 应急不力需弥补“五个不够”

《中国环境报》2014 年 10 月 17 日第 2 版

近日，一场来势汹汹的雾霾让华北大部分地区再度遭遇“心肺之患”。环境保护部迅速派出 6 个督查组，奔赴京津冀 8 个城市，对各地重污染天气应急工作进行了专项督查。督查结果中指出了五大问题：一是一些地区应急工作形式大于内容；二是应急机制仍不顺畅；三是部分涉及民生的应急措施难以完全落实；四是一些地区、企业应急响应仍然迟缓滞后；五是部分地区应急预案科学性和可操作性还不强。

结合工作实际，笔者分析了这五大问题存在的原因，主要是五个不够，即重视不够、尽责不够、宣传不够、参与不够、问责不够。

第一是重视不够。这是雾霾应急不利的最大根源。这个根源来自政府和相关部门对防治工作的思想认识问题。大气污染防治工作全面展开已历时一年多，但在一些地方，始终没有把“防治”二字全面理解、贯彻，存在重治轻防的问题，在应急预防上投入的资金和精力十分有限。因此，各级政府要在思想上高度重视预防工作，不仅要抓紧建立应急反应平台，全面做好源解析工作，还应让公众知道如何防、怎么防。

第二是尽责不够。从政府、相关责任部门到社会各界的相关负责人，在启动雾霾应急机制后，应各尽其责，而不是等闲视之、麻木不仁。但现实中，有些单位和责任人知责却不尽责，有责却不施责，有的成了应急信息的“肠梗阻”，有的成了失职渎职的“南郭先生”。甚至有些地方政府因害怕企业停产影响 GDP，随意推迟启动应急机制、降低应急级别。

第三是宣传不够。应急机制分几级、有什么要求？政府启动雾霾重污染天气应急机制后，政府相关部门应该做什么、企业应该怎么办、公众应该怎么配合和支持？诸如此类的法规要求、防范知识、行为指南，很多公众，甚至一些政府职能部门的工作人员都不清楚。这说明，应急响应宣传还很不到位，没有深入人心。很多地方、单位，一提到宣传就只想到媒体，却忽视了党政机关、社会团体、厂矿企业和医院、学校等自身的优势，忽视了公益事业的内部学习和宣传。其实，社会各界如果发挥自身组织优势，搞好应急机制和相关知识的集中学习，往往更细致、全面，更能起到学以致用的效果。

第四是参与不够。在很多城市，由于应急机制启动信息不够畅通，往往在应急启动两三天里，许多群众根本不知道有这回事。因此，要启发和引导公众，使其明白启动应急机制是为了维护公众合法的环境权益，每个人都有不可推卸的社会责任。一方面，政府要更广泛地建立、完善大气重污染天气应急响应传播机制；另一方面，作为公众，也要自发自觉地行动起来。

第五是问责不够。各级政府必须出台相关的问责机制，用激励和处罚措施保证应急机制各环节的有序运行。现实中，问责和处罚往往是雷声大、雨点小，甚至雨过天晴后，问责和处罚就变成有规无问，形同虚设。这点必须纠正。从国家工作人员和企业管理层面说，对工作不落实、责任不到位的，就要该撤的撤，该承担法律责任的，一律不能放过。从公众和企业层面说，该限行时一定限行，该限产时必须限产，该停工时必须停工，对应急响应规定置若罔闻的，要严厉处罚。

62. 坚定治污减霾信心

《中国环境报》2014年11月19日第2版

最近，APEC会议期间的空气质量仍是人们一个恋恋不舍的话题。这次空气质量保卫战的成功实践，让我们意识到，在今后的环保工作中，以下几个方面需引起重视。

要更加注重做好防的工作。大气污染防治工作全面开展已历时一年多，但在华北一些地方，始终存在重治轻防的问题，在应急预防上投入的资金和精力十分有限。这次应急保障，暴露出了我们在防上很多的被动与力不从心。因此，各级政府要进一步在思想上高度重视预防工作，不仅要抓紧建立应急反应平台，全面做好源解析工作，还应让公众知道如何防、怎么防。

要更加重视社会团体宣传作用。应急机制分几级、有什么要求？启动应急机制后，政府相关部门应该做什么、企业应该怎么办、公众应该怎么配合和支持？诸如此类的法规要求、防范知识、行为指南，很多公众，甚至一些政府职能部门的工作人员都不清楚。这说明，应急响应宣传还很不到位，没有深入人心。此次APEC会议保障大有不同，各级党政机关、社会团体、厂矿企业和医院、学校等纷纷发挥自身的优势，从内部学习和宣传，社会各界发挥自身组织优势，积极搞好应急机制和相关知识的集中宣教，使工作更细致、全面，更能起到学以致用的效果。

要更加广泛吸引公众参与。此次，APEC会议的实践告诉我们，要把工作做在平时，要启发和引导公众，使其明白启动应急机制是为了维护公众合法的环境权益，每个人都有不可推卸的社会责任。一方面，各地政府要更广泛地建立、完善大气重污染天气应急响应传播机制；另一方面，作为公众，也要自发自觉地行动起来。

要更加强化责任追究。大气防治工作中，各级政府出台过众多的问责机制，目的是用激励和处罚措施保证应急机制各环节的有序运行。但在过去，问责和处罚往往是雷声大、雨点小，甚至雨过天晴后，问责和处罚就变得形同虚设。此次 APEC 会议保障，面对禁烧和停限产工作中存在的问题，各地对工作不落实、责任不到位，该问责的问责、该处分的处分、该撤职的撤职，该承担法律责任的也不放过。其启示告诉我们，一旦政府有令，从公众和企业层面说，该限行时一定限行，该限产时必须限产，该停工时必须停工，对应急响应规定置若罔闻，应依法处罚问责。

APEC 会议空气质量保障向整个社会表明：在向污染宣战过程中，我们应树立和践行常战不懈、常备不懈的意识和理念。事实证明，不用北风劲吹，无须暴雨猛打，只要下定决心、采取措施、联防共治、持续攻关，雾霾是可以治理的。对此，我们应有坚定的信心。

63. 基层监管用车面临尴尬

《人民日报》2015年1月24日第10版

新修订的《环境保护法》已经实施，基层环保部门在执法中却遇到了一个现实问题。在2015年全国环保工作会议上，河北、山西的环保厅长都提出，应该保障基层环境执法用车。这是怎么回事呢？

多年来，一些地方设区市和县级环保部门，除了行风评议时被视为执法机构，平时在政府部门序列里，未被列入执法机构，环保部门的公用车辆是按照普通事业单位的标准配备。现在，各地推进公车改革，不是执法机构的环保部门，就面临着事实上的执法用车被改革改少的困境。

国务院下发的《关于加强环境监管执法的通知》第十五条要求："强化执法能力保障。推进环境监察机构标准化建设，配备调查取证等监管执法装备，保障基层环境监察执法用车。"这些年来，环境保护部围绕提升基层环境监管能力，曾直接给县级环保部门配备执法车辆，一些地方政府也给予环保部门有力支持，但基层环境监管执法车辆缺、少、差的问题始终存在。特别是用于处置环境污染事件的应急技术保障车辆和指挥车辆，更显不足。

面对公车改革，谁来认定环保部门是执法机构？如何保障基层环境执法用车？要解决这些问题，一方面要把环保部门名正言顺地列入执法机构，另一方面切实解决执法用车、应急用车严重不足的问题。否则，环保部门本来不多的执法、保障车辆还将大量减少。

再好的法律也需要人去落实，需要良好的软硬件支撑。落实新环保法的主体在基层，期待上级有关部门尽快协调，出台措施，为基层执法提供有力保障。

64. 落实环保新法公众该做点啥？

《中国环境报》2015 年 1 月 4 日第 2 版

新修订的《环境保护法》于 1 月 1 日正式实施。人们在普遍关注新的污染防治举措出台的同时，也应该想想：“我能为落实新法做点啥？”

在刚刚过去的 2014 年，整个京津冀地区的空气环境质量有着整体向好的趋势，源于两个因素：一是自然气候条件向稳，没有出现大起大落的恶劣天气；二是大气污染联防联治系列举措取得较大成效。但是在现实生活中，人们会发现，不少城市市区天空有时会出现一个奇怪现象：蓝天白云高高在上，但市区百米以下的低空，城际周边却时常出现灰蒙蒙、黑蒙蒙的重污染烟带。有时连成一片，有时沿街成线，空气质量恶劣，气味难闻。特别是在冬天春天，城际周边的有些区域，居家不敢开门窗，出门不敢深呼吸。

为此，笔者进行了相关研究，发现很多市区虽然工业企业污染还占一定比例，但徘徊在市区低空的霾，特别是冬春季节的各种烟气，大都是由人们生活息息相关的污染源所致。这些污染源大致分为两种，一种是集体的，一种是分散的。集体的主要成因是冬季集中供热燃煤，公共交通的大小车辆排放，饭店油烟；分散的主要成因是分散取暖、做饭、洗浴用的小锅炉、小炉具，私家车，各类烧烤，家庭烹饪排放的油烟，垃圾、秸秆的焚烧，鞭炮、焰火燃放。

以城市某监测点周边为例。在某地城区，仅监测点周边，就有排放油烟的饭店 330 余家，居民散烧煤户有 3 万余户，各类洗浴、小燃煤企业有几百家；主城区的 40 多万辆汽车，每天在市区排放尾气；几百家大大小小的饭店和数十万户居民家中的厨房，每天向空间排放着大量油烟。这些生产生活产生的粉尘、烟尘、二氧化硫、氮氧化物等，对市区环境质量的影响，令人难以想象。

有监测证明，生活中的小污染源，如小火堆、小炒锅、小煤炉、小烧烤、小燃油、小作坊、小鞭炮等，这些在生活中看似很不起眼的小污染源，一旦汇集起来，短时间内积少成多，就会造成大的雾霾。特别是在雾霾重污染情况下，污染物的突然集结，会导致污染物指数瞬间猛增，让人体呼吸不畅，致飞机不能起降、让老弱群体不堪承受。

防霾治污，政府和企业肯定是主角。但政府和企业治了大，公众也要在防小处见行动。如果依旧我行我素地无度排放，可积少成多的各类烟污、油污也不会离开我们生活的空间。到头来，在雪上加霜的各类小烟气、小油气面前，受伤害的一定是我们自己。只有公众依法行动起来，从小处着眼，从小事做起，减少各类烟气、油气的排放，高高在上的蓝天白云才会接上低空的地气，让我们生活的环境质量持续向好。

当然，对于公众生活层面产生的各类污染，政府也应将其纳入大气污染防治的大盘中，一方面加大防治力度，另一方面通过广泛宣传，引导公众最大限度地改变生活旧习，以新的一年为起点，倡导公众从少开车、少燃煤、少燃放鞭炮、不焚烧垃圾秸秆等小事做起。只有公众与政府、企业形成合力，才能创建防霾治污新常态下的生活新方式、新思维、新时尚。

65. 落实新法基层急需助力

《中国环境报》2015 年 1 月 23 日第 2 版

新修订的《环境保护法》已经实施。为切实加大执法力度，严惩环境违法行为，环境保护部进一步完善相关执法细则，对新法的实际操作进行细化、补充。执法细则与此前 2014 年 11 月 12 日国务院办公厅下发的《关于加强环境监管执法的通知》相衔接，形成了贯彻落实新法的强大合力。

但基层环保部门反映，眼前仍有不少的疑难问题需要上级部门进一步解难释惑。否则，缺少硬保障，强化环境监管执法依然会面临一些困难。

归纳基层环保反映的情况，主要有三：

1. 执法队伍存在问题，需要尽快解决

县级以下环境隐患多，是环境执法的重点区域。而县级以下的环境保护部门监管机制不健全、人员不足、监管人员素质偏低等问题普遍存在。可以说，越是基层，环境监管力量越弱。一些县级环保部门几名执法人员监管着几百家大小企业，正常的监管任务很难完成。

但是，要增加执法人员编制目前仍存在很大困难。有明文规定，数年内不准增加财政供养人员，这个矛盾很难在基层解决。

2. 经费缺口大，追加受限

落实新《环境保护法》，环保部门增权加力了，但相关的责任也增加了不少。涉及的经费支出也有不少，如监测鉴定污染样品、聘请专家论证污染事件、赔偿损失和奖励举报人等。过去，对于这些花费，县级财政没有专项经费。

此外，按新《环境保护法》和《环境保护主管部门实施查封、扣押办法》的规定，“环保部门扣押的设施、设备造成损失的，由环境保护主管部门承担。”鉴于此，各级政府应事先给各级环保主管部门预算出可能支付的赔偿专项资金。而现实的情况是，县级政府落实新《预算法》在先，《环境保护主管部门实施查封、扣押办法》出台在后，要执行新《预算法》的严格要求，2015 年度，多数县级以下政府不可能再给环境执法部门拨付这项赔偿开支。

3. 在机构改革过程中，环保部门执法用车受限

多年来，多数环保部门均未被列入执法机构序列。车辆按照普通事业单位编配。面对公车改革，环保部门的车辆配置将面临困境。国务院下发的《关于加强环境监管执法通知》第十五条要求："强化执法能力保障。推进环境监察机构标准化建设，配备调查取证等监管执法装备，保障基层环境监察执法用车。"近年来，环境保护部围绕提升基层环境监管能力，对县级环保部门配备执法车辆给予大力支持。一些地方政府也给予环保部门有力支持。但基层环境监管执法车辆缺、少、差问题始终存在。面对公车改革，要承认环保部门是执法机构、保障基层环境执法用车问题，仅靠各级环保系统的努力，恐怕有不少难处。

落实新《环境保护法》，是各级政府共同的责任。解决新常态下环境主管部门环境监管执法面临的机构、人员、素质、车辆等问题，需要共同努力。

首先，作为基层政府，一方面，应准确把握中央各项改革精神，倡行依法治国、依法行政理念。面对基层环保在编制保障、经费增加、车辆配备等方面的问题，各地政府应实事求是地考虑环保部门执法需要，尽最大努力把问题解决于眼前、解决于现实，解决好环境执法现实难题。

其次，各级环保部门要发扬勇于负责、敢于担当精神，切实加强执法人员培训，丰富专业知识，提高管理水平，掌握必要的专业知识和管理经验，最大限度地克服眼前的困难。

再次，面对基层环境监管存在的问题和疑惑，高层要更多关注县以下执法形势，促进出台一批文件及硬性保障措施，切实在改革中把各种关系理顺，让各种政策措施都跟上。

最后，应帮助地方有效实施目标政策，从而理顺相关制度要求，给环保部门创建一个新常态下良好的执法保障平台，减轻基层压力，提升基层环境监察执法能力，为新《环境保护法》落地生效助力加劲。

只有基层环保部门有人干事、有能干事的人、有良好的保障条件，新《环境保护法》才能真正在基层贯彻落实，发挥正能量。

66. 用“蛮拼的”精神让蓝天为廊坊“点赞”

——解读 2015 年上半年廊坊治霾七大任务

《廊坊日报》2015 年 1 月 7 日第 2 版

伴随着新环保法的正式施行，以强力实施“控煤、抑尘、限车、治理工业污染、治理各类烟气”为重点的新年度廊坊防霾治污七大任务，作为廊坊市委、市政府 2015 年在新常态下强力开局的“十项集中行动”重点工程之一，已向全市亮相。这既是 2015 年上半年全市大气污染防治“蓝天行动”的重要任务，也是全面完成《河北省大气污染防治行动计划实施方案落实情况考核办法目标任务》阶段攻坚和推进我市环境空气质量持续改善的新一轮攻坚行动。

全市经济工作会议明确要求，强力推进大气治理，2015 年全市要以治理燃煤污染和面源污染为重点，大力推广微煤雾化技术，改造城乡燃煤锅炉，加快淘汰 10 蒸吨及以下燃煤锅炉，加快国电热电联产项目建设；对没有纳入集中供暖的中小学校和机关事业单位全面实施煤改电；解决市区城中村 2 万户居民的散烧煤问题和市区 24 台分散燃煤锅炉并网改造；推行农村清洁炉具改造，以市区周边农村为重点，力争为 15 万户农民实施清洁炉具改造替代；全部淘汰黄标车，建立农村秸秆禁烧长效机制。实现在 2014 年基础上 2015 年全年 $PM_{2.5}$ 浓度下降 6% 工作目标。完成上述防治任务，实现预期的 $PM_{2.5}$ 浓度下降目标，2015 年，全市大气污染防治工作要遵循“科学施治、源头预防、重点治理、整体推进”的工作思路，以拆锅炉、保煤质、改炉具、抑扬尘、限车辆和强化重污染天气应急响应措施为重点工作任务，突出抓好市县两级重点城区和重点工程两个重点，通过落实再加力，问责下狠手，确保市委、市政府重点工作部署落地生效。

市委、市政府制定出台这样的攻坚方案和工作思路，是有充分科学依据的。2014 年全市通过持续开展“蓝天工程”，上半年实施了“八大攻坚战”、夏季开展了“冬病夏治”行动、冬前开展了“五大任务”攻坚战，经过不懈努力，实现了 2014 年我市市区空气质量达标天数 153 天（其中一级天数 10 天），达标率为 41.9%，与 2013 年同期相比达标天数（132 天）增加了 21 天，达标率提高了 6.0 个百分点；重污染天数 71 天，重污染天数比例为 19.5%，与 2013 年同期相比减少 14 天的良好成果。根据我市大气污染成因分析、专家建议和我市实战经验，市委、市政府才确定了 2015 年上半年全市大气污染防治要市县同步，围绕以下七项重点任务攻坚克难、深度治理和抓好督导检查、狠抓任务落实的决心。

一是实施重点区域综合整治。国家确定的我市四个环境空气质量监测点和各县（市）监测点都设在市、县主城区重点区域，是我市大气污染防治重中之重的核心部位。经调查分析，所有重点区域污染物主要来源，均为燃煤、车辆、各类扬尘和油烟。完成好此项，治理任务保煤质。2015 年全市各相关部门要形成合力，认真落实省《工业和民用燃料煤》标准要求，任何单位和个人不得销售、使用硫分高于 0.4%，灰分高于 15% 的原煤；廊坊市区重点区域不得燃用硫分高于 0.4%，灰分高于 25% 的型煤；所有煤炭经销和直供采购用煤单位必须建立煤炭购销台账，载明煤炭购销数量、购销渠道及煤炭检验报告。对非法采购、使用不符合标准煤炭的单位和个人处以重罚。二要治煤炉。市县两级要区分不同情况，分别采取整治措施，廊坊市区主要是采取拆除、取缔和更换节能环保炉具、配送清洁型煤方式，对重点区域周边居民和小商户散烧煤进行治理。三要抑扬尘。市区要对重点区域周边裸露土地进行硬化或绿化，对煤堆、料堆全部实施完全封闭。四要治油烟。市区要对重点区域周边规模以下小型餐饮行业油烟采取取缔或安装高效油烟净化设施方式进行治理，减少其油烟排放对环境的影响。同时，各县（市、区）要采取源头管控、废物回收等办法，杜绝和控制危险物品焚烧和违法处置。元旦、春节和清明节期间，全市要采取控购、控销等多项措施，切实减少烟花爆竹在市县两级主城区燃放。五要迁污企。市主城区内还存在建材加工、机械加工、喷漆、印刷等行业土小企业和加工作坊，在生产加工过程中产生大量的烟粉尘、挥发性有机物等污染物。对这类企业和作坊，要采取原地深度治理和采取限期搬迁的方法进行综合整治。

二是实施全市中小学、企事业单位和无物业小区分散燃煤取暖锅炉治理。2015 年，全市要加大对中小学、企事业单位和无物业小区分散燃煤取暖锅炉治理工作力度。市区要对广阳、安次和廊坊开发区三区内的 64 家中小学校、市建设局下属的 19 个排水泵站、24 个无物业管理小区的 160 台分散燃煤供暖锅炉进行治理和改造。

市区中小学校和市政处排水泵站采用煤改电方式淘汰原有燃煤取暖锅炉，无物业小区依实际情况分别采取加装脱硫除尘设施或更换环保锅炉的方式进行治理。

三是实施集中供热燃煤锅炉治理与管控。全市所有集中供热企业燃煤锅炉污染治理设施的提标改造，采取加装布袋除尘和静电除尘装置等方式，进行大气污染治理设施升级改造，确保外排烟气各项指标稳定达到《锅炉大气污染物排放标准》（GB 13271—2014）中特别排放限值要求（颗粒物浓度不超过 30 毫克 / 米^3、二氧化硫不超过 200 毫克 / 米^3、氮氧化物不超过 200 毫克 / 米^3）。不能达标排放的，一律停止使用，并依法进行处罚。推广 2014 年市区集中供热企业管理办法，2015 年全市所有集中供热单位全部派驻驻厂监督员，每天对锅炉运行情况和脱硫除尘系统进行监管和检查，建立集中供热燃煤锅炉“人防”监管体系，确保集中供暖锅炉脱硫除尘设施高效稳定运行。

四是实施工业企业挥发性有机物治理。在全市有机化工、表面涂装、包装印刷、人造板材、家具制造等重点行业开展挥发性有机物（VOC）综合治理，减少生产和使用过程中挥发性有机物的排放，切实降低夏季空气质量臭氧浓度。

五是实施扬尘污染治理。进一步加大全市建筑工地、渣土运输车辆整治力度，加强城区道路清扫保洁和垃圾清运作业，深入落实各项管控措施，全面控制城市扬尘污染。

六是实施机动车尾气治理。全市要加大机动车管控力度，持续推进黄标车和老旧车淘汰，严格执行车辆限行规定，制定政策规定，强化施工机械、渣土运输车辆的尾气排放监管。

七是实施强化重污染天气应急响应。一年多的实践和专家论证表明，在重污染天气来临时实现污染“消峰”，不仅可以大大减轻重污染天气的严重程度，而且对我市空气质量的持续改善有至关重要的影响。同时还可以对全市大气污染“靶向治理”提供科学依据。要加强监测预警能力，做好重污染天气过程的趋势分析，提高重污染天气预警的提前量和准确度；细化重污染天气应急响应减排措施，并严格落实，努力实现重污染天气“消峰减频”。

强力实施专项督导检查，是确保各项防治工作落实的关键。着眼强化重点区域综合整治、全市分散燃煤锅炉治理、集中供热锅炉深度治理、挥发性有机物治理、扬尘污染治理、机动车尾气治理和秸秆禁烧工作，为确保各级各部门按照各自职责分工，在规定时间节点完成相应工作任务，2015 年，强力实施专项工作督导检查，成为保障措施新亮点。一是加强协调，落实责任。落实 2015 年廊坊市大气污染防治重点工作，任务艰巨、责任重大。市县两级政府大气办将会同同级环保部门，切实负起大气污染防治集中行动的总体协调推动、进度汇总、督导落实责任。各级各部门将根据各自担负的工作任务和目标，制定本部门本单位切实可行的工作实施方案。各单位还将把各项任务层层分解，落实到人。市委、市政府主要领导和分管领导至少每个月对重点工作开展情况进行一次集中调度，各县（市、区）和市直相关部门每月要向市委、市政府写出专题工作进展情况汇报。二是细化台账，积极推进。市直各部门，各县（市、区）政府、廊坊开发区管委会，将按照集中行动方案要求，按照时间节点积极推进各项工程的实施。各单位将借助廊坊市大气污染防治重点工程项目管理系统，如实填写工程完成情况电子台账，完善相关档案资料，防止和杜绝弄虚作假行为。三是严肃问责，一票否决。对专项督导检查中发现的未按要求和时限履行工作职责、完成目标任务的单位，由纪检监察部门对责任单位及其属于监察对象的责任人，依法依纪实施责任追究，严肃执纪问责。同时，将考核结果列为各级各部门年度考核的重要内容，考核不合格的在年终评优、评先时，实施一票否决。与此同时，2015 年，全市大气污染防治还要着眼完善治污防控体制机制。全面贯彻新《环境保护法》，依法依规治污，推进防治工作长效化、法治化。完善基层环保工作网格化监管和智慧环保建设，建立环保、公安双重管理的执法体制。

2015 年上半年，将是我市大气污染防治工作走向依法治理、持续治理、长效治理、深度治理的关键阶段，实现全年 $PM_{2.5}$ 浓度在 2014 年基础上下降 6%、在 2013 年基础上下降 15% 目标，仅靠完成上半年的几项重点工作任务不行；仅靠政府的决心、企业的努力也不行，只有全市上下各级各部门和各类企业、广大群众同步行动起来，并以时不我待、自我加压和“蛮拼的”精气神，奋发有为地持续向污染宣战，目标才可能实现。

在 2015 年新年贺词中，国家主席习近平用富有时代气息的语言讲道：“我们的各级干部也是蛮拼的”，“我要为我们伟大的人民点赞”，两句话拨动了无数人的心弦。为京津冀大气污染防治作出了突出贡献的所有廊坊人，无不为习主席的“点赞”而感动。回首过去一年，防霾治污，我们廊坊啃下了不少硬骨头，成绩的背后，倾注了全市人民的心血。

“蛮拼的”就是一种进取的志气，一种奋发的状态。站位 2015 年大气污染防治的新起点，全市上下气可鼓而不可泄，我们更加需要那么一种拼劲、闯劲、干劲。只要我们全市上下坚韧不拔、形成合力、奋战攻坚，美好的蓝天，就会在新年度给我们每一个廊坊人翘首“点赞”。

67. 营造和谐共事的良好氛围

《环境保护》2010 年第 6 期

在一个单位里，党组“一班人”也好，中层以上领导也好，形成一个和谐共事的良好环境，是实施坚强有力领导的前提，是形成凝聚力、执行力、战斗力、创造力的基础。有了团结、和谐的良好氛围，大家共事才能意志统一，心情舒畅，集中精力谋发展，全心全意抓落实。然而，要营造和谐共事的氛围并不是一件简单的事，这需要大家共同的努力。

一是要用党的最新理论成果武装头脑，不断提高各级领导的理论素养。理论素养是领导干部、领导班子的灵魂，是领导者综合素质中最重要的素质，是党组一班人和谐相处的思想基础。用“三个代表”重要思想和科学发展观武装头脑，不断提高理论素养，政治信念才能更加牢固，政治立场才能更加坚定，政治态度才能更加明确；才能做到在思想上政治上同党中央保持一致；才能更加客观、全面、深刻地认识问题、分析问题，更加准确地处理和解决问题，找到团结协作、和衷共济、互让互谅的共鸣点。

二是要以环保事业大局为重，加强思想修养，做到胸襟和眼界非常宽阔。良好的思想品德修养，是与他人和谐相处的基础，包括有宽广的胸怀，识大体、顾大局，讲党性，容得下人、容得下言、容得下事，容得下误解和委屈等。只有具备了这样良好的思想品德，大家共事才能做到不去争你高我低，抓落实才会心往一处想、劲往一处使，不去计较你的我的，即使发生问题或者有了失误，也会主动承担责任，不会相互指责和推诿。当然，宽广的胸怀与无原则的让步不是一回事，那种对不良风气、不正确做法也睁一只眼闭一只眼，或不愿讲、不愿听真话的行为是在原则问题上“和稀泥”，最终会埋下殃及班子团结和谐的祸根。

三是要增强理解和信任，做到尊重人信任人关心人。理解、信任是友谊的沃土，是班子内部形成和谐氛围的催化剂。大家只要互相理解、信任，就能全神贯注、心情舒畅地工作。做到这一点，关键是每个党组成员都从我做起，切实做到严于律己，宽以待人，小事讲风格，大事讲原则；政治上互相信任，不猜疑；工作上互相支持，不拆台；生活上互相关心，不计较小事，不搞无原则的纠纷；达观超脱，遇到急事不急躁，遇到大事不糊涂，遇到难事不紧张；多看别人的长处，对人多看优点，察事往好处想，与人相处减少“火药味”，增加“人情味”。这样，大家在一些具体问题上即使看法不一，认识各异，也能求大同存小异，多些信任少些误会，多些支持少些埋怨。

四是要经常交流沟通，真心诚意地合作共事。交流是人与人之间沟通心灵、密切关系、加强合作的主要途径。通过思想交流，使党组成员相互坦诚相见，心里有什么想法，对问题有什么看法，都与其他同志交流，通过换位思考，互相启发，求同存异，达到思想一致。通过工作交流，通报分管工作的情况，使大家资源共享，掌握全局，对及时调整思路很有益处。通过交流使感情进一步融洽，一些分歧、问题就可以消除，一些矛盾就不会导致磕磕碰碰、互相找茬，而是协商解决、互谅互让，使和谐共事有了良好的感情基础。党组一班人做到思想多沟通，感情多交流，工作多协调，和谐共事的良好氛围就一定能形成。

五是党组“一班人”要做增强团结的模范，要主动营造讲团结的氛围。大家既然在一个班子里工作，书记也好，副书记也好，成员也好，相互之间要多接触、多商量、多支持、多谅解、多提醒。只要每个人都坚持做到这些，就不容易发生不团结的问题，即使发生了问题也容易解决。团结是一种胸怀、一种境界、一种水平，作为一个领导干部，为了党的事业，为了单位的建设，应该有这样的胸怀、境界和水平，主动营造讲团结的氛围。否则，就可能会因为一些小事引起误会，造成思想上的隔阂。在一个班子里，由于阅历不同，各成员分析、认识、解决问题的能力水平难免有差异，这是符合辩证法的。古人讲“物之不齐，世之情也”，就是说世间万事万物本来就是长短不齐的。班子成员也是这样，有的同志在这方面有优势，有的同志在那一方面有弱项，这是完全正常的。这就要求每个成员都要学会辩证地认识和处理相互间的关系，即人人都有长处，要相互学习；人人都有短处，要相互提醒；人人都有难处，要相互帮助；人人都有个性，要相互谅解。都这样来认识和处理相互之间的关系，班子团结的状况就一定会好，并且一定会越来越好。“天容万物，海纳百川”，作为一名领导干部，心胸应该十分豁达，眼界应该十分开阔，有了这样的心胸和眼界，相互之间的关系就一定能处理得很和谐、很融洽。

68. 环保干部要有“战斗精神”

《环境保护》2010 年第 9 期

近一时期，全局动员、全系统上阵，拼搏“十一五”减排和“创模”复检攻艰战。各级环保干部深入基层，监察减排工程落实、督导“创模”复检工作进度，严查细抠标准，敢于负责，不辞辛苦，表现了环保干部应有的事业心、责任感，用毅力实践中国环保精神，用行动践行”五家意识”意识和“战斗精神”。

“战斗精神”，其内涵和精神实质是荣誉、忠诚、激情、英勇。说到底是一种境界，是思想、情感、毅力、决心、信心、作风、气节等精神因素的凝聚和升华。环保干部是环境保护事业的主力军。环保干部的“战斗精神”主要表现在为党和国家工作，为人民服务，从事高尚事业的责任感和荣誉感；忠于党，忠于人民，忠于祖国，忠于中国特色社会主义伟大事业坚定的政治信念；带着对党对国家的忠诚，对人民的爱，对高尚事业的追求，敢于直面问题，善于破解难题，化解矛盾，满腔热情、全身心地投入工作的激情；敢于坚持原则，维护环境保护法律、法规的尊严，不信邪、不怕邪，坚决抵制破坏人类生存环境行为的气节。

环保干部的“战斗精神”具有很强的现实针对性。当前，环境保护工作存在一些人民群众不尽满意的地方，特别是在少数地方存在恣意追求金钱创收不惜破坏环境、片面追求 GDP 把环境保护当口号、忽视环保具体工作落实，玩忽职守影响创优争先等现象。面对这些不良现象，如果没有“战斗精神”，缺乏抵制不正之风的勇气和胆量，对这些问题听之任之，或者采取回避态度，放任自流，其后果，必定影响“十一五”减排“收官”、影响创模复检成功，后果不堪设想。环保干部要以对党对人民高度负责的精神，不畏权势，不徇私情，不怕威胁的勇气，坚持工作原则不动摇，坚持做人原则不妥协的正气，顶住方方面面的压力和歪风邪气，做到刚正执法不妥协、积极服务不轻视，廉洁自律激斗志，黑下脸来查、罚、关、帮，不把工作做到位不放手，不把环境保护好不罢休。

“战斗精神”是环保干部应有的精神品格。环保干部肩负着维护人民利益的神圣使命，是一项原则性很强的工作。多年来，大家培养了严谨、泼辣、稳重、务实的良好作风，以局为家、廉洁护家的风貌展现在全市人民面前。但同时也有时存在执法不严、战斗精神不佳的现象。环保干部培养“战斗精神”，一是要加强科学理论和法律、法规学习，二是要严格自律，做到干干净净干事、洁洁白白做人。要从拒腐防腐做起，保持先进性。在新的历史条件下，要接受这许多前所未有的新课题、新考验。对各级环保干部来说，最重要的就是要“慎权、慎独、慎微、慎友”做起。

慎权，就是要慎而又慎地对待和行使人民赋予的权力。环保干部掌权用权，责任重于泰山，必须怀有敬畏之心，时刻警惕和防范权力越轨以至变质。要事事出于公心，决不以权谋私，决不滥用权力，慎权，最根本的是坚持权为民所用、情为民所系、利为民所谋。

慎独，就是在个人独处时谨慎不苟，坚守道德原则。一个合格的共产党员、环保干部，即使在个人独立工作时也能做到慎独。这种慎独，体现了坚持社会主义荣辱观的高度自觉性，是心系人民、襟怀坦白、严于律己的高尚境界。能够慎独，必然乐于接受组织和群众的监督，敢于把自己的思想行为置于阳光之下。

慎微，环保干部要正确把握小与大、轻与重之间的辩证关系，做到头脑清醒察于微，从严要求禁于微，提升修养的境界，保持共产党人的本色，一心为民，一尘不染。

慎友，就是慎重选择朋友交往，净化社交圈。环保干部净化社交圈，是思想作风领域的“环保”之举。与谁交友，怎样交友，不是“小事”、“私事”，它关系到能否洁身从政，服务人民。交友须知友择友，多同普通群众、基层干部、先进人物、专家学者交朋友，以有益于自己正德行、知民意、增才干；要远离那些擅长阿谀、引诱、拉拢的人，慎勿上当，掉入圈套；要“从善如流”，“和而不同”，让友谊成为加强修养、端正风气、促进和谐的力量。

这“四慎”是环保干部加强党性修养，始终为人民掌好权用好权的重要保证。大家必须清醒的看到，哪里有权力，哪里就可能出现腐败，手中权力越大，加强党性修养的要求也越高。环保干部如果失之于“慎”，忽视党性修养，丢掉思想阵地，导致手中权力的被腐蚀而背离人民群众，那将会给我们党的事业造成严重的损失。因此，要真正做到常修为政之德，常思贪欲之害，常怀律己之心，扎扎实实地把我们正在进行的减排和“创模”复检工作做好，做到一个问题一个问题地解决，一个难点一个难点地攻破，一个要求一个要求地落实。解决“不敢严”、“不愿严”、“不会严”、“不能严”的现象，让这难能可贵的“战斗精神”发扬光大，以坚强的决心完成“十一五”各项艰巨任务。

69. 从严从细从廉从实求效能

《环境保护》2011 年第 7 期

近日，张卫东局长在部署“效能廊坊”建设工作和传达省厅重点工作会议精神时多次强调这样一个让人警醒的问题：随着环境保护责任进一步加大、环境风险进一步加大、各项责任追究力度进一步加大，环保系统从全国层面，由于执法不严、工作不细、情况不清，企业发生环境事故、事件后，导致环保单位、环保工作者被责任追究的实例越来越多。如何通过尽职谋求免责呢？张局长强调，要站位维护环保系统良好形象、维护环保人自身利益的角度，我们必须从现在做起，从落实工作的每一个环节、每一个细节做起，坚持从严、从细、从廉、从实地做工作、求效能。

从严落实法规。环保法规，是我们执法落实的根本依据。工作中，我们无论是审批各种事项，都要依法办事，用法规条文说话，循规则办，违规必否。拿不准、看不清的，要请专家论证；多层、多头审批的，要发挥好各类审委会的作用，明确区分责任，各负其责，并健全责任档案，督促全体人员依法循规开展工作。

从细落实工作。项目环评、稽查、监察执法、各项审批等工作活动，无论是要落实到文书上的，还是要依法、依规、依制度落实的，都要言出有据，言出有理，积极稳妥，既不能马马虎虎、粗心大意，也不能文过饰非、工作浅薄，更不能玩忽职守、留下后患。在从严执法基础上再做到细致认真，按程序办事，才会不出毛病或少出毛病、不出漏洞或少出不该出的漏洞。

从廉运行权力。从严执法、从细落实，还应从廉要求。纵观域外多起环境事件、案件可以看出，在权力运行过程中，由于执法者自身要求不廉、执法不严、工作不细开了口子，造成被责任追究的实例比比皆是。因此，环境执法过程中，不论遇到什么事、什么人、什么背景，我们都不能丧失原则。要做到，不看来头、不看关系，更不能被一些蝇头小利所诱惑，只有遵守准则，才能不因“获”引“祸”，否则，到真的被追究时一切都晚矣。

从实查差补漏。随着形势发展，国家对生态环境事业和保护人民群众合法环境权益日趋重视，多项环保法规不断出台和修改从严。据此，我们不但要加强学习，及时掌握，而且要依从新形势、新要求的标准，查找我们过去工作中的不足和漏洞，通过查缺补漏，赶在可能发生的事故、事件之前，把我们的执法工作从思想上、行为上、文书上、档案上等方面，做实在、补实在、纠实在。包括我们平时应该履行的各项稽查、监察、监测、培训工作接待、应作准备及督导落实等各项日常工作，都应该尽职尽责地按法规制度要求有板有眼的落实好，否则就会失职招到“被追究”。“羊安补牢”，为时正切，如待“亡羊补牢”，则必给“被追究”留下可能。

70. 推动绿色崛起　再创环保辉煌

《环境保护》2011 年第 8 期

“共建生态文明，共享绿色未来”，是我市走绿色崛起之路始终坚持的思想理念，旨在引导全社会参与环境保护，探索出一条在京津冀城市群绿色崛起、科学发展新道路。

环境保护是我国的一项基本国策，关系科学发展、关系国家未来、关系人民福祉。近年来，特别是“十一五”以来，在市委、市政府的正确领导下，在各级党委、政府的重视推动下，在全市上下的共同努力下，廊坊市的环境保护工作取得明显的成效。污染减排目标圆满完成，环境质量得到有效改善，生态市建设迈出重要步伐，为加快转变经济发展方式、促进产业优化升级、保障和改善民生、建设生态文明作出了重要贡献。但是，我们也必须清醒地看到，环境形势依然严峻，环境问题仍然是制约经济社会发展的突出问题，需要我们付出更大的努力。

加强环境保护，是一项长期而艰巨的任务，意义重大而深远。需要全市上下进一步以科学发展为主题，以加快转变经济发展方式为主线，把加强环境保护作为转方式调结构的有力抓手，作为推动全面协调可持续发展的有效途径，作为惠民生促和谐的内在要求，大力推进产业结构优化升级，深入实施减排工程，加快发展循环经济，推动城乡污染防治和生态环境建设，加强对重要生态功能区的保护，切实解决饮用水、空气、土壤、噪声污染等突出问题，倡导全社会广泛参与，强化舆论引导，传播环保理念，弘扬绿色文化，在全社会形成人人关注环保、支持环保、参与环保的共识和行动。

环境保护，功在当代、利在千秋，是造福人类的德政之举。让我们积极行动起来，从我做起、从现在做起，保护环境、保护生态、保护自然，把我们的家园建设的山更绿、水更清、天更蓝，为建设富强廊坊、生态廊坊、文明廊坊再创环保事业新辉煌作出新的更大的贡献！

71. 集中精力勇担责任

《环境保护》2011年第9期

责任是什么？责任是分内应做的事。

每个人来到这个世界上，成为社会的一员，肩上便有了责任。为人子女有孝敬父母之责；为人父母有教养子女之责；做一个合格的公民，爱国、守法、诚信等是应尽之责。身为共产党员，从在党旗下宣誓的那一刻起，肩上便有了神圣的责任。

勇于承担责任是中华民族的优良传统。“鞠躬尽瘁，死而后已”、“先天下之忧而忧，后天下之乐而乐”、“苟利国家生死以，岂因祸福避趋之”，“天下兴亡，匹夫有责”……在中华民族的历史长河中，那些关于责任的壮美篇章，是世代薪火相传的行动标杆，是滋养后人心灵的宝贵财富。

中国共产党把中华民族的责任意识提升到了新的境界。以“全心全意为人民服务”为根本宗旨，对人民负责，为人民服务，是中国共产党人责任观的出发点和归宿。

加强党员的责任感，是中国共产党对党员的一贯要求；党章中关于党员义务的规定，则是对党员责任的具体要求。

作为环保人，不论是不是共产党员，保护环境就是我们的责任！

因此在工作中我们无论面对自己承担什么样的分工，都应该服从组织安排，服从大局需要，扎实努力地在实现自身价值的岗位上干好本职工作。特别是每一位共产党员，绝不能忘记党员的先锋模范作用，不能安于现状、不思进取、无所作为、作风漂浮、纪律松弛、不求有功但求无过。更不能不讲原则、不分是非、患得患失、敷衍塞责、自私自欲。

责任缺失，贻害无穷。“十二五”开局之年，再创环保新辉煌，迫切需要大家把责任明晰到具体工作岗位和生活中去，每一个环保人，所有党员，都应以局内正在开展的“和谐环保，给力效能”征文活动和“双创”（创标兵科室、创标兵个人）、“双推”（推进效能环保建设、推进创优争先）活动深入开展，要在其位、谋其政、司其职、负其责。要放眼未来，以对国家、民族负责的态度，集中精力肩负起保护环境的历史使命，无愧于环保工作者之身份、无愧共产党员之身份。

72. 重在狠抓落实

《环境保护》2011 年第 10 期

刚刚闭幕的第七次全国环境保护大会，是在加快转变经济发展方式的攻坚时期，为系统总结“十一五”环保工作，贯彻落实中央经济工作会议精神、《国务院关于加强环境保护重点工作的意见》和《国家环境保护“十二五”规划》，全面部署“十二五”环境保护工作任务召开的一次重要会议。

第七次全国环境保护大会的标志性成果，就是明确提出了坚持在发展中保护、在保护中发展，积极探索环保新道路。认真学习、深刻领会第七次全国环境保护大会和李克强副总理的重要讲话精神，就要科学把握这一标志性成果的实质，全面掌握这一标志性成果的内涵，融会贯通、锐意创新，在具体实践中心无旁骛狠抓落实。

抓落实，要以尽职履责为重点。环境保护是重要民生问题。各级政府和环保部门，要增强责任意识、忧患意识和紧迫意识，落实“十二五”环保规划，将环境保护放在与经济建设同等重要的位置，从提高人民群众生活水平、增强人民群众福祉的高度，认真履行环境保护职责。要层层分解落实减排任务，建立并完善减排责任制和问责制，督促重点企业兑现“十二五”减排承诺。继续大力推进结构减排、工程减排和管理减排，要把结构减排放在更加突出位置，确保减排工作扎实推进，为后 4 年的减排工作打下坚实基础。

抓落实，要以增强能力为保障。各级环保部门要立足服务发展、服务转型、服务民生的需要，增强综合意识和宏观意识，从国家经济社会发展全局和宏观战略层面入手，全面谋划、审视和部署环保工作。要正确处理经济发展与环境保护的关系，把环境保护的要求全面纳入经济社会发展全过程，落实到经济发展各环节。要加大环境执法力度，提高环境监管水平，以解决突出环境问题为重点，深入开展环保专项行动，保障群众环境权益，维护社会稳定。

总之，要站在“十二五”新的历史起点上，以崭新的精神面貌、务实的工作作风、高昂的工作热情，开拓创新、真抓实干，在发展中再创全市环境保护新辉煌。

73. 一切围着“稳定”而干

《环境保护》2012 年第 2 期

龙年廊坊环保工作的核心话题是“三个字”：保稳定。

年初保“两节”、节后保“两会”、秋来保“盛会”。保稳定，是全年的主旋律。

各级领导做表率、各项工作做精良、环保同仁做奉献。保稳定，是全年的工作目标。

抓减排执法、抓辐射管理、抓应急信访、抓值班防范、抓隐患排查。保稳定，多措并举施良策。

进入龙年，局里大大小小的会议，维护稳定的事儿，局领导几乎是逢会就讲、逢会就说。车轱辘话反复说，有的同志是：听一遍长一次见识、增一次警觉、强一次认识，这样的同志值得表扬。也有的同志不是这样，讲得越多、听得越多，思想上反而越麻木，甚至还有些厌烦了，这样很是危险。

稳定是大局，大局需要稳定；保稳定就是保大局、保各项工作落实。稳定没小事，小事也要当成大事去做；稳定关乎到每一个人，因此，每一个人都要自觉地从值好每一次班、处理好每一件事、尽好每一份责任做起，为单位保稳定、为社会保稳定作出自己的贡献。

稳定成全一切，因此要一切服从稳定，一切围绕稳定干，不是不讲原则、不是不严格落实法规、也不是不要工作效能消极保稳定。而是在各项工作活动中要积极地预防各种影响稳定的因素生发出来，恰到好处地处理好矛盾问题，及时敏感地发现不稳定苗头并把它消灭在萌芽状态。

廊坊地处首都周边，政治责任很重。把保稳定作为大局、作为大事，理所当然，责任所系。我们要正确处理好保环境与保稳定的关系，站在讲政治高度摆布好、协调好、处理好每一项工作。污染减排要盯紧、污染风险要化解、污染隐患要防范、污染应急要给力、各种矛盾要排查。工作不仅要有积极性、主动性、连续性，还要有长期坚守的韧劲儿，时刻强化责任感。要发扬创先创优的精神，精心谋划好环境保护与确保稳定两件大事，做让人民群众信任、拥护、欢迎、喜爱的环保卫士和让组织放心、满意的维稳卫士。

特殊的龙年，廊坊环保人时刻面临着特殊的考验。一切围着稳定而干，就该时刻把保稳定记在心里、落实到行动上。

74. 承担责任　落实责任

《环境保护》2012 年第 5 期

近日，聂瑞平市长在李刚副市长等陪同下到市环保局调研指导。调研中，聂市长对市环保局近年来取得的工作成绩给予充分肯定，并鼓励全市环保系统干部职工振奋精神，勇担责任，再创佳绩。

责任就是应尽的义务、分内应做的事和应承担的过失。

为科学发展服好务、为生态环境把好关、为人民群众维好权，是廊坊环保人的郑重承诺，也是廊坊环保人应该承担的责任。

承担责任，要从思想上认同和理解，没有认同和理解，就不会承担。

承担责任，既是一种崇高的职业道德，同时，它也是一项重要的心灵法则。责任心一旦树立，就会使人自觉、主动、积极地去尽职尽责。

作为环保人，加入了环境保护事业的行列，就该增强为保护人类生存环境无私奉献的使命感，把它作为一种人生态度、成为一种德行修养、养为一种工作习惯。

落实责任，是勇于负责、敢于担当、兑现承诺的具体行动。仅仅敢于承担责任是不够的，必须通过落实善于承担。正如李刚副市长所言：环保工作要站在大局的高度，稳定的高度，民生的高度，发展的高度，可持续发展的高度来看待，责任重大。要想落实责任，就必须首先培养一个责任心。责任心的培养并不是一朝一夕的事情，是需要一个持之以恒，艰辛养心的过程，需要明确任务、明确目标、严格落实、不懈追求。环保事业使命光荣，责任重大，需要我们做好的事情很多很多。让我们全市环保同仁时刻牢记责任，牢记市领导的嘱托与鞭策，发扬团结、厚德、守纪、创新的廊坊环保文化精神，在强化“五家意识”意识的具体行动中，践行承诺，为维护群众的合法环境权益、为助力幸福廊坊的高端发展尽职尽责。

请记住，没有做不好的工作，只有不够尽责的人。

75. 在着力改善生态环境中当先锋

《廊坊环境保护》2012年第7期

近日，省市先后召开着力改善发展环境，着力改善生态环境动员大会，把生态环境建设与发展环境建设并列提出，充分体现了省市委对改善“两个环境”的高度重视，为今后的发展进一步指明了方向。

将生态环境建设摆在这么高的位置，这是环保事业发展、生态环境改善最为有利的条件，环保又迎来重大机遇。

生态环境本身就是发展环境。改善发展环境，环保部门责无旁贷；改善生态环境，环保部门更是主力军。环保部门在着力改善生态环境中当先锋、打头阵。要围绕六大工程、29项具体工作，做好每一件事，推进生态环境改善。要努力为发展腾出空间，为发展创造条件，所以“两个环境”建设，对环保部门来说都至关重要。

环保部门要为发展服好务、为环境把好关、为群众维好权。要做到这一点，就要先做到既敢于说不，还要善于说行。作为执法部门，要重拳出击、铁腕治污，执法上坚守“三严”，就是要严厉查处环境违法行为、严肃追究环境监管失职责任、严格审批新建项目环评。

环境保护是最大的民生，生态环境建设与每个人的生产生活息息相关，保护和改善生态环境是每个公民义不容辞的责任。广大公众要从自身做起，从现在做起，主动参与环境保护，努力成为生态环境保护的宣传者、参与者和监督者，把生态环境建设的要求转化为实实在在的行动。

改善生态环境，要求我们做到：空气质量好，城乡空气质量持续改善，优良天数明显增加，尽快告别乌烟粉尘，迎来蓝天白云，让人们呼吸到清新的空气；水的质量好，河流水系得到全面治理，饮用水水源地得到严格保护，工业废水实现达标排放，生活污水及时有效处理，努力做到河畅其流、水复其清，让老百姓喝上干净卫生的水；大地绿化好，绿化面积明显增加，森林覆盖率较快提升，城乡绿荫环绕，道路绿树成行，使廊坊大地到处呈现绿意和生机。

76. 治污要从人人做起

《环境保护》2013 年第 2 期

环境问题，在廊坊、在全国，都已成为当今社会一大热点，也是今年“两会”的热门话题。从代表、委员发言和媒体报道来看，大家都很着急，在一定程度上代表了公众渴望政府尽快解决污染问题的迫切心情。为此，市政府出台了一系列治污举措。

李克强总理在 3 月 17 日与中外记者见面并回答提问时说，对环境污染这一长期积累形成的问题，我们要下更大的决心，以更大的作为进行治理。

总理的回答，表达了政府的决心。但是，长期积累的问题，解决起来需要一个过程。面对污染，着急自在情理之中。可是，要解决问题，不能一味着急，也不能把“担子”全压在政府头上。冷静分析一下，中国现在出现的雾霾、沙尘和地下水、土壤、重金属的污染以及农村面源污染，就像一个人长期透支身体，积劳成疾，多病缠身。俗话说“病来如山倒，病去如抽丝”，有了病当然要赶紧治，但是诊病、治疗、调养总有一个过程。

目前的环境病，发达国家过去也得过。他们在第一次世界大战前开始出现环境问题，20 世纪 40 年代到 70 年代发生多起大气、水体污染事件，直到 70 年代以后逐步开始采用强有力的环境法律和政策，同时把传统产业向其他国家转移，环境质量才得到明显改善。

我们在近 30 多年快速发展中染上的环境病，病情呈现压缩型、复合型特征，治理起来更难。防治环境污染，单是偿还旧账就需要一段时间。何况我们还在推进工业化、城镇化，还要消耗能源、资源并排放各种污染物。要想不欠新账，只能自我调整，切实转变发展方式，处理好发展经济与保护环境的关系。

转变发展方式，理论上可以讲得头头是道，实践中需要触及多方利益。比如，防治雾霾的一项有效措施是少烧煤、不烧煤，可是真要少烧煤，问题又来了，暖气温度上不去、停电限电造成生活不便，影响到谁谁也不乐意。要在“不能呛着，不能冻着，不能黑着”之间找平衡，少烧煤就不是个技术问题，操作起来非常复杂。

说到底，保护环境需要所有人节制自己的欲望与需求。工业文明极大地提高了人的生活舒适度，其代价是资源消耗、环境污染、生态退化。防治污染不仅要求全社会改变大量生产、大量消费、大量废弃的生产方式，也需要广大公众改变很多的旧习俗、老习惯。如少放鞭炮、少开车，不随便燃烧垃圾和植物秸秆、不乱倒垃圾污水等，这虽必然会让人克制一些欲望和降低一些生活舒适度，但如果许多人都希望别人去做而不反躬自问，亲自践行，改变现状谈何容易。

认识到治理污染需要转变发展方式，转变生活方式和旧习俗，但转方式也不是件容易的事，必须“下更大的决心，以更大的作为进行治理”。下决心，有作为，政府就是要敢于放弃眼前的一些既得利益，公众就是要人人参与改习俗倡低碳。

77. 两个清醒认识指明方向

《环境保护》2013 年第 3 期

中共中央政治局日前就大力推进生态文明建设进行第六次集体学习。习近平总书记在主持学习时强调，要清醒认识保护生态环境、治理环境污染的紧迫性和艰巨性，清醒认识加强生态文明建设的重要性和必要性。

深刻和准确理解习近平总书记提出的“两个清醒认识”，不仅能够指导我们做好当前的环境保护工作，而且指明了生态文明建设的方向。

1.“两个清醒认识”直面问题，切中要害

当前，保护生态环境、治理环境污染任务十分紧迫、刻不容缓。

紧迫性体现在全面建成小康社会的宏伟目标中。我们要在 2020 年全面建成小康社会，良好的生态环境是小康社会的重要组成部分。生态环境得到根本性改善，是小康社会如期建成的重要推动力。

紧迫性体现在经济社会的可持续发展上。当前，我国资源环境约束日益趋紧，已经成为发展的最大瓶颈制约。再按照这种拼资源、拼消耗的模式发展下去，资源就难以支撑，经济难以持续。

紧迫性体现在社会和民生问题上。地下水污染、大范围灰霾天气、重金属污染等接踵而至，环境问题已经到了没有退路、不得不解决的时候。广大群众迫切希望改善环境质量，要求喝干净的水、呼吸清洁的空气、吃放心的食物。

2.“两个清醒认识”把握规律、实事求是

近年来，各级政府始终在加快治理环境的脚步，“两个清醒认识”也提醒我们理性地分析和看待问题，要充分认识到污染治理的长期性和艰巨性。

一些环境问题是长期积累形成的，需要遵循客观规律。像灰霾天气、土壤重金属污染等问题就是需要客观分析、理性决策、稳扎稳打，逐步推进。

一些环境问题的解决需要触动实实在在的利益。例如，有的地方在长期的发展中形成了不合理的产业结构，要调结构，势必要淘汰落后产能，不仅需要执政者的决心和智慧，更需要改变发展理念。

一些环境问题的解决有赖于谋划好当前的发展。有些地方经济发展的同时也给环境治理带来了不小的压力，甚至旧账未还、又欠新账，成为环境质量改善的新的“拦路虎”。

因此，各级政府既要打好攻坚战，又要做好打持久战的准备。不畏难，不推诿，不懈怠，努力取得实际成效，让人民群众看到希望。同时，也要及时公开信息和治理进展，争取群众的理解和参与，为解决污染难题提供“正能量”。

3.“两个清醒认识”指明方向、明确重心

习近平总书记强调，要正确处理好经济发展同生态环境保护的关系，决不以牺牲环境为代价去换取一时的经济增长。

如何正确处理经济发展与生态环境保护的关系？“两个清醒认识”指引了明确的方向，那就是加强生态文明建设。

要在思想上认识到，生态文明建设是保持经济社会持续健康发展的唯一出路，不能把生态文明建设当成一句空洞的口号，依然固守“GDP 至上”的旧思维，把经济发展与环境保护割裂开来，甚至重蹈“先污染后治理”的覆辙。

环保部门作为生态文明建设的主力军，必须明确工作重心，继续探索环保新道路。用新的理念、新的思路、新的方式去加以解决，使经济社会活动对生态环境的损害降低到最小程度，实现经济效益、社会效益和生态环境效益多赢。

习近平总书记的重要讲话，是大力推进生态文明、建设美丽中国的宣言书。广大环保工作人员要创造亮点、抓住重点、突破难点、应对热点，加快推进环保各项工作。

78. 在巩固提高中追寻环保梦

《环境保护》2013 年第 4 期

天蓝地绿水净，是廊坊每一个环保人为之奋斗的梦想，我们称之为环保梦。这一梦想是中国梦的重要组成部分，是建设美丽中国、幸福廊坊、实现中国梦的重要内容和标志。环保梦实现的好不好，直接决定了建设美丽中国、幸福廊坊的成效。

环保人砥砺前行，追寻着我们的环保梦。近年来，环境保护从认识到实践都发生了重要变化，污染减排强力推进，环境保护优化经济发展的作用日益显现，全社会环境保护意识明显增强，一批关系民生的突出环境问题得以解决……

但是，梦想之路并非一片坦途，恰恰相反，通往梦想的道路往往充满曲折，充满艰辛。我们清醒地看到，当前，环境形势虽然局部有所改善，但总体尚未遏制，形势依然严峻，压力继续加大。环境质量改善与公众期待仍有较大差距，与建设美丽中国、幸福廊坊的要求、实现中国梦的目标还有差距。

梦在前方，虽不是遥不可及，却也并非触手可得。路在脚下，需要我们脚踏实地抓巩固，只争朝夕抓提高，实事求是去解决。

实现天蓝地绿水净的环保梦，就要继续探索在保护中发展、在发展中保护的环境保护新路。

当前，我市高消耗、高污染、低产出、低效益的粗放工业模式尚未根本改变，污染物排放量还较大，持续推进工业化、城镇化面临前所未有的环境压力。破解这一难题，就需要正确处理经济发展与环境保护的关系。面对日益趋紧的资源环境瓶颈制约，必须遵循代价小、效益好、排放低、可持续的基本要求。以最小的资源环境代价支撑更大规模的经济社会发展，使经济社会活动对生态环境的损害降低到最小程度。

实现天蓝地绿水净的环保梦，就要把握当前形势，在突破难点、抓住重点、创造亮点、应对热点上下工夫。

现实要求环保，人民群众高度关注环保，是基于当前严峻的环境形势。

实现环保梦，必须急群众所急、想群众所想，下决心解决好关系群众切身利益的突出环境问题。当前，就要以 $PM_{2.5}$ 防控为重点，深化大气污染防治；以确保饮用水安全保障为重点，强化流域和地下水污染防治；以解决农村生态环境问题为重点，深入推进村镇环境连片整治。

$PM_{2.5}$ 影响广、危害大，必须下决心治理。要展开行动，做好优化升级产业结构，压缩过剩产能；加快调整能源结构，控制煤炭消费总量；严格治理机动车污染，提升燃油品质等工作。同时，要尽快加入京津冀及周边地区大气污染防治，让人民群众看到希望，增强信心。

实现天蓝地绿水净的环保梦，就要构筑全社会共同参与的大格局。

俗话说，人心齐，泰山移。环境保护是一项复杂庞大的系统工程，需要走群策群力、群防群控的群众路线，加快构筑政府、企业、公众共同参与、共同建设、共同享有的大格局。

加强环境保护，需要严格落实地方党委、政府的责任，需要真正树立环保优先理念，需要增加环境保护在党政领导干部和领导班子考核中的权重。地方政府要根据国家总体部署，确定本地污染防治工作的重点任务，完善相关政策措施，确保任务到位、项目到位、资金到位。企业是环境污染治理的责任主体，要采用先进的生产工艺和治理技术，减少污染排放，主动公开污染物排放状况、治理设施运行情况等环境信息，自觉履行责任，接受社会监督。公众也要积极参与，从点滴做起，从小事做起。只有每个人都付出智慧、辛苦和汗水，美丽中国才能在潺潺细水汇聚成的巨大洪流中成为现实。

作为环保梦的主要实践者，全市环保工作者要发扬攻坚克难的精神，做到在困难面前不低头、在奉献面前不退缩，要在巩固已有成果，不断创新提高上用真功，为早日实现天蓝地绿水净的环保梦，为建设美丽中国、幸福廊坊和实现中华民族伟大复兴的中国梦增光添彩。

79. 共担责任　共赢蓝天

《环境保护》2013 年第 6 期

白天蓝天白云、夜晚繁星满天，这是每个市民的期待。我市对大气污染治理高度重视并积极行动，一些工作成效正在显现。但大气污染治理是一项长期工程，事关经济社会可持续发展，事关老百姓切身利益，不能一蹴而就，更不可能毕其功于一役。

大气污染防治是重要的政治任务。治理大气污染，改善空气质量，是建设美丽廊坊的重要内容，更是实现我市绿色崛起、高端发展的现实需求。我市肩负首都环境“护城河”的任务、又站在京津冀一体化的最前沿，环境问题受到了从中央到省委、省政府的高度重视。这一切都说明，大气污染防治不仅是经济问题，更是政治问题。我们要按照党中央要求，坚决完成省委、省政府提出的“四大攻坚战”的任务，把大气污染防治工作作为当前环保乃至经济社会发展的重中之重。

要统一思想，做到“三个明白”。第一要明白，大气污染防治是目前全市工作的第一任务。磨刀不误砍柴工，要坚持环境优先，宁可适度放缓经济发展，也要治理好大气污染。第二要明白，良好的环境有利于市民身心健康。从让百姓呼吸上新鲜的空气做起，切莫让大气污染影响百姓的幸福感。第三要明白，我市大气环境形势严峻。我市大气环境与产业转型、节能减排等根本性的问题相关联，特别在取暖季，冬季燃煤还可能加大大气环境压力。

要用钉钉子的精神，全力攻坚。“干事业好比钉钉子。钉钉子往往不是一锤子就能钉好的，而是要一锤一锤接着敲，才能把钉子钉实钉牢。”大气污染治理工作要持续开展，只有发扬钉钉子精神，才能有大成效。各县（市、区）、相关部门要按照签署的责任状要求，加大工作力度，认真部署实施。要上下一盘棋，拧成一股绳，不推诿，勇担当，把大气污染治理任务细化到责任人。

政府处于治理大气污染的主导地位，应在创新机制上实现突破，在严格执法上迎难而上，在协调联动上发挥积极作用，强力推进治理工作顺利开展，同时接受群众的意见、建议和监督。公众是治理大气污染的直接参与者和受益者，无论是普通群众还是工商业者，都应唤醒深藏心中的环保意识，勇于纠正不环保、不文明的行为，敢于揭露和举报破坏生态环境的违法行为，主动调整和转变生活方式，爱家园，爱自己。

治理大气污染非一日之工，当前正在开展的“百日行动”仅仅是个开始，“治污”任重道远。这需要全市各阶层“同呼吸，共行动”，否则，政府风风火火出台治理措施，媒体热热闹闹讨论危害，工作、生活中却依然我行我素，治理大气污染断然难见成效。携手共创蓝天，建设幸福廊坊，需要你我共同努力。

80. 美丽廊坊呼唤美丽的你我

《廊坊环境保护》2014 年第 1 期

一元复始迎新岁，万物生辉气象新。随着新年钟声的敲响，我们送走了辉煌而难忘的 2013 年，迎来了奋发和充满希望的 2014 年。

回顾 2013 年，我们会发现，这一年对我市环保工作来说，既是形势极其严峻的一年，又是充满希望、信心满满的一年。当严峻的形势和未来的希冀并存、公众的关注和高层的聚焦契合、民间的行动和政府的指向重叠时，我们相信，尽管前面还有很长的路要走，但全市环保工作一定会迈出更为坚实的步伐，美丽廊坊一定会从蓝图变为现实。

良好的生态环境是任何社会持续发展的根本基础，碧水、蓝天、清新的空气、洁净安全的食物、宜居的生活环境，是我们每个人最基本的需求。近年来，雾霾天气已成为我国大部地区秋冬季节的主要灾害性天气，我市也不例外。解决以雾霾为代表的生态环境问题，我们需要超越一己之利、个人之便，用尊重自然、顺应自然、保护自然的生态文明理念支配自己的行为；需要唤醒每一个人的责任意识。

我们可以成为环保理念的传播者。全国优秀志愿者丁兆瑞，自 1996 年全身心环保宣传，十几年来孜孜以求。他分别在北京、西安、石家庄等地党政机关、部队、学校，以及车站、码头和社区作演讲 1 500 余场。2012—2013 年，圆满完成了“同是地球之子，共建生态家园”河北省百场、青海省百场环保主题演讲活动。移动互联时代，我们的传播渠道更为便利，传播方式更加多元。就算没有精力演讲，举手之劳转个帖子、追一条评论或者点一个赞，都有可能把环保理念传播给更多的人。

我们也可以成为低碳生活的践行者。去年以来，廊坊广田单车俱乐部承办的 3581 大型公益活动全面展开。“3”表示提倡 3 公里以内步行；“5”表示提倡 5

公里以内骑行；“8”表示提倡8公里以内乘坐公共交通；“1”表示提倡每周少开一天车，选择其他出行方式，减少车辆占用道路和消耗能源。目前，煤炭燃烧、机动车尾气、工业排放、建筑和道路扬尘等，都是空气中$PM_{2.5}$的来源。每一脚油门、每一根燃烧的秸秆、每一串响亮的鞭炮、每一抹绚烂的烟火背后，都可能增加对雾霾的“补给”。当然，由不节俭的工作和生活方式所造成的能源资源浪费，就更不用说了。对于大自然的馈赠，我们应常怀敬畏和感恩之心，少开一天车、少用一张纸、少要一个塑料袋，不妨从身边小事做起，践行低碳节约的消费方式和生活习惯。

我们还可以成为绿色时尚的引领者。2009年5月10日，身穿红色骑行服的新郎肖晨光、新娘王若雨在100多位骑行爱好者的陪同下，组成浩浩荡荡的骑行队伍，经过城市主要街区到自然公园举行了一场以绿色环保为主题的“骑行婚礼”。时尚是人们在一段时间内对社会某项事物或行为的崇尚。去年以来风靡全国的“光盘行动”，让珍惜粮食、反对浪费成为新的时尚。同样，在促进空气质量改善的过程中，每个人都可以成为绿色时尚的引领者。比如，鼓励亲朋好友把在婚礼上燃放礼炮改为共植结婚树，为城市增绿；再如，好天气里选择骑车出行，既健康又自由。当绿色环保的行为方式成为新的时尚，得到更多认可和追逐时，保护空气质量的责任意识也将深入人心。

当前，保护、治理生态环境市委、市政府在提速，相关部门在落实，全社会在行动，我们相信清新空气、放心呼吸的“美丽廊坊”不会遥远。

81. 振奋精神　真抓实干

《环境保护》2014年第2期

3月11日，全市环保工作会议召开，全面部署了今年全市环保工作。王晓东书记作出重要批示，冯韶慧市长出席并讲话。落实会议精神，为人民群众交上一份满意的答卷，需要我们以“三严三实”的要求，改变作风；需要振奋精神、真抓实干；需要我们凝聚共识，以饱满的精神状态，去担当时代赋予的重任。

振奋精神，真抓实干。就要集中精力“想抓”，聚集才智“会抓”，众志成城“抓好”。抓好落实，需要有一种知难而进的勇气，有一股誓不罢休的韧劲，有一种敢于胜利的魄力。抓得越到位，认识问题就越深刻，解决问题就越彻底，推动工作就越见效。

振奋精神，真抓实干。必须有蓬勃的朝气。“精神爽奋则百废俱兴，肢体怠弛则百兴俱废”。抓落实必须振奋精神、脚踏实地、真抓实干、稳扎稳打，要不得半点虚功，来不得半点懈怠；抓落实，必须增强责任感和紧迫感，做到议必决、决必行、行必果。

振奋精神，真抓实干。还必须行动迅速。首先要抓“早”。要早计划、早安排，抢先发之机、谋先发之效。强化时间观念、进度观念、效率观念，分秒必争，雷厉风行，工作目标要快分解、工作措施要快上手，在快中赢得效率、赢得机遇、赢得发展。其次要抓“紧”：发现问题扭住不放，做到今日事今日毕，工作才能有序、高效推进。最后抓“细”：目标要明确，措施要细化，一细化就具体，一具体就容易落实。抓早、抓紧、抓细，体现着作风和责任，反映着能力和水平。

振奋精神，真抓实干。还要在“三用”上做文章。一曰“用心”。心诚则灵，心正则事成。作为一名环保工作者，应该抛出心中的一切杂念，用对环保事业的无限热爱和忠诚，去实现自己的人生价值。二曰“用劲”。一是要有勇于吃苦，敢于吃苦的狠劲。要树立吃苦是福，吃亏是福的思想，多担当一份工作。二是巧劲，无论是工作还是学习中都要巧学、巧干，活学活用，要善于思考，善于发现，避免南辕北辙，事倍功半。三是钻劲，要善于钻研，在工作中学习，在学习中工作，注意点滴积累。三曰“用情”。既然选择就无怨无悔，要始终保持对环保事业无比的忠诚和热情，把它作为毕生的理想去追求。

重拳出击，治理污染，已成共识。全民同行，胼手胝足，方有胜算。前路虽荆棘密布，但我们不能失去信心，更不能掉以轻心。这条道路考验着环境保护工作者的勇气、智慧，更考验着我们的历史担当和责任意识。

潮平两岸阔，风正一帆悬。全市环保系统广大干部职工一定要振奋精神，真抓实干。为推进环境治理和生态建设，为实现“绿色、高端、率先、和谐”发展，为建设平原森林城市、环保产业城市、文化体验城市、幸福宜居城市作出新的贡献。

82. 行动起来　坚决向污染宣战

《环境保护》2014 年第 3 期

在今年的政府工作报告中，李克强总理说，我们要像对贫困宣战一样，坚决向污染宣战。这句话说出了代表们的心声和亿万中国人的心愿。贫困落后是民族的疾苦；环境污染是人民的忧患，关乎民族的未来。

坚决向污染宣战，是回应人民群众对突出环境问题日益关切的必然选择，也是推进生态文明建设的迫切需要。打好环境保护这场战役，既要向传统的治理方式宣战，又要向以身试法者宣战；既要向变脏了的环境宣战，也要向用歪了的权力宣战。向污染宣战是不得不战的存亡之战，是天时地利的背水一战，是全民参与的攻坚战。

随着近两年来大气污染问题的凸显，我市空气质量一度处于全国污染最重城市行列，极大地削弱了廊坊的生态优势。尽管我们采取了积极措施，并取得了阶段性成效，但是生态治理与修复仍面临着一系列的难题，环境质量改善与公众期待仍有较大差距，环境形势十分严峻。环境污染已经成为制约经济可持续发展、人民幸福指数提高的重大问题，必须像对贫困宣战一样，坚决向污染宣战。但要打赢这场战争，必须动员全社会力量，打一场全民参与的持久战、攻坚战。

向污染宣战，政府要发挥主导作用。各级政府应转变思路和观念，摒弃“以 GDP 论英雄”、“先污染后治理”、“牺牲环境发展经济”等错误观念和做法，树立绿色的政绩观和低碳的发展观，把保护环境放在与发展经济同等重要的位置。在政策层面，要支持和鼓励大力发展绿色低碳产业，引导社会树立绿色发展和低碳发展的理念。同时，各相关部门要加强监管，严惩环境违法行为，依法追究失职渎职者责任。

向污染宣战，企业要充当主力军。保护环境是企业的社会责任，也是企业安身立命之本，环保做得好不好，将决定一个企业能不能长久生存下去和真正做大做强。企业应把保护环境视为自己的生命线，采取一切措施把污染等负效应降到最低；积极落实国家环境政策和法律制度，主动执行国家各项标准，做到达标排放；注重科技创新和低碳技术的研发，加快推广应用节能环保技术和设备，使用清洁能源，实现清洁生产；改变粗放的生产方式，提高能源资源利用率，最大可能地实现资源节约和循环综合利用。

向污染宣战，公众是一支强大的生力军。环境关乎每个人切身利益，优美的环境，人人共享，环境恶化，人人受害。我们每一个人既是污染的受害者，也是污染的制造者。治理污染，谁都不应做围观者，而要做积极参与者。一方面要监督政府、部门、企业采取更多措施治理污染，另一方面要身体力行，积极践行环保，比如，少用一次性餐具，购买环保产品，多乘公共交通工具或者骑自行车，少抽一支烟，节约水电等。这些小小的举动，单个看上去改变不了什么，但如果全社会都来做，就能改变世界。

聚沙成塔，众志成城。雾霾笼罩，抱怨指责无益；污水横流，坐而论道无用；垃圾遍野，推脱逃避徒劳。坚决向污染宣战，离不开每一个人的参与。只要各级各部门、各类企业、全体市民都积极行动起来，保卫我们赖以生存的共同家园，用蓝天白云装扮美丽廊坊的梦想就一定能够实现。

83. 真抓实干　见效为先

《环境保护》2014年第4期

惟其艰难，才更显勇毅；惟其笃行，才弥足珍贵。兰州市的大气污染治理很好地诠释了这句至理名言。

十几年来，面对地理位置和气候条件不利于大气污染物扩散的先天不足，以及重工业占比高、老工业基地欠账多的历史遗留问题，大气污染成为兰州久治不愈的顽疾。从2003年国家正式公布重点监控城市大气污染指数以来，兰州市基本都排在全国后10位。然而，这座城市却在短短的几年时间内，成为全国空气质量改善最快的城市，其治理经验和做法值得借鉴和推广。（兰州治理大气污染的经验做法详见本刊“专题策划”）

《廊坊市大气污染防治行动计划实施方案》正式实施近一年来，我市的大气污染物监测指标呈现出一定程度的下降，大气环境质量总体向好，污染治理取得了一定成效，但群众的感官指标变化并不十分明显，仍需持之以恒用力，全面深入推进。当前和今后一个时期，深入推进大气污染治理，必须把握真抓实干、见效为先的工作思路。

真抓实干、见效为先，必须坚定信心攻坚克难。难走的是上坡路，对于推进大气污染治理，既不能因为暂时影响到发展而止步不前，也不能因为短期见不到实效而萌生退意，更不能因为时间紧、任务重而产生畏难情绪。各级各有关部门，不仅要自身坚定决心，而且要引导公众增强信心，困难再大也要顶上去，羁绊再多也要走下去。

真抓实干、见效为先，必须牢记使命强化担当。治理大气污染，是我们这一代人的历史使命，是各级党委、政府的重大责任，不容推脱。勇于担当是一种气魄，敢于担当是一种胆识，善于担当是一种能力。面对大气污染治理的繁重任务，尤需各级党委、政府勇于担当、敢于担当、善于担当，以强烈的使命感和责任感坚决打赢大气污染治理攻坚战和持久战。

真抓实干、见效为先，必须开拓创新积极进取。这种创新不仅表现在发展理念上保护与发展的统一，也表现在治理思路上严防、严管、严惩的结合，表现在治理手段上经济、法律、行政手段的互补，表现在治理主体上党委政府、环保部门、社会公众的合力。有这种创新的思路、精神、措施，才能更好地谋划发展、凝聚力量、破解难题。

大气污染治理，在当下的中国，对于任何一个深受其困的城市来讲，都是一块难啃的硬骨头，廊坊也不例外。尤其是《大气污染防治行动计划》实施以来，来自上级的考核力度很大，来自基层的群众呼声很高，各级政府压力倍增。如何推进大气污染治理尽快见实效，推进生态环境治理体系和治理能力现代化，成为各级党委、政府必须正视的重大课题。

我们不禁要问，兰州能做到，廊坊能否做到？客观来讲，与廊坊相比，兰州开展大气污染治理，在地理位置、气候条件、发展水平、产业结构上均不占优。在兰州的治理成效面前，如果我们还一味地谈困难、讲条件，那就是缺乏斗志。

我们不禁要问，一年做不到，两年三年能否做到？不可否认，大气污染治理非一日之工，治理起来也需要时日。但是，别的地方一年能做到，如果你两年、三年甚至更长时间都做不到，背后不完全是客观原因。越来越加严的考核体系，容不得类似的庸政、懒政行为。

干劲、闯劲、韧劲，成效、实效、长效。兰州市的大气污染治理实践启示我们，有志者事竟成。只要脚踏实地，攻坚克难，大气污染治理一定能够取得实效。在《大气污染防治行动计划》正式实施即将满一年之际，学学兰州的治理经验，厘清治气的工作思路，大有裨益。

84. 找准定位　夯实责任

《环境保护》2014 年第 5 期

新的《环境保护法》授予环保部门很多权力，有了这些权力，环保部门监管的武器更多，手段更硬了。但毫无疑问，责权是对等的，有权必担责，权力越大，责任就越重，我们应该勇于负责，敢于担当。

当然，履职尽责，不是只做加法，不做减法，而应该是把过去该管没管的管好，不该管的交出去；应该弱化在经济管理上的职能，强化在社会问题上的管理职能。也就是说，环保部门必须找准自身定位，既要敢于亮剑，用好硬手段、用足硬措施，严肃处罚、严厉打击环境违法行为；又要懂法守法，严守纪律规定，避免工作中出现渎职、失职，失误、疏忽，坚持做到严厉执法敢亮剑，履职尽责不越界，做到有所为、有所不为。

所谓有所为，就是严格执行国家环境保护方面的法律法规，不断根据环保工作的新形势、新特点和新要求，提升环境监管人员的法律素养和执法为民的监管能力。

所谓有所不为，就是既要各负其责，又要建立健全联动机制，打破环境监管交叉执法和复杂问题久拖不决的尴尬局面，使环境监管卸下包袱，轻装上阵，依法履职，维护环保部门的良好形象。

创新模式，务实协作。目前，在全国范围，在水、气、声以及固体废物等方面存在交叉监管的现状，需要地方政府根据实际情况出台相关联动办法，建立行之有效的联动机制。比如，水环境的管理，涉及环保、水务、公安、交通、农牧渔业、住建、卫生等多个部门，如何将这些部门各自法定职责有机地整合是检验地方政府行政智慧的一道考题。日前，我市出台了《廊坊市城区 2014 年秋冬季大气污染防治“蓝天行动”工作方案》，市委书记、市长亲自挂帅，主管副市长、治理专家组组长牵头组织，市发改、财政、环保、建设等9个相关部门分工协作，共同推进。任务清、职责明、措施细，这一治理、监管模式可以形成拳头效应，只要真正落实到位，效果必将立竿见影。

细化法条，夯实责任。将新修订的《环境保护法》中“其他负有环境保护监督管理职责的部门”细化到具体部门，是哪个部门管的事就落实到哪个部门的身上。比如，科学合理施用农药、化肥等农业投入品，科学处置农作物秸秆等农业废弃物，防止农业面源污染，法律已明确由各级人民政府及其农业等有关部门负责，但对具体的监管主体以及由谁来组织处置农村生活废弃物没有进一步明确，这就需要通过细则授权农业执法部门和相关管理机构承担，需要各级法制部门认真研究，更需要环保部门在执法实践中积极探索。

引入机制，市场调节。可借鉴西方发达国家的经验，尝试将排污权交易用于大气污染和水污染的管理，逐步建立起以补偿、储存和总量控制等为核心内容的排污权交易政策体系，使市场机制在环境监管中发挥作用。同时，可吸引社会资本投入生态保护，积极推行环境污染第三方治理，由传统的治污方式改革为由企业购买专业公司治污服务。这样让环保部门腾出手来更好地依法监管，改善环境质量。在这方面，我市已经做了一些有益尝试，如聘请海创智库千人计划小组实施2014年大气污染防治“蓝天行动”六项工程，再比如先后与河北银行、兴业银行签订排污权抵押贷款合作协议等。

上下联动，全民参与。保护环境，政府有主体责任。各级各部门要坚决摒弃“以GDP论英雄”、“先污染后治理”等错误观念和做法，树立绿色的政绩观和低碳的发展观，把保护环境放在与发展经济同等重要的位置；保护环境，企业有社会责任。也是企业安身立命之本，企业应把保护环境视为自己的生命线，主动执行国家各项标准，做到达标排放；注重科技创新，实现清洁生产；转变生产方式，提高能源资源利用率；保护环境，公众有法律义务。新环保法明确规定：“一切单位和个人都有保护环境的义务。”我们每一个人既是污染的受害者，也是污染的制造者。治理污染，谁都不应做围观者，而要做积极参与者。比如，少用一次性餐具，少抽一支烟，节约水电等。这些小小的举动，单个看上去改变不了什么，但如果全社会都来做，就能改变世界。

聚沙成塔，众志成城。只要各级各部门、各类企业、全体市民都积极行动起来，找准定位，夯实责任，齐心协力保卫我们赖以生存的家园，用蓝天白云装扮美丽廊坊的梦想就一定能够实现。

85. 辐射管控的“四个全覆盖”

《河北环境保护》2011 年第 3 期

近年来，我市辐射管理工作，坚持以落实《放射性同位素与射线装置安全和防护条例》和《放射性同位素与射线装置安全许可管理办法》为主线，在省厅的有力指导、帮助下，我们始终带着责任强认识，带着压力抓管理，通过“强化认识、严格管理、完善制度、狠抓落实、破解难题、锐意创新”，使我市的辐射工作逐步实现了管理机能全市覆盖、落实制度全时覆盖、用源许可全证覆盖、科技管控全源覆盖，从而有效增强了辐射监察监管能力，确保了辐射安全。

1. 强化认识，夯实根基，实现管理机能全市覆盖

辐射安全，事关社会稳定，事关企业发展生存，事关环保部门整体荣誉。因此，抓好辐射管理，不仅仅是一项必须做好做实的业务工作，同时也是讲大局、促发展的重要政治任务。特别是我们廊坊市，地处京津之间，地理位置特殊，为首都的安全稳定作贡献，责无旁贷。基于这样的认识，放射源的统一监管职能归属环保部门后，我局党组便把辐射管理当作一件重中之重的中心大事来抓，下大力从健全队伍、完善设施和规范档案三个方面夯实管理机能，打牢工作根基。

一是健全组织。我市目前已有涉源单位 234 家，放射源 1 500 多枚，是河北省第一用源大市。承担放射源统一监管职能后，市局党组及时将辐射安全管理工作纳入党组的议事日程。根据我市放射源数量多、监管任务重的实际情况，及时成立了主管挂帅的辐射管理工作领导小组，明确了工作努力方向。经多次努力、多方协调，市政府于 2007 年 8 月批准成立了市环保局辐射管理科，调配能力强、素质高、责任心好的 5 名同志，专职负责辐射工作。目前，全市形成了从上到下的放射源管理网络。同时，我们还形成了环保主导、部门联动、属地管理、企业实施的“四位一

体”应急工作机制，坚持每年组织用源大县开展一次辐射事故应急演练，在“实战”中提高管理人员和应急队伍素质能力，提高应急反应速度，为加强全市辐射监管工作提供保障。

二是完善设施。为履行好监管职责，正常顺利地开展工作，市、县两级，配备了必要的办公设备。市局还开支20余万元购置了1台美国进口的放射性检测仪、6套放射硅防护服、6个放射性个人剂量计等专业仪器和防护用品，为检查监测和辐射应急提供了有力保障。很多重点企业，全都着眼需要积极筹措资金，购置了放射源检测仪器和辐射防护必用品，提高技术、物资保障能力，确保工作有序开展。

三是健全档案台账。为对全市每一枚放射源都真正做到实施有效监察管理，我们通过认真核查，逐步健全了全市涉源单位管理档案，做到了一企一档，资料齐全；健全了《廊坊市放射源管理数据库》，做到了信息全面，数据准确。档案和数据库资料翔实、项目齐全、制式统一，所有档案材料和数据库资源，都是一式三套（件），实施市、县、企三级同步联建、联管。

2. 强化管理，严明规范，实现落实制度全时覆盖

抓好辐射源安全管理工作，不是一朝一夕的事情；而是一项需要全时空、全天候、全社会时刻关注、共同参与的系统工程。实际工作中，不仅要扎扎实实落实好《放射性同位素与射线装置安全和防护条例》《放射性同位素与射线装置安全许可管理办法》，同时也要结合基层具体情况和实际工作需要，不断完善管理制度，建立健全实现放射源每天24小时有人看、有人管、有人查、不失控的规范制度。为此，我们通过做好三项工作，扎实实现了落实制度全时覆盖。

第一，实施“五连环”管理法。根据廊坊实际，我们在坚持越是闲置源越不能放松管控、越是企业停产期间越不能放松管理、越是没有发生过事故苗头的单位越不能放松管查指导原则的同时，通过坚持日自查、旬检查、月抽查、季联查、年评查的“五连环”管理办法，不断加大对辐射源实施日常监管力度。

第二，实施不间断联查、抽查。一是每季度组织开展一次由市、县两级环保局、公安局、卫生局、安监局四家共同联合实施的不定时、不事先通知的检查行动，对全市涉源单位进行拉网式现场检查，共同解决处理放射源使用和管理中存在的问题。二是市局每个月对全市重点涉源单位进行一次抽查，主要是对用源10枚以上的企业、有闲置源的企业、生产不正常处于半停产状态的涉源企业进行现场抽查，对发现的问题限期整改。三是利用办理辐射安全许可证和现场检查的机会，对涉源单位的用源情况、规章制度、安全措施等进行检查，对存在的安全隐患和达不到发证规定要求的督促整改。四是在重大节日和遇有北京有重大活动时机，对涉源单位进行

检查，督促落实各项制度措施。确保敏感时期不发生问题。

第三，实施定期议源和教育惩处。一是市局坚持每半年召开一次全市两级环保局主管辐射工作领导列席的辐射管理评议工作党组会议，每季度召开一次由全市两级环保局负责辐射工作的科（股）长和监管员参加的辐射管理讲评会议，通报管理工作检查情况，总结阶段放射源监控照片，亮点为放射源工作。二是抓好随机教育。利用每半年召开主管局长会议、每季度召开辐射管理人员会议之机，对发生问题的单位进行教育处理。2008 年和 2009 年，我市发生两起用源企业私自向异地企业借源问题，我们不仅依法实施了处罚，而且严肃认真地进行了通报批评。

3. 强化审批，破解难题，实现用源许可全证覆盖

严把辐射源审批关，充分发挥和使用好违规限批权，不仅是保证企业依法用源、按规管源的重要手段，也是环保部门站位环保工作全局以源管源，以源治污，实现辐射管理与环保整体管理工作衔接的有效办法。几年来，我们通过严把审批关、培训关、限批关，不仅确保了用源许可全证覆盖，而且较好解决了辐射管理中的许多历史遗留问题。

首先，严把“三关”。一是严把现场检查初审关。为确保项目运行后周边环境辐射安全，在每次审批每个辐射类项目环评文件和辐射安全许可证前，我们都要按规定到项目现场进行实地考察。存在问题的，不予审批。二是严把集体批源关。在辐射类项目通过现场检查后，对每一枚源的审批，我们要经过科务会研究、上网公示、审批小组会审查和局务会审定四道程序通过后，主管局长才予批准该项目的环评文件和辐射安全许可证申请表，核发辐射安全许可证，这其中的任何一个会议或环节不通过都不予审批。三是严把验收保质关。每当审批企业购源时，我们都逐项认真审查用源项目是否通过了环评验收，否则，不予审批该企业使用放射源。

其次，抓好上岗证培训。我们要求拟用源单位在申请用源时，应有足够的持证操作人员，否则，不予批准用源申请。为此，我们在积极组织管理人员参加省厅培训的同时，努力创造条件，开展上岗证培训工作，仅近两年来，就组织举办了 6 期全市辐射工作人员上岗证培训班，2010 年，我们还专门组织了全市涉源企业法人，开办专题培训，通过请环保部和省环保厅的领导、专家授课，对 1 100 名管源用源业务骨干进行了辐射安全和防护知识教育培训和复训。并进行考核，考核不合格的不得上岗。

最后，实施“五衔接”限批，破解管理难题。近年来，我市针对辐射管理与环保整体工作政策相对脱节的情况，积极研究探索放射源管理与污染减排相衔接、与政府应急体系相衔接、与用源企业安监管控相衔接、与人才队伍培养相衔接、

与科技管理手段相衔接的“五衔接”工作机制，更加严格地加强辐射安全监管工作，通过严把批源、用源关，探索创新发展之路。从市局做起，采用科务会研究、网上公示、领导小组审查、局务会审定的办法，审批用源。一是对无环评、无排污许可证、无验收的单位和有违法排污行为并整改不到位的单位不予办理放射源审批；二是对用源管理不规范、没有实施监控手段并无投资计划的申请购源单位不予批准新用源；三是对“两证”（辐射安全许可证、辐射工作岗位证）不全、管理队伍不健全的用源单位不仅不批买新源，而且要限期治理，对存在发生事故隐患的要停止用源；四是要求各用源单位要主动联系当地反恐和应急部门，把用源、管源与当地应急体系相衔接，确保发生问题得到及时处置，其应急预案不健全、不完善的单位，不再批准购买新源。通过实施“五衔接”限批机制，不仅有效解决了用源企业无环评、无验收、无监控手段、无辐射安全许可证、无辐射事故应急预案、操作工无上岗证等历史遗留的“六无”问题，而且，有效调动了用源企业创新管理方法、创新管理机制的积极性。

4. 强化创新，人技联防，实现科技管控全源覆盖

几年来，我们在辐射管理实践中深深体会到，抓好辐射安全管理，不仅要积极贯彻“人防为主、技防为辅”的工作方针，同时，也要发扬锐意进取、大胆创新的精神，充分发挥现代科技管理保障的有效手段，向科技管控要安全、向科技管控要保障、向科技管控要稳定，向科技管控要效益，实施科技管控、人技联防新措施，走出了一条“人技合一”的创新管控之路。

一是安装可视监控系统。为了确保放射源的安全，我们要求全市230多家用源企业，全部在放射源使用场所、存放场所安装了可视监控装置，并连接到企业总监控室的可视平台上，总监控室每天24小时有人值班看守，做好放射源安全情况记录。一旦发生放射源丢失或被盗事故，就可立即向环保、公安等部门报告。

二是学习先进经验，不断升级科技管控能力。2010年以来，我们先后两次到江苏、浙江等地10余家市、县级环保局和相关企业实地考察、学习放射源安全管理先进经验。回来后，我们在霸州万盛金属制品有限公司等2家用源企业进行了放射源在线监控位移自动报警系统试点。放射源如果发生位移，该系统可及时向市、县、企三级管理人员的手机上发布报警信息，管理人员可随时处理发生的情况。下一步，我们计划与反恐应急办一起行文推导，在全市涉源单位安装可视监控装置的基础上，区分企业不同情况，分阶段逐步推广安装放射源在线监控自动报警系统。

三是建设覆盖全市的辐射远程监控系统。多年来，由于我局办公条件所限，建设全市辐射远程监控系统的愿望一直没有实现。2010年6月，我局正式搬入新的

办公大楼后，局党组及时召开会议，决定投资 153.78 万元，加省厅下拨的 80 万元配套资金，在市局环保监测监理中心建设覆盖全市的辐射管理远程监控应急指挥系统，做到对 1 500 余枚放射源实施远程全时监控、全源监控、全天候监控。确保一旦发生问题及时、果断处置。

86. 面对问责的思考

《廊坊环保文化丛书》A 套

到市环保局工作 4 年来，我不断看到上级有这样的通报：某某地环保人因各种原因被问责、被组织处理或被“双规”。

过去，在老百姓脑子里，已形成印象容易被问责的“大户”是煤矿事故、交通事故、铁路事故、饮食事故、医疗事故。这些事故大多以社会影响大、直接导致大群体、小群体伤亡为“特色”，也直接让人触目惊心。在众多被问责行业，事故发生依然涛声依旧，近年来，中国的公民们突然发现，环保人、环保部门突然也因环境问题成了问责频发、“触电”丢官的“高危”行业。而且牵扯环境问题的事，尽管当场死人的没几起，但媒体报道时，其特色是，叫“事故”的少，叫“事件”的多。事故与事件有什么本质的区别，可能只有辞海才能解释清楚，但“环境事件”这个词，更让人有一种超大群体慢慢儿被害杀，惊心又怵目的恐惧感。

同样一个话题，在一次有数十人参加的全国地市级环保局长岗位培训讨论会上，业内同仁纷纷围绕面对环保人被问责见多、环保局长难以坐稳位子展开。有人抱怨对环保人问责设的条条框框过于宽泛、严厉；也有人出“道”、献“策”，提出应该正视和面对。为此，市环保局大会小会都有局领导强调严防被问责、被追究的问题。

现今的中国，伴随着建设服务型、廉政型政府和高度关注民生大计、提升社会管理能力热潮的涌起，从中央到地方，对党政机关和国家公务人员实施问责、追究的法规条文不仅是越来越多、越来越细、越来越严肃，而且“被问责”牵扯到的部门也越来越多。笔者预言，各级政府部门多已进入“民生问责时代”。事实就是如此。在很多地方、很多具体事情上，早已不是非出大事、大祸或滥用职权、违法行政才被问责追究，问责情形甚至涵盖了机关工作人员有令不行、有禁不止；不求进取、平庸无为；推诿扯皮、效率低下；工作不细、落实马虎等不履行或不正确履行工作职责的各类、多种情形。特别是对环保工作者的问责，已明确规定许多情形是“终身问责”。可见，环保人要想站得住、站得稳，经受住“考验”已成严峻之现实要求。

笔者发现，现实工作中，特别是工作在基层一线的一些环保人、环保部门，并没有从思想上适应责任追究的“高危”环境，因为工作中马马虎虎、大大咧咧、不负责任、不廉不净撞到枪口上，成了被责任追究的牺牲者的人和事越来越多。据笔者粗略统计，仅近3年中，在一些企业发生环境事故、事件后，环保部门、环保工作者被曝光、被追究行政或法律责任的就有数十起、数十人。某地有一家企业发生违法排污事件，虽然环保部门监察人员平时监察工作次数也不少、要求也很严，但因没有按规定填写相关文书，工作马虎，查无证据，遂遭失职之追究；某地一家国家明令限批的化工企业，违规未批先建，当地环保部门监察发现后，因收受钱物，竟熟视无睹，结果在企业出事后，环保局相关人员因不廉洁而被法纪追究；某地环保局两名监察人员因面对说情风，没有顶得住，放宽了执法标准，在企业放肆排污被群众举报后，不仅最终被追责下岗，还受到党纪政纪处理……

纵观一些环保人被问责追究渐多、见多的众多因素，最直接的原因是由主观上责任心不强、执法上不严、廉洁上不净造成的。从客观上分析，其一，目前，我国已经进入科学发展、绿色发展的新时期。过去粗放发展时期积累的环境问题，到了以“好”为首的转型发展时期，必然产生碰撞。过去人们习以为常的环境污染问题，现今引发的是污染事故的高发期，因此，环保部门的风险越来越大，引发问责缠身实属形势所迫；其二，随着国家法制建设不断完善和对行政过错追究力度不断加大，对相关官员或环境执法人员的失职行为进行问责已成常态。而有些环保部门、环保执法人员，仍然缺乏责任感、危机感，因此糊里糊涂的犯了错误实属应食其果；其三，人民群众追求绿色、环保、健康、幸福生活的诉求与期待指数不断翻升，参与意识不断增强，监督力度不断加大，而有些环保人却置若罔闻，因此，在玩忽职守中被查处实属理所应当。那么，环保人应该如何正视现实，放下包袱，丢弃牢骚，从日常生活、工作的每一个环节、每一个细节做起，坚持从严、从细、从廉、从实地做好每一项工作，减少和避免被责任追究呢？

第一，要增强依法办事的严肃性，做到行的严、行的细。环境法律法规是环保部门、环保工作者执法落实的根本依据。工作中，无论审批何种事项，都要依法办事，用法规条文说话，循规则办，违规必否。要明确区分责任，各负其责，健全工作程序责任制，严作风、严落实、严督查，督促全体人员依法循规开展工作。要细致认真地做工作。项目环评、稽查、监察执法、各项审批等工作，无论是要落实到文书上的，还是要依法、依规、依制度落实到实际工作中的，都要言出有据、言出有理，积极稳妥，既不能马马虎虎、粗心大意，又不能文过饰非、工作浅薄，更不能玩忽职守、留下后患。特别是对符合审批条件该办的事，要雷厉风行，强化效能；对各项核查验收更要细致认真，切不可把“检”查当成“简”查，导致玩忽职守。

第二，要增强权力运行的公开性，做到行的明、行的白。从严执法、从细落实，就要顶得住说情风、人情账。纵观多起环境事件可以看出，在权力运行过程中，由于执法者执法不严、工作不细开了口子，造成被责任追究的实例比比皆是。因此，环境执法过程一定要公开透明与群众见面。不论遇到什么事、什么人、什么背景，都不能丧失原则。要做到“不看来头、不看关系、不惧条子、不畏说情”，把政策公开、处罚标准公开、处理结果公开，实现工作决策民主化、行政执法标准化、办事程度公开化；做到所有行政行为有组织、有标准、有程序、有记录；落实查处分离、核收分离、审验分离，细化环保处罚自由裁量权，施行政务运行全程公开，建立全方位的社会和群众监督平台。切实防止权力暗箱操作，增强民主性、减少独断性，增强科学性、减少盲目性。自觉接受组织和公众监督，真正让人民放心、让公众满意、为组织争光。

第三，要增强接受约束的自觉性，做到行的清、行的廉。作为环保人，应从被问责追究的教训中正视“现实”，查找自身存在的缺陷和不足；要首先学习好从中央到地方各级党委制定的党纪法规和问责追究条例、准则与规定，做到心中有法，行为有规；要知耻而后勇，用提高素质、增强能力、适应需要、强根固本等方面加强自身建设、强化自身修养。特别是在廉洁行政上，应做到党风廉政建设要时时讲、会会讲、事事讲，力求警示教育不间断，警钟长鸣不放松，筑牢思想防线。同时，要坚持适应形势的发展，始终把制度建设作为一项根本任务，不断加大预防力度。从完善集体决策制度、建立行政权力运行监控机制和强化责任追究制度入手，建立形成较为严密完善的反腐倡廉制度防护网。真正实现行政权力运行由事后监督向事前、事中、事后全过程监督转变，营造清正廉洁、快捷、高效的权力运行氛围，以此减少单位和个人被责任追究的机会。作为执法者，还要始终做到：丧失原则的事不办、越轨的行为不为，更不能被一些蝇头小利诱惑，做到不贪、不沾、不腐、不污、清正廉洁。

对党政机关和工作人员实施问责和责任追究，是督促国家工作人员依法行政、遵法守法、尽职尽责的重要手段，是维护社会公平正义、规范行政权力运行的有效方法。对于手中掌握国家公权的行政执法单位、执法人员来说，接受法规纪律的监督、接受问责追究，既是客观要求也是必然。面对大趋势，环保人莫因自己失职、渎职被问责、被追究而抱怨，公众也不应把环保看得一抹黑。社会在转型，法治在健全，环保人和公众的思想理念和处事公知，也应正视变革，科学思维，辩证论评。

当然，作为环保工作者，我们的责任是对环境负责、对人民负责。做好环境执法工作，我们不是以规避问责风险为目标，但是规避问责风险，就要认真落实第七次全国环保大会精神，在迎接新考验中首先要做到行的严、行的细、行的明、行的端、行的清、行的廉，学会立身做人，这样，不仅可以使我们环保人站得稳、立得住，还有利于避免社会矛盾和问题，维护环保部门良好形象，无论是各级环保部门或环保工作者，对此都应法纪常记、警钟长鸣，切不可忽视与麻痹。

87. 叙说民“关”我“注”抓宣教

《廊坊环保文化丛书》A 套

按局党组的分工，我从 2010 年初开始负责环境宣教工作。三句话不离本行，日常工作生活中，和大家聊天，话题经常扯到环境宣教上。大家直言倾诉：你们的环境宣传年年都是贴标语、讲大话、发传单，能不能结合我们市民关注的话题讲点解“渴”的内容？大家伙儿的话让笔者很受启发。

实际工作中，各级政府、环境保护部门，不仅充分利用世界环境日、世界地球日、世界无车日和年度重大节日开展各项活动等时机，大张旗鼓地进行了环境政策法规和节能减排、环保常识的宣传教育，甚至通过开展各种创建活动，引导环境宣教进企业、进工厂、进校园、进社区，活动大张旗鼓、有声有色，在一定历史阶段，效果也可谓明显。尽管我们钱没少花、劲没少使、力没少出、活动也没少搞，但我们发现，宣教效果却随着形势的发展越来越不吸引人，越来越觉得年年都是司空见惯的老一套，而且很多群众对我们的宣传内容也越来越不感兴趣。甚至，很多群众对现实存在的环境问题越来越不满意、对问题的存在越来越不理解，有些群众还在年度民意调查中，给环保部门打低分、说风凉话、不支持。原因多在于我们的宣教形式、宣教方法、宣教内容，没有做到与时俱进、因时而异、有的放矢，没有跟上形势发展的步伐和韵律，没有切合实际地满足群众日益迫切需要满足的环保诉求。

环境宣教工作是一门科学。围绕环境敏感问题务实抓好环境宣传教育，是创新务实的重要内容，是倡导环境宣教工作走在环境保护各项工作前头的具体要求。抓好了、抓准了，可以起到事半功倍的效果。

引导公众参与，是“十二五”国家环境保护工作的既定方针。吸引公众参与，迫切需要环境宣教工作创新方法，围绕当前群众最关心、最关注、最迫切需要处理好的环境问题施行新举措、新方法、新突破，做到民有所求、我有所宣，更好地宣传群众、引导群众。如果说现实存在的环境矛盾是“病”，那么围绕环境敏感问题有针对性地搞活、搞好环境宣教，就是一剂对症的良药。

因此，我感到，围绕群众最关注、最关心、最迫切需要解决的环境现实话题、现实问题、现实矛盾，适时、适情、适度地做好生态环境宣传、教育及引导工作，不仅是解决环境矛盾、环境信访、减少由环境问题引发不稳定因素的良方妙策，也是引导、吸引公众参与环境保护事业，宣传环境保护政策、知识，疏解群众对环境保护部门不了解、不理解的有益渠道，更是基层政府、环保部门施展环境宣传教育方略，树立环保部门良好形象的有效办法及有益探索。

在提高思想认知的基础上，我和宣教中心主任蔡尚波等同志，通过认真深入基层一线调查了解情况，开始全面分析群众反映最强烈、与公众生活密切相关、信访反映最多的环境敏感问题，列出以下五点：一是群众高度关注环境污染的成因和环境监测数据的真实度问题。二是群众高度关注“二十小”污染企业为什么久打仍存问题。三是群众高度关注城区夜间施工难禁问题。四是信访举报案件在政府部门之间推诿扯皮问题。五是遍布城乡的通信塔和变电站辐射问题。这些问题看似不大，但却与人民群众安逸、健康、幸福生活息息相关，社会各界民众都普遍关注。对此，基层政府和环保部门，应采取以下三项对策，加大环境宣教工作力度，给人民群众一个明白、满意的答复和解释。为此我们开始做三件事：

第一，认真分析、梳理和解读敏感问题形成的症结，制定正面宣传教育方案。认真分析、梳理一个时期的环境敏感问题，并有的放矢地制定好宣传方案，使环境宣教更贴近实际、更贴近群众、更有宣传教育的针对性和时效性。现实情况下，民众关注的许多敏感问题，之所以久存不解，形成的因素有多种多样。首先是一些基层政府和环保部门对其重视不够，缺少对民情、民意的分析研究。认为事情不大，群众知道不知道、了解不了解、明白不明白没有多大关系，因此就更提不上拿出有针对性的宣传方案了。二是公开透明不够。基层环保部门对当地空气环境的监测数据，往往是内部掌握，对外很少公开公布。比如对“二十小”造成污染环境的成因，对于地区产业发展链条上难以短时间内“断路”的实情宣传不多，群众不知内情。对城区内夜间施工扰民问题也是一样，部分受困群众只知道自己夜间休息受到了噪声干扰，但另一方面不了解很多待回迁户也正在因着急回迁而上访，找政府期盼快些施工、早些搬出出租屋的强烈要求。三是政府对已经形成产业链条的“二十小”行业，转型规划缺少力度，“打”多“导”少、“查”多“禁”少。四是环保法规、环境保护行业专业标准知识宣传不够。比如，近年来信访量一直猛增的电信、电磁辐射问题，群众只知道辐射就在身边，不知道多大的辐射量才会危害健康，因此产生恐慌、恐惧和上访，由此还引发很多矛盾，甚至影响地区稳定。五是政府部门之间职责不清、分工不够公开，导致群众有意见。对此，基层政府和相关部门，应在认真分析问题成因的基础上，从抓好宣传入手，制定总体的工作方案，给予解决，切不可等闲视之。

第二，因势利导抓宣传，变消极为积极，变被动为主动。因势利导抓好环境宣教工作，是借势推进，提升环境宣教效能的有益方法。是通过发挥环境宣教工作，为环保部门树威信、树形象，扩大环境保护工作社会影响力的重要手段。是一件一举多得的好事。报载，北京市、上海市和河北省廊坊市，借助2012年春节期间，公布市区$PM_{2.5}$监测数据备受民众关注的大好时机，将$PM_{2.5}$及市区污染主要成因，逐一向群众公开宣传，使群众明明白白地了解$PM_{2.5}$是环境污染的罪魁祸首。汽车尾气、鸣放鞭炮、煤炭燃烧、建筑工地扬尘和秸秆焚烧是形成$PM_{2.5}$高度超标的主要成因。由此使广大群众形成减轻环境污染，维护自身健康要从自己做起，人人有责的共识；树立从戒漏俗不放鞭炮做起，要从少开车，少烧煤、不乱烧秸秆做起，倡导绿色生活、保环境质量，进而出现了民众自发动员，落实具体行动的好现象，不仅使环境质量大有好转，民众对政府、对环保部门的埋怨也大有减少。北京等地的实例再一次启示我们基层政府和环保部门，保护环境是为了群众，还要依靠广大人民群众的广泛参与。在实际活动中，环保局注重了维护人民群众的知情权，多向群众宣传、公布环境监测数据，多征求广大群众的建议，多倾听人民群众的心声与渴求，让群众在亲身参与中增加了解、增强理解。同时敢于把群众关注的敏感问题亮出来，引导群众参与共同治理，并在实际中广泛发动群众、依靠群众，及时举报和打击各类污染环境的不良俗气和污染企业。要切实通过宣教推动解决群众高度关注的影响生活质量、影响健康生存的环境信访问题。在实施环境保护的民心工程过程中，加大环境宣传力度，把工程中可能一时影响市民生活的问题宣讲清楚，防止顾此失彼，好心办出让群众不满意的事情来。并从环保法规、环保知识、辐射环境标准等多方面，通过印发新闻材料、电视讲座、报纸介绍、集中宣讲、制作光盘、网上传播等形成，广泛向民众宣传，让群众知之而安，知之利行。

第三，创新管理方法，实施“打”“宣”结合、“疏”“宣”并举、“管”“宣”互动举措，切实把环境敏感问题宣传到位、解决到位。围绕环境敏感问题抓好宣教，是提升政府和环保部门社会管理能力的重要内容。把环境宣教工作融入环境保护工作的方方面面、每一项工作之中，并走在前头，是新时期做好环境保护工作的必然要求。特别是对群众反映强烈的“二十小”企业东治西污，久打不绝问题，夜间施工扰民问题，基层政府要牵头组织相关部门，联合行动，取缔非法加工、生产点，依法依规科学安排施工时间和进度。要采用专项行动的办法，实施打击、控制与正面宣传教育一同落实的办法，形成声势，求得正面实效。对诸如在居民区内、在校园内、在人群集中区内建设的通信塔、变电站辐射问题，只要群众有意见，就应及时监测，向群众宣传、告知实情，疏导群众因不知情而产生的恐惧、恐慌心理，引导群众相信科学。对确有辐射超标的塔站，有关部门一定要本着对群众健康负责的态度，及时搬迁和赔偿。对因各类环境问题引发的群众上访和举报，基层政府和环保部门应本着抓早、抓实、抓苗头的原则，实行领导接访、领导包案、领导下访等举措，及时调查了解情况、及时宣传、反馈查处情况。对一些难以结案的，也要通过口头告知、送达文书、网上回复、公开宣传等形式，借助各种宣传渠道，全程发布举报案件的进展情况，防止矛盾激化，影响社会稳定。对政府各部门之间的工作责任，既要分工，更要明确细化，要实行精良管理，联合接访，信息互动和明确接访问责追究等制度，防止部门之间推诿扯皮的问题发生。总之，通过宣传教育引导，让公众知真情、多参与、解误解；要通过教育诱导使政府部门更加重视提升社会管理能力；通过宣教批评劝导，使各种环境违法行为受到震慑，依法维护人民群众的环境权益。

88. 为“窦娥”洗冤的启示

《廊坊环保文化丛书》A 套

企业就该在“黑媒”的谣言恐吓下当“窦娥”、做冤死鬼吗？

2012 年 8 月 3 日，《中国环境报》第 6 版，用尽三分之二的版面，刊登了一篇为企业声张正义的报道：《雪花啤酒当了回窦娥？》。

这是一篇地方环保部门和媒体，联合公开出面，为蒙冤企业作证、维权的报道。这是笔者在官方报纸上见到的和环保部门共同为企业“正名”的、史无前例的。

报道说的是华润雪花啤酒（河北）有限公司执行总经理孙永成，在企业遭受“黑媒”网络报道该公司有多项违法排污行为，感到特别“冤枉”后，及时向当地环保部门和《中国环境报》反映情况，要求相关部门为其澄清事实真相，维护企业正当权益的事。接到企业呼应的情况后，《中国环境报》和企业所在地廊坊市环保局和下辖的三河市环保局立即启动调查程序，终究用铁的事实证明报道失实，维护了企业合法形象。

进入 21 世纪，国家对环境保护工作从未有过地开始了高度重视。减总量、控污染，打击违法排污，政策手段、技术手段，调整手段一起上，促使很多企业大投入节能减排，杜绝违法排污。这期间，不仅环保部门严格执法、在线监控、严抓严防，社会公众和媒体也广泛参与了对企业的监督和举报。也正是在这种对违法排污人人喊打的声浪之中，一些不法人员、不法“黑媒”，乘机而入，加入了对政府、对环保部门、对企业的实时监督行为。与公众和正规媒体比较，所不同的是，“黑媒”不是以监督和推进整改为目标，当他们发现有企业违法排污和环保工作漏洞后，多是取证威胁，要钱要物，达不到目的，便寻“凶”曝光，让一些单位和企业“投降”。最终只为一个字：钱。而有些守法企业，为了“多一事不如少一事”，吃了不少哑巴亏。

企业有履行国家和地方环保法规，维护社会公平正义的责任与义务，应该自觉接受环保执法部门的监督管理和社会公众及媒体的监督。无论是因何种原由，只要企业有违法排污的事实存在，都应无条件接受执法部门的督导、教育和处罚，都应接受公众和媒体的批评意见，及时整改存在的问题。环保部门应该认真履行国家公权，对企业监督整改，为公众维护环境权益。

相反，如雪花啤酒（河北）有限公司遇到的情况，在“黑媒”无端指责，敲诈勒索，散布流言，误伤企业的情况下，环保部门也应及时依法举证，维护企业的合法权益，用事实为企业提供证明，向正规媒体提供真实情况，为企业正名、维权、撑腰，维护社会公平正义、只有这样，才能净化环保执法环境，赢得企业对环保执法工作的支持，在公众面前展示环保部门的良好形象。否则，事不关己，高高挂起，让企业单枪匹马与“黑媒”打官司，最后吃亏的肯定是企业。因为企业在缺少证人、证物的情况下，肯定会任由“黑媒”摆布，有理讲不清，欲加之罪，只能忍之。现实中，基层个别环保部门在企业遭到“黑媒”索赔的威胁时或有群众上诉反映遭遇企业违法排污之害时，往往不愿站出来作证或拿出监察、监测证据，为受冤屈的一方举证。甚至，有些部门、企业在自身已经尽责的情况下，遭到了“黑媒”诸如“政府熟视无睹”、“12369 形同虚设”的攻击后，也是忍者为上，无形中纵容了邪恶。原因有多方面，但无外乎是怕担责任、怕引火烧身，怕惹麻烦、怕人说“包庇”企业、怕得罪人，不知谁与那位惹不起的人、那个惹不起的后台有牵连。如此者，是不负责任的，说深了也是失职的。试看，在这起地方环保部门和环保部主管的《中国环境报》共同为一个企业共同维权的报道中，“黑媒”到底有多黑，上诉者没有讲，环保部门没有讲，官方媒体也没有讲。但是，事实胜于雄辩，雄辩维护了事实。网上三番数次发布的雪花（河北）啤酒厂违法排污致使燕郊母亲河成臭水河的无证攻击，在地方环保部门用该企业“不可能有”的“反击”下断然否定；企业生产产生的污水去哪了，是偷排了还是另有去处？企业和环保部门都证实，该企业的污水处理站，运行十分正常。“黑媒”之下，企业是真冤还是假冤，不是已经昭然若揭吗？

为“窦娥”洗冤，需要勇气，需要破除私心杂念，也需要一定成分的良知。《中国环境报》和廊坊市环保局的“大义”，显示了环保人和正规媒体的天职良知，立足在这样的环境中，哪家企业还有颜面故意去做违犯环保法规的事呢？哪家“黑媒”还敢到这样的环境中去敲诈欺辱守法企业呢？

最近，河北省委提出着力改善发展、生态“两个环境”，廊坊市环保局拍案而起，和《中国环境报》一道，像严格对违法排污企业一样，公开站出来，在“黑媒”面前为企业维权的做法，无疑让企业感受到了守法经营的硬气，看到了执法者的刚正风采。也给予我们这样的启示：

启示一，地方环保部门和正规媒体，是企业的保护神。该出手时必须出手，必须坚持和维护社会公平。

启示二，企业必须守法经营，要不惜血本地保护环境，加大投入，绝不能违法排污，否则，监督之下，必须严惩。

启示三，社会中的阴暗时时有、处处有，只要人心公正、社会公正、法律公正，“阴暗”必定在阳光下暴露、退怯。

启示四，社会需要公平，公平的社会才会有和谐与稳定。但创造和谐与维护公正，需要全社会各方面的共同努力与尽责。

启示五，动员公众广泛参与环境保护、环境监督，但也要辨明良诱，打“污”除“恶”，也要伸张法制，严防“小鬼”浑水摸鱼。

附：

雪花啤酒当了回窦娥?

《中国环境报》2012 年 8 月 3 日第 6 版　班健

近日，华润雪花啤酒（河北）有限公司（以下简称雪花河北工厂）执行总经理孙永成向本报反映，网上有关于雪花河北工厂污染的报道，严重失实，企业感到特别冤。他说，“你哪怕说我环保工作哪儿做得不好，我都好改，我也没任何意见，但你不能无中生有啊，我没有污染鲍邱河，我觉得特别冤，特别窝囊。”他呼吁，希望媒体能公正、客观地报道。

原来，近日网上有文章，意指雪花河北工厂违法排污，致使燕郊母亲河成臭水河。作为当事方的雪花河北工厂对这篇报道中的相关指责断然否定。那么，事实真相到底是什么？被称为燕郊母亲河的鲍邱河污染严重是不是雪花河北工厂所为？企业生产产生的废水去哪儿了，是偷排入鲍邱河还是另有去处？如果真有偷排，为何几级环保部门几年都查不出来？网络报道中所指的暗管又是什么管？最关键的是，企业到底与鲍邱河或是与仅一墙之隔的鲍邱河支流尹家沟有没有关系？雪花河北工厂是真冤还是假冤？记者为此进行了深入采访，调查真实情况。

1. 会有废水偷排吗？

问题焦点在于企业污水到底是怎么处理的？廊坊市环保局及下辖三河市环保局

和企业的说法一致，三方均表示，工厂从建厂之初就已经雨污分流，即污水和雨水是两个管线，污水由工厂污水处理站预处理后，进入城市污水管网。

企业地处廊坊市下辖三河市燕郊工业开发区，企业产生的污水预处理后排入城市污水管网，国家《啤酒工业污染物排放标准》“预处理”标准规定为COD浓度500毫克/升（如果直接排放，则必须执行80毫克/升的标准），三河市出于节能减排的总体要求，规定雪花河北啤酒厂的预处理排放标准为150毫克/升，这比国家标准严了3倍多。企业每天所产生的3 000吨污水经过污水处理站预处理后，排入燕郊开发区污水处理厂，因此，企业不存在外排放污水的可能性。

廊坊市环保局稽查大队大队长杨继文告诉记者，企业是否偷排，是否另有排污口，通过水平衡测算，很容易发现猫腻。比如企业一天用水多少，生产一吨啤酒耗水多少，企业一天排水多少，一定有个平衡量，如果用水量大，排水量少，自然要查这个差额是怎么回事，水会去哪里。

雪花河北工厂属于河北省环保重点监管千家企业范畴，因此，廊坊市环保局对企业实行在线监测管理。廊坊市环保局监测中心，实时显示排放废水浓度和流量，据此，一推算，就能算出是否偷排。比如雪花厂一天应该排放3 000吨污水，如果一天算下来只排放1 000吨，那肯定有偷排，但从监测数值看，雪花的用水量排水量正好相符，客观上没有可外排的水。

在廊坊市环保局监测中心，雪花河北工厂的在线数据显示其污水处理状况稳定，在70～100毫克/升的状况比较多，低于三河市环保局按节能减排总量分配的150毫克/升的要求，属于稳定达标。

杨继文介绍说，除了掌握企业在线监测的状况外，廊坊市环保局监察支队还对企业进行一月一次的现场检查，主要检查污染防治设施是否正常运行，污水处理的曝气情况、加药情况等，检查的目的是促使企业加强管理。

他特别强调，“环保部门对企业有很充分的掌握。”

两级环保部门在接受记者采访时均表示，有这样的失实报道出现，其实就是由于企业所处的位置敏感，与企业一墙之隔的就是死水微澜、时时发出臭味的尹家沟，这是鲍邱河的一条支流。孙永成也承认，“自己企业所处的位置确实太敏感。”

2. 雨水也不排到沟里去

那么网上所指的排污暗管，又怎么解释呢？两级环保部门证实，网上所谓排污暗管，其实是企业雨水排放口。三河市环保局副局长张国峰介绍说，“建厂之初，经政府批准，允许企业设立雨水排放口，可以排到尹家沟。”

但网上报道却把雨水排放口说成是排污暗管，如此指鹿为马，孙永成说，他们根本没有调查，就说这是排污暗管，如此失实报道，企业特别冤。

廊坊市环保局监察支队副队长亢红星几乎每月来企业检查一次，他向记者介绍说，“之前，也有人把泄洪用的雨水管线误认为污水暗渠，我们就建议企业，干脆雨水排水口都别引到沟里，水别进入尹家沟，这样企业就与尹家沟一点关系也没有。”

杨继文也解释说，“下雨雨水排放时，老百姓看到管子里有水出来，有可能怀疑这是排放的废水。企业把一切外排口全部封死，就脱离了偷排偷放的嫌疑。”

那么，会不会发生污水混入雨水管线的情况？

孙永成解释说，企业按啤酒工厂建设设计规范，雨水、污水是两套互相独立的系统，互不干扰，所以污水不会混到雨水中。

他强调，“以前往沟里排的是雨水，为了避免嫌疑，我们听从了环保局的意见，现在干脆将雨水管道封闭，堵死，最后雨水也进城市管网，没有任何外排。尹家沟啥事也与我没关系了。”

3. 企业会不会有偷排的动因

从环保部门掌握的情况看，企业偷排，大多是由于污水难处理，没有成熟工艺；其次是污水处理费用高，企业想节省费用。那么，雪花河北工厂会不会有偷排的动因呢？

雪花啤酒表示，总部设有环保专项资金，下属企业提出环保项目申请，总部都会划拨资金。总部确实把发展绿色经济、低碳环保作为公司生存和可持续发展的重大战略。

华润雪花啤酒天津区域公司总经理助理白云向记者解释说，环保、安全是华润雪花的生命线，华润雪花啤酒总部对安全环保要求很严。集团不允许企业在环保、安全等方面出现任何不作为。如果下属企业真发生偷排事件，企业总经理肯定要辞职。但这次是网上失实报道，事实完全不是这样。

孙永成申辩说，“你说，我怎么可能有动力去改变污水走向，而且还要调动人力物力建暗管来偷排？”

如此分析，企业若真的偷排，怎么可能一方面申请专项资金投入环保项目，另一方面又冒着被问责或是下台的危险？关于偷排的假设缺乏依据和合理性。

那么，啤酒企业在污水处理方面有困难吗？孙永成很肯定地说，没有。白云介绍说，现在啤酒污水处理普遍采用厌氧＋好氧的成熟工艺，这种工艺节能效果好，处理效率高。所以，只要把关键点控制住了，啤酒废水处理即可正常、稳定。

4. 这到底是怎样的一个厂

华润雪花啤酒（河北）有限公司设计生产能力60 000万升啤酒，一期40 000万升，现在产量 20 000 万升，企业 2007 年建设，2008 年投产。旺季时每天生产 100 万升啤酒，每天排水 3 000 吨。

白云介绍说，在华润雪花遍布全国的工厂中，雪花河北工厂规模上属中上等水平，污水处理采用厌氧＋好氧的处理方式，这在当时是最先进的工艺了，工艺成熟高效。

此外，除承担生产功能外，企业还是集团的基地，管理上有标杆作用，目前华润雪花 1 吨啤酒耗水 4 吨（其中 1 吨水会变成酒，另有 3 吨水作为污水排放），优于行业平均耗水水平。

2012 年 7 月 19 日，在雪花河北工厂污水处理站排放口，记者看到在线监测设备显示瞬时 COD 数值为 30 毫克 / 升，处理后的水也显得很清澈，记者开玩笑地说，这样的水进到尹家沟，应该是好事啊，还能让死水流动起来。

白云坦率地说，这是正常运营的结果，确实不是刻意做出来的。

他解释说，其实 COD 处理到 80 毫克 / 升对企业来说是最经济的，既能达到环保要求又能作中水用。因为污水处理站是按 40 000 升生产能力、处理后 COD 能达到 80 毫克 / 升设计的。但现在没有满负荷生产，污水停留时间越长，生化反应就越好，所以出水能达到 30 毫克 / 升；以后产量上去了，想做到 30 毫克 / 升还很困难。因此，这是正常运营的结果，不是刻意做出来的。

白云告诉记者，污水从入水到出水要 20 小时，污水浓度多少，厌氧多少，需要通过数据运营检查污水处理系统，调整操作，保证污水处理站稳定运行。

孙永成说，以前这些工作放在质控部，但质控部在办公楼区，远离污水处理站，去年年底搬到污水处理站这边，安排专人对污水设备进行检验，及时发现一些问题。

那么，污水处理过程中可能会有哪些问题呢？白云解释说，比如厌氧塔正常状态下，COD 削减率应该在 70% 左右，一般污水进来 COD 是 2 000 毫克 / 升，出来后 COD 应该在 600 毫克 / 升左右，再经过接触氧化池 90% 的去除率处理，最终出水就可达到 COD 在 54 毫克 / 升左右。其后经过好氧处理即可达标排放。如果有异常，就得分析原因。检测是针对过程的，过程控制不好，结果肯定不好。

廊坊市环保局监测中心掌握着在线监测的数据，环保局认可的雪花的排放数据是 70 毫克 / 升，企业污水处理的系统运行良好。

杨继文告诉记者，到这家企业检查，企业也积极配合，从环境管理者的角度，我们认为企业对环保很重视，有专门机构有专门人员，管理非常规范，有各种记录、各种台账。环保部门对企业有很充分的掌握。

杨继文诚恳地表示，“我们说的是真心话。”

5. 愿意向公众开放吗

那么，两级环保部门收到过关于企业的举报吗？杨继文介绍说："廊坊市环保局原来也接到过一两次群众举报，说雪花河北工厂偷排偷放，我本人也去过一次，到现场看，没有外排管网。"

杨继文解释说，有的老百姓不知道企业是什么情况，经常举报的和查实的内容不符。有的举报人是一种推测，尹家沟两侧有20多个工厂，有人一下把20多个厂全举报了。

现在，被误认为暗渠的管网还在厂区围墙内，孙永成说，"这是证据，要保留，让大家来看到底是暗渠还是雨水管线。"

虽然有确凿的证据证明自己没有排污到尹家沟，但在一种情绪和集体无理性的支持下，网络上的失实报道仍像病毒一样传播。企业自身能否积极行动起来，加强和居民与NGO（非政府组织）的沟通？

杨继文认为，越捂着盖着，越不行。作为企业，应该积极应对，把企业在环境保护方面的工作展示出去。组织老百姓代表到企业来看，企业的污水处理设施是否在用，到底有没有排放口。

白云解释说，这次我们也在反思，换位思考想我是老百姓，我会想些什么？总之，透明就没有谣言了。

华润雪花总部表示，企业愿意本着公正、透明的原则，积极和公众与NGO沟通。

89. 面对环境信访难题的思考

《廊坊环保文化丛书》A套

笔者调查，市环保局信访办，几年前环保信访积案每年都有十几件。但同时，同在一个局内，同是一个被群众举报违法排污的企业，信访问题解决不了，却还能顺利审批上马新项目。近年来，通过实施环境信访积案一票否决，政府牵头，健全综合法规，用法规制度为环境信访撑腰，走活了治污、解决积案“两盘棋”。不仅使一些过去积压很久的环境信访重点、难点问题迎刃而解，也让环境信访部门和环境信访工作者从单打独斗的困惑中走出了求助难援、求效难能的低谷。环境信访案件的解决走上了“有案必结”、“年无积案”的良性之路。

做好、做实新时期环境信访工作，有效解决环境信访重点、难点问题，是法律意义上积极维护公众环境权利的需求，是社会意义上解决民企纠纷、维护社会稳定的需求，是哲学意义上维护社会公平正义的需求。结合环保工作实际，开展环保“为民服务创先争优”活动，必须以解决环境信访突出问题为突破口，把解决环境信访突出问题纳入环境保护工作、区域生态建设“大盘”，把办理信访案件与环保多项业务工作相结合，与相关部门协作相结合，与政府主导相结合，从而用实、用足政策机制、法规机制、管理机制，推促信访重点、难点问题真正得到解决，从而确保提升公众对环境的满意度，努力打造优质服务窗口，树立环保部门良好形象。

环保信访工作者都有这样的认知，环境保护工作业务宽泛，涉猎面广泛、业务工作很多。如果机关内部都各行其是，把环境信访工作“排”拆在环保工作一“角”，或拿出来单枪匹马地做，不仅缺乏政策法规保障，同时，也缺欠力度。不仅不利于环境信访重点、难点问题的解决，也不利于环境保护工作的有序开展，更不能发挥环保现有政策法律对违法违规者的制约与惩罚，还可能影响环保部门的整体合力与形象。现今的信访环保法规，多是对政府部门、信访部门不作为、欠作为强调问责的多，而对违法企业该如何“综合执法”欠有条文。现实中，我们一些单位之所以信访积案甚多，解决起来甚难，多源于法规无据、信访无助、维权无耐。

进入“十一五”，市环保局要坚持把解决环境信访问题与环保业务工作结合到一块做，从环境信访工作与其他业务工作的“结合部”和环保部门与其他相关部门的“结合部”突破，会收到事半功倍之效。如在项目环评审批、上市公司环保核查、绿色信贷、排污许可证审批核发、辐射用源许可证审批等过程中，把有无群众反映的环境信访问题进行核实，对有违法排污、噪声扰民和项目环评文件中承诺事项未兑现等问题或未整改到位的企业，实施政策把关，行政限批，不予受理，即收到了督促整改、逼“污”从“良”的作用和效果，从而推促信访积案化解和重点、难点问题综合解决，全面提升了环保执法工作的整体效能，推进环境信访工作的良性开展。

解决环境信访重点、难点问题，市环保局在实际工作中有很多好的做法和有益探索。如针对近年来信访投诉案件多、案件情况复杂等现实，不断改进“12369”环保举报热线工作方式和方法，把解决环境信访问题，与环保业务工作、环保专项行动、处罚环境违法行为、调解化解环境纠纷和维护社会稳定工作结合到一起做。如一方面采用多科室把关、信访“会诊”、局务会把关、一票否决的方法，发挥信访部门关口“作用”；另一方面，有些工作的结合，不仅仅局限于环保系统内部“本体”的结合，甚至扩延到了与公安政法部门、土地部门、规划建设部门、综合执法部门、新闻媒体机构和社会公众、环保志愿者层面。环保部门在与相关部门共同进行行政审批、信贷、上市、土地征用、出具环保守法证明、政府实施优惠奖励政策、专项资金支持和公众民主评议等方面实施环保一票否决权，从而达到“要我审批事项，先过信访大关”的、一举多得之效，为有效推促环境信访问题的解决提供了更广泛的空间、增强了更巨大的活力和助力、产生了更多效应、效果和社会支持效能。

不过，对违法违规不诚信企业施压，也应注意依法行政、依规办事、按章操作。当前，在环保法规还不够健全完善、企业守法意识还不够自觉自愿的形势下，环保部门应积极建议地方政府结合当地实际情况出台一些有利于环境信访工作开展的地方法规，以便环保部门在行政执法行政过程中有法可依、有规可遵、有据可行。切实避免好心办了违法的事儿，到头来把官司引到自身上来，落个“乱作为”的后果。同时，还应不断针对新情况，出台新办法，扩延结合面，给环境信访问题的解决不断注入新的活力与动力。此外，还应注重不断加大环境保护政策法规、环境信访制度措施的宣传教育力度，让公众知道如何依法信访、依法维权；让违法企业知错后心服口服地限期改正，不至于走上被处罚、被限批的道路，减少企业损失，在维护企业的正当利益中，最大限度地减少信访量。借此最终达到既能维护公众合法环境权益，又能维护企业正当利益的目的，为生态和谐、社会和谐作出贡献。

总之，环境信访工作是一门在探索中国环境保护新道路上诞生的新的科学。学习贯彻环保“两会”精神，创先争优迎接党的十八大胜利召开，需要基层环保部门从方方面面有新举措、新作为。仅就有效解决环境信访重点、难点问题，切实维护公众合法环境权益而言，从环保系统内部业务工作之间和环保部门与相关部门工作相联关之间的“结合部”上寻求突破，不妨正是一项创新有为的工作思路。因为，只有不断创新，才会有迎难而“胜”的出“路”。

90. 安变电站风波

《廊坊环保文化丛书》A 套

“文安县滩里镇赵家营66名群众把省环保厅厅长以单位法人之名告到了法院，说是环保厅对供电部门的项目把关不严。近日就要开庭。”

新闻，爆炸性新闻！

2010年6月10日，正日夜带着全局、全市环保同仁加班加点忙“创模”的廊坊市环保局局长张卫东听到这条消息后头发热、心发急。

能不急吗？告省厅厅长。没听说过。为的啥事？

6月18日、6月21日，市环保局两份分别发往文安县人民政府、廊坊市供电公司、文安县环保局的红头文件，简要说明了情况。附文如下：

附文：

廊坊供电公司、文安县环保局：

据省环保厅通报，文安县滩里镇赵家营村66名群众到环保部集体上访，反映2008年6月经环保部门审批，在文安县滩里镇赵家营村一带由供电部门建设了一座220kV变电站，未经群众听证，群众不满意，并在北京市律师事务所聘请了律师。请你们尽快调查相关情况并保持群众稳定。廊坊供电公司调查全面情况及时向我局反馈；文安县环保局重点调查群众上访的原因和目的，并随时掌握动态，及时报告我局。

廊坊市环保局

2010年6月18日

文安县人民政府：

6月18日，我局接到省环保厅通报，你县滩里镇赵家营村66名群众到环保部集体上访，反映滩里220kV变电站未经群众听证，群众不满意，并在北京市律师事务所聘请了律师。环保部、省环保厅对此事非常重视，本周四省环保厅领导将来我市调查此事。请你们尽快调查有关情况，妥善处理，并于本周三（6月23日）15:00前，将有关情况用文字材料反馈我局，以便我局及时向上级报告情况。

廊坊市环保局

2010年6月21日

后来的情况可想而知了。

省厅来了调查组、工作组；市局派出调查组、工作协调组；文安县的县长、主管环保工作的副县长都走到了调解一线。

2010年6月22日，廊坊市环保局向省厅的一份报告，简述了工作过程和告状平息情况。

附件：

廊坊市环境保护局关于文安县群众集体上访滩里220kV变电站问题的情况报告

省环保厅：

6月18日，我局接到省厅关于文安县66名群众集体到环保部上访反映滩里220kV变电站问题的电话通报后，张卫东局长高度重视，立即组织相关科室了解该项目的环保审批等相关情况，并提出“尽快调查情况，如实向省汇报，做好有关工作，保持社会稳定”要求。之后，主管辐射工作的李春元副局长，组织召开了专题会议，安排部署调查处理工作，向廊坊供电公司通报了有关情况，并立即展开调查。同时，市局还及时向廊坊供电公司、文安县环保局印发了《关于调查群众集体上访滩里220kV变电站问题的紧急通知》。现将目前调查了解的情况报告如下：

一、电站基本情况和环保审批情况

滩里220kV变电站位于文安县滩里镇赵家营村东南约1公里处，廊坊供电公司建设。电站南北长190米，东西长141.5米，工程征地面积29 135平方米，配备2台240MVA主变压器及电器设备，电压等级为220/110/10kV，220kV出线2回，110kV出线4回。

该变电站工程项目在省发改委进行了审批备案(冀发改能源[2006]1717号),编制了《河北省电磁辐射建设项目(设备)环境影响报告表》,2008年6月3日省环保局批准了该项目环境影响报告表。

廊坊供电公司滩里220kV变电站工程项目,计划开工时间为2009年10月,实际开工时间为2009年11月29日,计划竣工时间为今年10月,目前该项目正在建设。

二、建设过程中的相关情况

接到省厅通知后,市环保局立即责成文安县环保局和廊坊供电公司进行调查,廊坊供电公司已将调查情况说明报我局。根据廊坊供电公司的情况说明,2009年10月国庆节过后,该工程施工单位开始进场架设临时电源工程,施工过程中,文安县滩里镇赵家营村部分村民对该项目占地有意见,反对工程建设,其后在2009年11月初各施工队进场时,又到现场提出反对意见,不同意工程建设。在工程建设期间,就群众反映的意见和工程建设中遇到的问题,文安县委、县政府组织相关部门和滩里镇党委、政府进行了协调处理,经协调,2009年11月29日,各施工队伍正式进场施工。现我局已派人员到现场就有关情况进行核实。

廊坊供电公司的情况说明中称:该公司已将变电站征地款1 223 600元拨付文安县。

该村群众就环保方面提出的意见是该项目在审批时没有进行听证。根据《建设项目环境保护分类管理名录》,该项目环评类别为环境影响报告表。《环境影响评价法》第二十一条规定:除国家规定需要保密的情形外,对环境可能造成重大影响、应当编制环境影响报告书的建设项目,建设单位应当在报批建设项目环境影响报告书前,举行论证会、听证会,或者采取其他形式,征求有关单位、专家和公众的意见。对编制环境影响报告表的项目,未提出听证要求。

据廊坊供电公司报告称:环保部已于6月7日就群众上访问题致函廊坊供电公司,要求廊坊供电公司作为滩里220kV输变电工程环境影响报告表的审批意见行政复议第三人参加行政复议,自收到《第三人参加行政复议通知书》之日起10日内,向环保部提交有关复议请求的书面意见、证据及有关材料。廊坊供电公司已向环保部传递材料。

三、当前及下一步的工作

为进一步了解和掌握情况,6月21日上午,我局根据省厅领导的指示要求,致函文安县人民政府,要求高度重视此事,及时处置各种情况。我局将密切关注事件发展,并及时向省厅报告工作情况,按照省厅的指示要求积极做好相关工作。

其实，当时报告虽然报上去了，但问题并没有完全解决到位。矛盾热点是：告省厅厅长，理由不充分；告供电公司，供电没多大的毛病；群众盯着还要告，目的是要钱，要更多的钱。

石家庄桥西区院开庭在即。张卫东局长亲自出面和文安县委主要领导，在开庭前夜把事摆平了，群众撤诉不告了。

文安变电站风波启示我们各级政府和环保部门有如下几点：

1. 在公众日益增长的维护自身环境权益的意识渴求面前，一定要帮助、教育、引导企业树立守法意识，自觉承担社会环境责任，依法依规办事，尊重群众的环境权益。

2. 既要保护群众的合法权益，也要保护守法企业的合法权益。要引导公众依法维权，不能做过激的事，也不能为一己私利而影响国家公益工程建设，无理侵害企业权益。

3. 环保部门在企业环评审批、建设监察和工程验收全过程，要严格依法办事，讲程序、讲法律、留文书，避免各类失误导致的责任追究。

在文安变电站风波中，各级环保部门虽然经受了执法无暇的考验，但新的考验，还会更多更多。

91. 用激昂的文化增强和谐力

——写给发“和谐段子”有奖征文活动

《廊坊环境保护》2010年第9期

文化是人类特有的，人类最早的文化活动，就是狩猎后的庆幸舞蹈，可见文化与人的精神需求密切相关，是人类生活的反映、活动的记录、历史的沉淀，是人们对生活的需求、理想和愿望，是人的高度精神生活。历史上先贤提出要“修身、齐家、治国、平天下”，共产党人提出要“满足人民日益增长的物质文化需求”，也都说明文化与老百姓紧密相关，是一个民生的概念。

文化是人类的基本需求之一。从整个国家讲，文化是民生，具有社会属性，必须上升到民生的高度抓好文化建设，这也是全心全意为人民服务执政理念的生动体现；文化是资源，具有物质属性，正如胡锦涛总书记所指出的，文化是经济社会发展的重要支撑，是综合国力的主要因素，是民族凝聚力、创造力的重要源泉；文化是产业，具有经济属性，开发利用文化资源，不仅能带来精神享受，还能源源不断带来物质财富；文化是灵魂，具有精神属性，如果将我们所从事的事业比作一个单位的血肉和躯架，那么文化则是单位的灵魂和精神支柱，是单位发展的动力。而定位单位的文化品牌，是单位创先争优的制高点，是单位价值最大化的体现，它是一个单位文化的挖掘、提炼和升华，也是一个单位历史成功的总结概括、现在的描述展现和未来的规划设想。

承载着人类环境保护事业一份责任的廊坊市环保局，虽然还很年轻，但从她诞生至今，几代环保人披荆斩棘，不辱使命，拼搏进取，取得了众多荣誉。特别是近年来，全局上下，同心携手，攻坚克难，佳绩甚丰，为全市保环境、保发展、保稳定，功建当今。追忆和总结这些持续并令人赞绝的成果，大家自然会把这样的心里话讲出来：我们靠的是党组班子的团结、靠的是全体干部职工和谐努力的拼搏、靠的是无私的主人翁精神、靠的是无悔的奉献进取、靠的是强烈的事业心责任感……

业有干成，理有所归。水有源头，树有根深。今年6月，张卫东局长提出“增强五家意识，再创环保辉煌”的理念后大家顿悟，魂激业牵廊坊环保人不懈奋斗的精神支柱是什么？是“家”的理念、“家”的精神、“家”的希冀、“家”的灵魂。不是吗？“因为有缘，我们共聚在环保局这个大家庭里干事业”、“我们是一家人、一条心、一盘棋、一股劲、一个目标……”增强“五家意识”的倡导一经提出，立时众应齐呼，大家书情意、谈体会、提建议、施谋略。提笔撰文、上台演讲、相互激励、主动践行，数月之间，环保局时时处处激荡起“扬正气、促和谐、干事业、创佳绩”的催人奋进的强烈的文化氛围。文化催生和谐、文化催生团结、文化催生动力。大家在激昂和谐的文化氛围中，心靠的更近了，凝聚的更紧密了，团结的更真诚了，健康向上的文化魅力，再一次得到验证。

用积极的文化引导人，用健康向上的文化教育人，用共同认知的文化团结人，是环保局的光荣传统。在激昂的文化氛围中汲取前进的智慧和动力，实现廊坊环保的新进步，创建廊坊环保的新辉煌、新业绩，是局党组与全体员工的共同认知与决心。与困难面对面，与百姓心连心，是我们过去、现在和将来廊坊环保人在实践忠于职守、造福人民、科学严谨、求实创新、不畏艰难、无私奉献、团结协作、众志成城的中国环保精神中会长期而面对的艰难与使命、情感与责任。

因此，更深层次地、更广泛地、更具目的地探索和创造积极向上的廊坊环保“家”的文化品牌，让大家在激昂的“家”文化氛围中强根固本、增力创效；让大家在激昂的文化氛围中强身健体、增知长识；让大家在激昂的文化氛围中强心树志，为民服务，不仅仅要靠学习科学理论、学习科技知识和本职业务，还要有丰富的业余文化生活，还应有让大家把“我希望、我盼望、我渴望”为这个家分担的心里话讲出来的机会。鉴于此，我们不仅要把深入践行五家意识，再创环保辉煌的讨论深入下去，还要借助当今最“时髦”、最具魅力，也是最便捷可行的发短信、发电子邮件的交流方法，引入我们的讨论之中。由此诞生的以“深化五家意识、再创环保辉煌”为主题的发“和谐段子”有奖征文活动，已经面世于我们这个“家”中。

文化交融，是和谐的体现，我们环保局机关不仅有良好的办公条件，还有各类球场、球室。开展经常性的、健康向上的文化活动，可以把人、把事业、把氛围激活、激出生气，是以人为本的体现。文化的主题是人，文化的动力是人，目的也是为人、为事业。大家通过制作互发和谐段子，不仅可以修心养性、激情增力，还可抵制不良信息的影响，弘扬以局为家、和谐兴家、勤奋持家、廉洁护家、从严治家的主流文化。“五家”是一个有机的、有内在联系的、有政治、管理、文化内涵的整体，是理想与信念、思想与行动的统一文化理念。弘扬环保“家”文化，就是弘扬以事业为重、以人民利益为重的奉献、奋斗精神。业余时间，大家以深化“五家”意识，再创环保辉煌为主题，编写、创作诸如诗词、对联、民谣、寓言、口号、网络语言等一类的和谐段子，互相发一发，既可以赞颂一下好人好事、环保业绩，也可以弘扬环保精神、“五家意识”，同时，还可以展示个人的才华、学识、知识、能力，更是个人理想、追求、情感、喜悦的思想文化大交流。它是大众文化的一道风景，是从群众中来，到群众中去，释放情感、娱乐大众的良好形式。它既有利于抒发众声，营造和谐氛围，也有益于工作和事业。让积极健康的主流文化，让健康向上的手机文化成为全局同仁塑造“家”文化的有益助手。让我们大家行动起来，开动脑筋，创新思维创作属于你个人专利的和谐段子吧，你传播的是知识和文明，你收获的是感染人、鼓舞人、激励人的文化情缘，你弘扬的是树正气、创和谐、干事业、创佳绩的廊坊环保文化。

92. 不能亏了老环保

《中国环境报》2012 年 4 月 4 日第 8 版

负重致远，默默耕耘。成百上千的基层环保组织、成千上万的基层环保人，用坚硬的脊梁支撑着共和国绿色的环保事业。

采访张卫东，脑海里来回闪动着的，是一个深受人民群众信任、拥护、欢迎，深受部属敬佩、赞叹、尊重，用忠诚对待组织、用宽厚对待同志、用正直对待企业、用奉献成就事业的基层环保带队人的身影。

“廊坊是国家的一片小地方，但整个国家是由成千上万的小地方组成的，一片一片的小地方都尽到了环保责任，整个国家就好了。”张卫东朴实的话语、朴实的认知、朴实的责任感，令人折服。

7 年来，创先争优的劲头他始终没有减、决心没有动摇。在成百上千的基层环保局长中，他是我们环保人的一个典型。

也许提升、荣誉，并不是衡量一个干部思想、作用、能力的唯一标准，但它象征着的是组织的关心、肯定和重视。环保的基础在基层，而支撑基层环保事业的不是别人，是这千千万万的基层环保人，是他们用力量影响，用辛勤浇灌，用奉献带动，才支撑起中国环保事业大厦的基石。

探索中国环境保护新道路，建设生态文明，为中国的科学发展、可持续发展服好务、担好责，需要“老环保”。只有深入了解基层环保的困难和坚持，耐心倾听基层环保人的要求和呼声，真正重视、关心基层环保事业和环保人士，才能激发基层环保队伍更大的战斗力。

关心基层、重视环保，不应成为一句空话，因为正是他们的无私奉献、默默耕耘，才铸就了中国环保事业的坚实脊梁。

（此文系为2012年4月4日《中国环境报》8版刊发的人物专版“风尘不可染 心迹两无愧”配发的评论）

93. 环境宣教要常态化

《中国环境报》2015年3月27日第2版

近日看到中央电视台体育频道直播重庆马拉松比赛。重庆市区天空虽雾蒙蒙，时夹细雨，但无论是场上选手还是街头群众，情绪都十分高涨，加之沿途良好的生态环境，可谓是活动与环境相得益彰。但细观比赛全程，笔者却发现一些选手的行为欠雅。长跑途中，国内外选手多次接受志愿者递上的杯水和瓶水，但喝过水后，选手们都是随手把水杯、水瓶扔到了脚下或路边的草坪和绿化带中。看整个比赛过程，我始终期盼着能看到能有个国外或国内的选手做出把垃圾入箱的动作，我认为那会比竞赛本身更具魅力，但遗憾的是，这样的镜头没有出现。

现场直播，有亿万国内外观众关注比赛，其实它已不仅仅是简单意义上的体育活动、体育赛事，它的辐射波、影响力可能更广泛。它可能也是一个传播生态文明的良好机遇和窗口。

新实施的《环境保护法》把每年6月5日定为中国的环境日，全国各地每年其实都在利用这个原有的国际环境日和其他节日，组织不同规模，各种各样的环保法规、环保知识宣传活动，以提升广大公众的环境保护意识，引导公众形成尊重生态、节约资源、防霾治污的行动自觉。各地每年组织这样的活动，多数地区都安排有专项经费，但真正能到现场参与活动的群众，却远远没有参与马拉松比赛活动时去的人多。

其实，当6月5日被国家写进法定要求的环保日的时刻，作为政府和部门，就应该很快形成“六五责任”扩大化意识，不应再把宣传环境宣教的任务“靠”给环保一家，更不应把环境宣教的时机仅仅盯守在几个节日、几次专项、专题活动中，而应把环境宣教、环境意识引导，贯穿到政府各个部门和社会各项公共活动、公益活动当中，实现环境宣传教育常态化、细节化。

试想，重庆的马拉松比赛组织者，如果在设计比赛活动时，多一点儿环保宣传引导意识，在比赛沿途，也挂些环保宣传标语，并针对竞技比赛特点，在比赛沿途，专设几个方便选手扔垃圾的箱筐，而且选手们又能自觉地配合，那一定会起到很好的环保宣传效果。话到此处，有人会告诉笔者，在比赛场地，已安排有专人捡拾选手扔掉的垃圾，用不着小题大做。我说：看比赛的人不全都是能辨是非的成年人，还有孩子，他们看了就会学。我们这一代人已经是在“不要随地吐痰”、“不要乱扔垃圾”、“不要损坏花草树木”的呐喊和标语中走过来的，若想让我们的下一代、再下一代不再沿袭我们的过去，那就该从今天做起，从小节上做起，培养孩子们养成不乱扔垃圾、不随地吐痰的良好习惯，从而使他们逐步形养成热爱和保护环境的大意识。将来他们就会自觉地从节约一度电、一张纸、一块煤做起，形成尊重自然、爱护自然的良好习惯。而我们在今天该给孩子做出表率的最好场合，却没有把细节做好。开展环境宣教活动不要紧盯环境日那几天、那一阵儿、那一会儿、那一时，而是要借用经常性的集中活动，借船出海、借鸡生蛋、借题发挥、借势推进，真正把环境宣教工作搞实搞活搞成一项全天候、经常性的公益社会活动，以此才能更好影响和感染公众。

回顾看马拉松比赛的过程，细心的人也都看到了，在比赛沿途的路边上，其实也有一些现成的垃圾箱，只是离跑道远些，不方便选手们扔垃圾。这样的场景，很像前些年一些地方为片面追求发展速度、片面追求 GDP，只顾发展速度，而不惜污染环境的景象。

大家静下心来细想一想，如果没有众人拾柴火焰高的精神和细小行为的循序引导，哪会有大环保意识的形成，没有用脑用心的环保意识，再严的法规，再好的蓝图，再美的梦想，又怎能从一点一滴做起落实并变成现实呢？

环保是全民的事，宣传环保也是全民全社会的事，宣传环保无国界、无市界、更无事界，只有时时、事事、人人都把环境保护挂在心上，环境宣传才会活起来。

94. 治霾，十万火急

——我市治理大气污染改善空气质量思考

《廊坊日报》2013 年 10 月 14 日

时值中秋、国庆，当万民喜气洋洋盼望“两节”长假，走亲访友、购买美食、外出旅游的温馨时刻，一场恶劣的雾霾天气，也悄悄向华北大地袭来。廊坊，笼罩在一场持续数日的“污霾”伤痛之中。

霾是什么？危害几何？

据市环保局专家介绍，霾和雾是“孪生兄弟”。雾是指近地气层中，由大量微小水滴或冰体组成的悬浮体。而霾则是指大气呈混沌状态的一种天气现象。两者既有区别又有联系。一般来讲，雾和霾的区别主要在于水分含量的大与小、污染物的少与多。环境处于比较稳定的状态，污染物不易飘散而被阻滞在低空和近地面，并与城市污染物相混合，就会产生雾和霾的集聚效应。

以 $PM_{2.5}$ 为代表的“污霾”，是因空气中悬浮的矿物颗粒物、硫酸盐、硝酸盐、燃料和汽车废气等与雾集结产生的。这些有毒重金属、酸性氧化物、有机污染物等多种化学物质，以及细菌和病毒等微生物，通过呼吸系统被人体直接吸入后，可致人心肺血管和呼吸道病变致死或埋下疾病的祸根。此外，“污霾”还是凶恶的心脏杀手、致癌大敌。

说雾霾猛于虎，不但不会过分，按杀伤人数来比，虎狼之害显然不及。

雾是自然，霾可防可治。

雾是自然本无害。那么，雾中之“污霾”到底产自哪里？

早在年初那场持续多日的、令人畏惧的雾霾发生之时，就引起了市委、市政府领导高度重视。市环保局专门从北京请来专家，认真调查、分析我市$PM_{2.5}$因果来由，初步得出结论：形成我市“污霾”危害的因素，除去自然环境的先天不足和气候自然特征影响之外，害人的$PM_{2.5}$来源主要是燃煤、饭店油烟、汽车尾气、燃放鞭炮、工地和道路扬尘及工业企业废气等。说穿了，人为因素占上峰。

数月来，市委、市政府站位保民生、保民康，痛下决心，出台《廊坊市区空气污染综合整治实施方案》，狠抓产业结构调整，严厉打击“十五小”、“新六小”反弹，彻查彻堵严打各种违法排污企业、适时出台《廊坊市重污染天气应急预案》，同时，借助世界环境日等多种时机，印发各类宣传材料数十万份，向市民发放，动员公众“同呼吸、共奋斗”，保家乡一片蓝天绿水、保首都环境安全；科学安排，统一行动，城乡同治。市委书记赵世洪、市长冯韶慧一次又一次针对改善我市大气环境质量作出重要批示和具体要求。市长冯韶慧和主管副市长王曦多次主持召开专项工作调度会，以前所未有的实度、力度，推进着我市环保、建设、环卫、公安、交通、宣传、综合执法等相关部门和相关区政府的大气污染防治工作像钉钉子一样脚踏实地，不断往细里做、往深里做。

史无前例：出台应急预案、启动应急响应。

时至2013年7月中旬，上半年全国首批实施空气质量新标准的74个城市整体排名正式公布，廊坊市位列全国十大重污染城市最后一位。作为华北地区唯一的一个设区市级全国环保模范城市，被戴上了重污染城市的黑帽子。这不仅压得全市人民喘不过气来，市环保局“一班人”更是心急如焚。

两个多月中，按市政府的要求，市环保局“一班人”和专家、骨干，研磨出来的《廊坊市重污染天气应急预案》，经市政府常务会议决定出台；针对冬季临近，大气雾天增多，以燃煤污染为主体的较大污染排放期即将来临而不得不攻坚克难的《廊坊市城区大气污染治理百日攻坚行动实施方案》出台；9月29日，廊坊市大气污染治理办公室成立；9月30日，《廊坊市大气污染防治行动计划实施方案》印发全市。按照这个方案的要求，我市建成区的291台供热、工业、茶浴燃煤锅炉，在入冬取暖期到来之前，全部安装脱硫除尘设施，全部实现达标排放，各热力锅炉全部安装在线监测和视频监控系统，并实行24小时全方位监控；城区所有施工工地实现沙土物料全苫盖、路面全硬化、车辆全冲洗、拆除洒水压尘和空地绿化“六个”100%；年底前，全市5.6万辆黄标车全部淘汰；市区48家加油站安装油气回收系统；市区360余家规模以上餐饮企业全部安装使用油烟净化器；投资800万元，建设8个县级空气质量监测站，年底前实现空气质量全市域监测；加强露天烧烤排查，发现一个取缔一个；通过市级媒体公布工作进度，曝光违法行为。据大气办公室介绍，

目前，各项工作进展顺利，攻坚正在前行。截至10月13日，“百日攻坚”行动开展一个月来，环保等相关部门共出动执法车辆1 300余台次，执法人员5 000余人次，现场检查各类企业950余家，淘汰黄标车4 000余台。

不打无准备之仗，这是兵家常识。但即使再有准备，“老天爷”的安排也远比人厉害。就在廊坊市史上首个重污染天气应急预案出台后的第二天，国庆7天长假来了，与此同时，持续的雾霾天气来了，悬浮在空气中的各种污染物，令人窒息，就像粥锅里撒了砒霜，不吃会饿死，吃了会慢慢毒死，令人焦虑。情况危急，10月4日下午，市区空气污染指数曾一度攀升至500，我市首次启动重污染天气应急Ⅲ级（黄色）响应，10月5日，又根据与气象部门会商结果和省预警通知要求，将应急响应提升至Ⅱ级（橙色）。

此时，为了最大限度地破解霾毒之害，从市长到市环保局监测站、环境执法人员；从市“大气办”到市直建设、环卫、公安、综合执法和市级宣传媒体、市辖各区政府及相关部门工作人员没日没夜地在工厂、饭店、工地寻查污染源，在时刻关注污染监测设备的数据变化，在每日多次地向国、省报告工作情况，用短信和媒体向市民传播、发送空气污染警示与动员倡议。

伴随着橙色应急响应的发出，不仅重污染企业限产限排、机动车限行、建筑工地停工、物料运输车禁行、限制中小学生户外活动，而且，市区内的多数建筑工地砂土、石料被全部苫盖；环卫工人增加了道路湿扫和喷水频次；露天烧烤和焚烧垃圾秸秆被严厉制止。在此时，广大市民也表现出了空前的保家为康的公共热情。大家主动做到出行少开车，办喜事不放鞭炮，同时，以主人翁的精神，走上街头纠正污染环境的不文明行为，大胆举报违法排污单位和个人。一场群众性的大气污染治理百日攻坚战，从一开始就形成了声势，打响了一场政府主导、环保协调，各级政府、部门各司其职，公众广泛参与的人民战争。

麻木不该再有，危机就在眼前。

冰冻三尺非一日之寒，化冰千层非一时热流。同样，雾霾似虎，也非一日养就；防治雾霾，也非功成一时。调查发现，国庆雾霾严重之日，全市启动重污染应急机制后，相关区政府和各级相关部门积极行动，落实责任。但也有一些单位“响应”不够到位、工作落实不够主动，甚至有推三阻四现象。问题出在哪里？一是有的单位对预案不熟知，准备工作不足；二是有的单位用过去没做过、缺少经验来搪塞；三是思想麻木、行动迟缓。说穿了是对雾霾的危害认知不到位，思想认识不到位，导致工作标准不高，出现冷漠应付。

10年前的“非典”，瞬间提升了公众对健康的关注；1年前的“7·21”暴雨，顷刻让许多人提高了对生存空间的警惕；近日的台风预警，更令不少地方神经绷紧。相比之下，一些政府、部门及公众对雾霾作为一种公众危机事件来对待的意识很显淡化。应对汹涌而来的雾霾，无奈、抱怨之声在社会各阶层共存，但认识上的麻木和漠然，反应上的迟钝和滞后，防范意识的欠缺，不仅表现在公众参与层面“怪”得多、做得少，在雾霾中组织集体活动、防范意识差、缺乏对健康的敬畏；同时也表现在一些政府和职能部门缺少群众观点和部门责任担当上。

专家表示，在危机防范体系中，长期存在这样一种误区：有伤亡的就是大事，不直接致命的就是小事。按这种逻辑，即使雾霾影响很广、危害很大，因为短期内不会带来致命后果，自然很难被看作严重的公众危机事件。目前，国家已经将重污染天气纳入了地方政府突发事件应急管理，各部门也到了该扭转这种误区的时刻。

此次我市启动重污染天气应急预案，环保、公安、建设、卫生、交通、综合执法等部门，在实际应战中摸索了不少成功经验。环保部门不仅探索了综合协调方法，还借势下达了千余份整改通知书；公安部门及时在全市布控查堵黄标车、要求各大饭店落实禁放鞭炮；建设局还对5家未按规定要求对工地采取降尘除尘的施工单位予以清除我市建筑市场的处罚，对8家企业分别给予扣分和停止参加招标3个月等处分。凡此，都表现出用钉钉子精神，真抓实治，改善我市空气质量的决心。同时，公众是治理大气污染、改善空气质量、开展百日攻坚行动的直接参与者、受益者。要勇于纠正不环保、不文明的行为，敢于揭露和举报破坏生态环境的违法行为。

市环保局主要负责人介绍说，10月14日，市委、市政府将隆重召开全市大气污染防治行动动员大会，市政府将与各县（市、区）政府和9个相关市直部门签订《大气污染防治目标责任书》，进一步强化责任，明确目标，坚决、有序打好、打赢全市大气污染防治攻坚战、持久战，实现廊坊永远退出全国空气重污染城市行列目标，让全市人民真正呼吸上新鲜的空气，再现廊坊生态宜居城市的光环。

95.“急病”为啥要急治

《廊坊日报》 2015年6月19日1版

近两年多以来，随着大气污染防治工作的深入开展和媒体的广泛宣传，从公众层面，已经有更多的人知道了什么是 $PM_{2.5}$，也知道了以 $PM_{2.5}$ 为主体的各类污染物对人类健康的危害，可谓“雾霾猛于虎，治之是防病”。其危害已经唤起广大公众对霾的预防意识，并参与到共同治霾的行动之中。但是，对究竟为什么在雾霾重污染天气要限排限放，很多人从科学道理上，并不十分明白。

科学研究证明，重污染天气的形成，是由于处在静稳天气下，不利于污染物的扩散所致。$PM_{2.5}$ 的现地沉积，导致污染物浓度往往高于平时数倍、数十倍甚至上百倍。因此，对人身体健康的伤害也更大。大家知道，我国三甲以上的医院都有急诊科，急诊是干什么的呢？是专门用来抢救危急病人的，目的是急病能得以急治，降低急病患者的死亡和致残率。同时，大家也知道，生活中有许多的心脏病患者，衣袋里都随时装着速效救心丸，预感情况不妙，病人会立即掏出药，含在口中，开展紧急自救，这样，急病致命的危险性会大大降低。把急病急治的方法用在大气污染防治上，政府和专家便提出，用削峰减频的举措，在静稳气候条件时，采取紧急措施，控制污染物向空气中排放，从而达到最大限度减轻 $PM_{2.5}$ 对人体伤害程度的目的。专家提出的精准治霾有两层含义，第一是治理目标要准确，第二是紧急情况下预防工作要到位。

积极探索研究在静稳气象条件不利于污染物扩散时，阻止污染物累积，最大限度减少重污染天气形成，从而减轻对人体健康的危害，是我市实施精准治霾的重要举措。近期，根据专家团队的建议，我市在精准治霾上，实施了“平时”和“紧急”情况时两个举措。平时，着眼精准治霾，我市每周确定10个大气污染防治工作中的薄弱环节和问题，由市委、市政府主要领导亲自带队，市直相关部门和广阳区、安次区、廊坊开发区领导参加，及时进行现场督导检查，对历史遗留的污染问题和影响我市环境质量的重型卡车在市区运行问题、露天烧烤烟雾排放问题和扬尘问题，现场查看，现场拍板，责令限期整改；对推诿扯皮、敷衍塞责，责任不落实、进度不到位，久拖不治的问题，一律严厉追究责任，全力推动大气污染防治重点攻坚行动。5月底以来，在两次出现不利于污染物扩散的静稳天气时，我市均实施了“削峰减频”的应急减排措施：机动车限行，对老旧车车辆和过境重型卡车禁止进入城区，引导其绕行高速公路或外环；持续整治露天烧烤，责令其依法进店经营，并安装高效油烟净化设施；重污染企业限产限排。监测数据显示，由于措施得当，落实有力，两次“削峰减频”有效地防止了重污染天气的产生。

近日，环保部陈吉宁部长到河北调研时，听了冯韶慧市长的工作汇报后，对我市“党政同责、专家引路”防污治霾的做法给予充分肯定。他说：“大气污染防治不仅需要扎实推进，更需要科学推动。人努力，天帮忙时，我们也不能松懈，要考虑老天爷不帮忙和帮倒忙的时候怎么办？要依靠科技支撑，精准防治，解决矛盾，破解瓶颈，增强治污的科学性、系统性。”事实证明，我市的精准治霾举措，方向是正确的，办法是实在的。

“削峰减频”，应急减排是在老天爷不作美时的一个有益的尝试。由于实施“削峰减频”要限烟、限产、限行，便不可避免地会给人们的生活带来影响，对我们的出行带来不便，或许会影响到我们一饱口福，或许还会使企业的正常生产受到损失、影响到企业的经济效益。但无论是作为普通公民也好，作为企业老板也好，无论它给我们带来多么大的不便和损失，与保护我们的健康相比较，都应该是小事。但现实生活中，我们也看到，在政府实施削峰减频举措之后，有的人不愿意作出暂时的牺牲； 有的人还在观望别人，把控制污染的希望寄于他人，而自己不愿行动；还有的人甚至只会为此发些牢骚，并没有加入限排行动。大家要知道，霾是最公正的空间杀手，面对霾毒的侵害，会呼吸的人谁也跑不掉、躲不过，要想呼吸新鲜的空气，只有一条路，那就是共同行动，共同减排。

党政同责责到则污防，专家引路路正则霾治，减频削峰峰低则霾少，急病急治，治则出奇效。因此，作为公众或老板，无论是从法律层面、道德层面、责任层面还是从保护我们自身健康层面，谁也没有理由只是去要求别人，而自己什么也不做；谁也没有理由只想呼吸干净的空气而不为之奋斗。让我们大家团结一心，与政府同向而行、同心而动、同责而为，积极响应大气污染防治“急病急治”的各项措施，为自己、为他人的健康尽到自己应尽的绵薄之力。

96. 绿色恩师——我心目中的肖泽洲

《通讯员杂志》2006 年第 2 期

人无完人。这话我懂。

但，肖泽洲，这三个字，组合起来所代表的那个人，是完美的。至少，在我心目中，与他相识、相处、相离又相联系的 20 多年中，我对他的认知，没有改变过。他是完美地存在于我的眼中、心中、血液中的。

要说变，只能说，与他的情感，随着年龄的增长与思念，变得更加浓重了。

肖泽洲的确是一个很完美的人。就像他夫人李和平一样完美。

肖泽洲是唐山人，是一名老通讯员。

我认识他，他认识我，是在同一年的同一天，同一会儿。

那一刻，出现在 1982 年 1 月 18 日的上午。

他看我的第一眼，好像是他有个弟弟，早年丢失了，突然回来了，一眼认出了，却又怕认错了的那个劲儿。

我见他的第一眼，好像自己刚要学游泳，却一下子掉进了深海浪涛中。而恰恰这时，我的亲大哥出现了。他一把拉住我的手。我不但没有惊恐，反而有了一种早些掉进水里更好的感觉。

手一握，相识了。

他是师里的宣传干事，爱写稿，是业余通讯员。给新兵办报道员培训班，他成了老师。

我肯定是团里选的新兵报道员之一了。

七天后，肖泽洲看上了我。

他讲话很管用。团宣传股的候股长是山东人，他很实在、坦白地对我说：小李子，师里肖干事和主任说了，让你到团里当报道员。

报道员是干什么的？

就是到团政治处工作，专门给媒体写新闻宣传稿。

我当时刚从北京军区军械修理工训练大队毕业，分配到炮5师216团修理所工作，还不足一个月。

数周后，大约是春节后的3月3日中午。我正在食堂打饭，就听隔壁团首长小灶食堂那边有人在递菜的小窗口喊：小李、小李、小李春元。

好家伙，小李很多。小李春元，当时团里就我一个。喊我的那个声音是从团首长小灶窗口传过来的。好让人激动。

我一看，是肖干事。

我欣喜若狂啊！

“肖干事，您来了？”

“啊！我听中央电台播你写的稿子了。好好干啊！”

肖干事这一句鼓舞，后来没把我激动死。我几乎是一宿没睡觉，写了一夜的稿子。

再后来，因团里后勤部门要修枪、修炮缺人手，后勤处长让我回修理所；团政治处高主任却还让我留政治处。正闹得不可开交，我也不知该怎么办才好的时候，候股长又说话了：小李呀，你又进步了。肖干事打电话，要把你调师宣传科当报道员。

那是1982年5月3日上午10时。

后来，我能有更多的写稿、登稿的机会；我能有考学、提干的机会，可能都起源于这一刻的机会。

肖泽洲对我是清廉的恩人。

我不认识他；我没给他送过东西；我没给过他什么好处。萍水相逢，他后来的更多举动让我认知了，他为什么对我会那么的好。

到师里后，我又认识了他的爱人李和平女士。两口子长的都差不离一样瘦高在一米八。形似绿竹，又高又匀称，还都穿着绿军装。

肖泽洲是个热心人。这是有识之人的共识。

别人找他办事，他好像没有驳回的时候；身边人有困难，他好像事先知道一样，按时赶来帮助；开会时别人给他提意见，他不仅会笑呵呵接受，还乐着说，“是”。从他在师里当干事到他当上旅里的副政委，他培养的报道员，像我一样的报道员，几十年，不间断还联系着的，至少也有二十来个。

我说他和他夫人都那么的完美，至少还有几十人与我心感相一，甚至还有褒评过之者。

肖与夫人，事实证明，不是一家人不进一家门。

她，也是那样的善对人人。

可能他两口子先天有约，心都热到一块儿了，怕是他俩要不结婚，世界上就缺一对助人为乐的小集团一样。

那个年代，很多商品买着都很难。

李和平在北戴河一个大宾馆工作。给师里机关的同志们走后门买烟酒，看似很方便，其实，她也作了不少难！

1986年春节，我要结婚，妻子提出买台“飞人”缝纫机。当时，那可是紧俏商品中的紧俏品那，哪能说买就买得到的呢？

李和平大姐听肖干事说了。两口子不约而同拿起工具，忙活起来。忙啥，两口子排队、找票10多年，排上一台“飞人”牌缝纫机，刚买回来，前一天刚组装好。两口子图新鲜，踩着缝纫机，杂布条刚玩了半夜，还没新鲜够，拆了，装箱，成全了我们的新婚。

肖干事不仅爱帮助人，把帮别人做好事作为生活乐趣，而且为人很仗义、很坦诚、很实在。对工作也很认真负责。

党小组会上，他点名批评过他的直接领导工作方法上的“问题”；考场上，他抓过他的老同事有小抄行为；工作上，大年三十他成全别人回家团聚，自己带着爱人、孩子留在师机关值班。一边写着汇报材料，一边吃泡方便面。没成想，把才四五岁的儿子肖萧一个人锁在宿舍里忘了。儿子饿了，把一瓶子止疼片当糖豆吃了。口吐白沫，送去医院抢救。那次，可把肖泽洲脸都吓白了。

他生活中是热心人，工作上也是拼命三郎。他替别人干活，大家都习惯了，没几次言谢！他批评别人甚至抓了别人的短处，也很少有人真的会恨他什么。因为大家都真的知道了，他只是对事，从不对人。

现今的官场环境，给评点有才有德之士留下了很多的遗憾。

像肖泽洲这样的人，要是有让群众公开民主投票的机会，肯定能“出台”。

但他没有更多地得到这样的机会。

其实，作为普通农民的儿子，从当义务兵起步，一直当到正团职，应该说，实实在在不容易。就是上边有人，家里有钱的一些人，官至县团，好多也是上不去的。

但是，像肖泽洲这样的好人，对人好，对组织好，对自己的事业，责任心也好，如果能够有更广阔的为人民服务的机会，对和谐事业、对和谐人脉，只会更好。

他本人官欲不大。虽有才，但不够张扬。当个业余通讯员，时常有篇小稿见报，很是满足。是我，是像我这样与他有特殊感情的通讯员们，盼他好。愿他全家好。

97. 情缘再续会有时

——纪念《华北民兵》创刊50周年征文集　2013.5

在廊坊，那一天是个晴天。

环境监测是一级质量的好天。

上午，一个从首都“飞”来的、似熟似生的座机号码，把我的手机铃声催响。

“春元，在哪儿？过得好吗？你听我是谁？”

“王哥”。我的感观和听音根本没有一丝迟钝。

王哥叫王燕光，是《华北民兵》杂志的资深编辑。

“韩哥好吧？武哥好吧？郑哥好吧？张哥好吧？”

《华北民兵》编辑部的人，一张张熟透了的笑脸，我一边接电话，他们一边在我脑海闪现，差点儿让我问了个齐全。

王哥打电话，是向我约稿。《华北民兵》创刊50周年，要“借机”让老通讯员们抒情，也没把我这个转业的遗忘。

我和《华北民兵》的识缘、情缘，《华北民兵》对我的业缘、恩缘，实在很远长、很深厚。以至于到地方工作3年有余了，还好像天天在一起打交道一样。

《华北民兵》创刊50周年，正巧我也到了“知天命”的50周岁。但认识这个刊物时，是她创刊第12年的时候儿。

那时我也12岁。因父亲在当时的人民公社办公室工作，有一天他拿回家一本32开的“小书”。

就是一本《华北民兵》。“小书”上登着解放军战士指导民兵训练的报道、照片，还有插图。时值春节，“小书”的后几页，还登了一些小游戏和猜字谜语。我记得有这样两条猜字谜语印象很是深刻。一条是：天没他大，人有它大。谜底是个

"一"字；一条是：水落石出，谜底是个"泵"字。

那个年代，农村的孩子能读到的书很少。所以这本"小书"一直到我入伍时，还把它带到了部队。

1986年盛夏，我第一次在军营见到了《华北民兵》的人。

我当时是24集团军作训处的参谋，负责军事工作新闻报道。全国大学生军训试点在燕山深处的某教导团展开。

武子海来啦。他是《华北民兵》派来采写大学生到军营军训报道的。我负责接待和组织采访。

武记者这人长得不太白，但他和我印象中初次读识的那本"小书"一样，很是亲切。他是唐山人，但说话缺点唐山腔儿。

一周时间，他写了一篇长篇通讯：《大学生在军营》。几天后在中央人民广播台播发时，我清楚地听到，还有我的名字。是他在报道稿上给我署了名，其实我并没写。数日后，又收到武哥寄来的一期《华北民兵》，稿子上署了我名的那一期。同时还登了反映大学生在军营与军训教官思想碰撞和情感磨合的一组摄影小说。我还扮演了摄影小说中的男主角。20年过去了，我一直珍藏着，闲暇时，还经常自我欣赏一番。

武子海的朴实、亲切和慷慨"署名"，给我留下了很深刻的留恋。因为他给我的署名，不仅年底得了个三等功。还"勾引"起我浓厚的写作兴趣。

但万万没有想到的是，10年后我竟调动回了家乡的军分区做人武工作。

军分区和《华北民兵》工作关系密切。因为，他是反映华北地区民兵预备役工作的阵地和窗口。

到廊坊军分区工作后，我成了《华北民兵》名副其实的通讯员。联系多了，交往多了，编辑部的人熟悉了，慢慢的，我也成了这个刊物的经常性投稿者。直到我转业时，伴着这个刊物的"辐射"与"引导"，在我军旅生活的28年中，在中央级、省级、市级各种报刊、电台刊稿有千余篇。其中，在这个刊物上发过上百篇稿件。有小故事，有长篇通讯，也有民兵工作体会文章。直到我转业那年在家"待业"期间，还给《华北民兵》写了最后一篇人物通讯。报道的主人公叫韩国友，是军分区的新闻干事，也是和《华北民兵》有情缘的老通讯员。说来也巧，王哥给我打电话那天上午，我正在读当日的《人民日报》，那天的"绿色家园"专版上，正巧刊登了我写的一篇环境评论。

在军分区、人武部工作12年，《华北民兵》像我的指导老师一样，教我学习做民兵工作，帮我答疑解惑，有时还通过它反映我们单位的工作成绩、工作经验，给我和我的战友们以很多鼓励与鞭策。

记得那是1996—2000年，《华北民兵》的韩伟总编和王燕光等编辑、记者，多次到廊坊军分区指导、采访全市民兵学理论工作和香河县人武部落实江泽民主席五句话总要求，开展创先争优活动的事迹，都是我陪同接待。从他们的言谈话语中、严谨务实的工作态度中、深挖细采的精彩报道中，我学到了很多有益的素养。2001年我到霸州市、2002年我到安次区、2006年我到广阳区，8年中我换3个人武部先后任政委。韩总编、王编辑也追着我转全了三个人武部，先后报道了霸州市人武部抓好民兵基层正规化建设、安次区人武部民兵整组严把政审入队关、广阳区人武部适应“两场”需要狠抓民兵应急分队建设等工作经验。说心里话，对我和单位同志们的鼓励真是无法言表。我想，《华北民兵》对基层民兵预备役工作的指导作用、鼓励和鞭策作用，能发挥得那样到位，编辑部的同志们所付出的不仅是责任，还有更多的是在严寒酷暑中采访、在挑灯夜战中写稿、在真情交往中交心交友的无私奉献与深厚情谊。他们让你接触后就会留下鼓励与情缘；他们在基层官兵的心中难以“搬走”。

眨眼间，到市环保局工作已三年有余。我虽然转业到了环保战线，但毕竟与军营还是同一个“国防”，国防情是我们共有的情。最近，单位里接受了军分区下达的组建民兵应急分队的任务，党组会上，我积极表示支持。环保局有近三分之一的同志是转业退伍军人，基础得天，很快就展开了军训。

我和部队有缘，和军营的战友有情。尽管我当时不乐意转业，留恋军营生活，现今我也还是这样安慰自己：保卫国防是为了人民安宁生活，保护环境同样是为人民安宁幸福，在哪儿干，都是一个样儿，只要热情不减、情缘不失就好。

还军营对我的培养之恩，报帮助过我的同仁之情，始终是我的心愿。

我想起来了，王哥打电话那天，是“六一”的前一天。我想，等今天出生的儿童们也长到12岁的时候，他们，会不会也能读到影响了我半辈子军旅情、国防情的那本“小书”呢？他们会不会满怀一腔热血走入军营，在《华北民兵》创刊百周年——也就是毛主席提出民兵工作“三落实”百周年的时候，续写我们今天的国防情、战友情呢？

大家都忙。通话那天，我和王哥没来得及扯扯南海之争的事儿，也没提到环境保护的事儿，只是相约日后尽快见面再叙。

人生不过百年。

入伍前、参军后，我与《华北民兵》情有千千结。我深信，今后无论在哪里、到何时，我与绿色军营，情缘再续会有时。

98. 面对新闻眼——《霾来了》再版留言

“环保局长写小说，你是吃饱了撑的吗？”

“有人叫你是‘拌菜局长’，你愿意背着这个‘怪’名吗？”

“你小说中讲的县长与环保局长的环境博弈与冲突，在现实中是真实的吗？”

面对中国中央电视台新闻部女编导童盈和中国“名嘴”崔永元犀利并暗含敏锐的追问，我的胸口一时发憋，头皮发涨，嗓子眼里也好像是上了个门卫一样，一时语塞。

“我不是吃饱撑的，是在尽责！”

“我不是在造新闻，是读者和网友看了我的小说后真的在感悟治霾、真的在行动！”

“环保执法困惑与艰难的现实，在很多的地方要比小说里写得更糟糕！”

我突然的爆发，让崔永元的两只眼睛突然惊得圆圆的，他直勾勾地盯着我的脸，过了好大一会儿他才从“沉默”中解脱出来，继续他对我的访谈：“看出来了，你是一个愿意让环境好的人。”

到 2015 年立春那一天，我创作的环保小说《霾来了》已由中国文联出版社出版发行整整九个月了。也是这一天，省登宇先生通知我，中国作家出版社决定再版《霾来了》。

由于长期素材积累的原因，我的小说《霾来了》从谋笔到结稿，仅有百日。发行 9 个月的日日夜夜，我始终被纸媒、音媒、像媒、网媒和众多读者、网民乃至全国各个地方的官员和环保人关注着。众媒众人的关注点，不仅仅有污霾对人的危害、环保法规落实的艰难，还有环保局长为什么“不务正业”、环保局长用小说讽刺官员会不会遭受责难与攻击……

“春元啊，你的小说火了，给廊坊争了不少的光啊。问题抓得很准啊，善意的批评也是对政府和官员的帮助啊！”。廊坊市长冯韶慧先生的鼓励，发自内心，并当众畅言，令我像省环保厅一次购书千册一样倍受鼓舞与感激。由此，《廊坊日报》和《廊坊都市报》把《霾来了》作为当地创建生态文明城市、开展新《环境保护法》宣传和动员公众向污染宣战的一把利器，数十篇评论、报道、专访，持续见诸报端；数月中《人民日报》、中央电台、中央电视台、新华每日电讯、中国日报（英文版）、中国青年报、中国环境报、东方卫视（东方眼）、香港凤凰卫视、河北电台、廊坊电视台、解放日报、人民网、新浪网、新华网、腾讯网、长城网、中国日报英文网，把《霾来了》和我的名字一起“炒”成了“汉英一体”的“全球通”。万余本小说有赠有销，在读者手中传阅。百余家网站网民点击、阅读量迅速升至6 000多万人次，数万条网民留言、评论、点赞，有褒有贬，有感受有同情，有鼓励有鞭策，让我真的一时不知所措。

我晕了，但我很有自知之明。

人世间没有任何人能教会我们该如何尽责。家庭的责任、社会的责任、职业的责任……世上之人都是这样，尽责中有数不清的追求与梦想、困惑与彷徨、痛苦与幸福、义务与责任、选择与拒绝，就看你是否能够在新事物到来时凡事都能辩证地问一问为什么、是什么，看一看结果怎样；能否抓住了那稍纵即逝的成功机会；能否有一个明智、睿智的选择。此时此刻，当众多的媒体记者来访，问及我当初写小说为什么？面对突来的“火爆”想什么？下一步创作写什么的时候，在我脑海中浮现最多的“答复”却往往是众多领导、同仁、朋友的关爱与支持，读者、网友和媒体的关注、鼓励与推介。《霾来了》作为长篇小说是我的处女拙作，她为何能受到众人的广泛呼声？其正如人民日报武卫政先生“《霾来了》为何受关注”评论所言：环保宣教是在人的头脑中搞建设，要紧扣社会热点，不断回应群众关切。只有早说，敢说，会说，才能凝聚共识，促使社会各界形成向污染宣战的强大合力。媒体的舆论支持是无私的，这期间，有7位媒体才女记者的客观力作让我对她们的长篇专访和求实品格实在难忘：中央电视台新闻节目记者童盈、中央电台中国之声记者刘飞、中国日报（英文版）记者刘志华、中国青年报冰点特稿记者陈璇、中国环境报观点版记者李莹、解放日报专刊记者陈俊珺、廊坊日报记者张萌萌。此外，廊坊新华书店常立发先生和众多环保志愿者的支持更是珍贵的。我要用敬业和担当感谢他们！

此次再版，充实了环保知识、法规百题，意在助力新《环保法》实施。《霾来了》政府在思考、公众在行动、法规在发力、媒体也在疾呼“中国之声”、深度“焦点访谈”，穿透雾霾，“东方眼”时时在关注中发出“明天见”。他们关注的不是小说本身，而是人类生存。对此，我坚信当初的创作选择没有错，我就是想用良心、用尽责去对得起我的职责！因为我知道，那些养活我的百姓，每天都在期盼着霾能早一天消失，无序的污染能早一天停止，蓝天和白云能早一天重现。因此，过去、现在、将来，摆在我面前的路只有一条：用良心去尽责。哪怕有时会面对“赎罪”。否则，我会不会在沉默中变得“圆滑”了，甚至，会不会连那位敢于实话实说，并倾心帮我推介小说的“中国环保人的好朋友”也对不住了呢！

李春元

2015 年 2 月 19 日节逢雨水

99. 失去的，还会再来吗?

——提问感观上的廊坊环保 40 年

从癸巳到甲午，大半个中国，在霾的笼罩之下，急忙上阵，让大气污染防治成为全民行动。这期间，伴随着廊坊大气污染防治取得巨大成果，伴随着新环保法即将施行，这期间，我的小说《霾来了》出版，并很快在读者和数百余万网民中产生冲击，是我始料不及的。此时，面对污霾面对冲击，我的思绪却一下子倒退了 40 年。

在我才 10 岁的时候，当时也稚幼的小廊坊，伴随着中国环保启蒙的春风，开始有了环保史。

史实有证，那是 1973 年。此时虽是“文革”动乱时期，但世界开始追求生态文明、追求环保觉醒，中国也不例外、廊坊更没落后。有位叫丁希军的男士（已去世），开始在廊坊卫生防疫站，负责环境保护方面的事儿。再后来，组建廊坊环保办公室、组建廊坊市环境保护局的事儿，您慢慢看书，就清楚了。

到我 50 岁的时候，廊坊编写 40 年的环保史，我以副局长的身份，带着一个年轻的临时团队，担任了《廊坊环保文化丛书》A、B 套的“业余”主编工作。正可谓，用奉献精神，编写奉献团队之史。

40 年前，我才刚刚学着懂点事儿、记点事儿。

40 年后，在我开始用满腔的热情投入环保事业，开始追忆廊坊环保 40 年史实的时候儿，中共十八大吹响了建设生态文明、建设美丽中国的冲锋号。也许，这是我本人与共和国环保事业心悸相融、惊人相通的地方儿。

俗话讲：三十而立，四十不惑，五十知天命。已入不惑的廊坊环保，四十确有诸多弯枝之果、辉煌之惑。而我已五十了，所知“天命”最深刻的，当数似乎刚刚从真正意义上兴起的、共和国生态文明建设的汹涌涛声和那已经泛出红云的、生态文明映衬出的美丽中国、幸福廊坊。也许，这是即将临近的景象。

40 年，廊坊环保留予历史的辙痕，此时已成为一曲华夏文明的慷慨壮歌。时间，不仅有壮阔、繁复，也有悲曲交杂的乐调，远远超越那些我所读到过的历史言词与世俗想象，成为今天、今人，绕不过去的文化情结。

要提问，先问感受

文化，是社会科学的组成部分，环保文化也是以揭示事物的本质与规律为目的。这也是我们今天总结和研讨廊坊环保 40 年史实的价值所在。

我的感觉我知道。

从军营转业，走入廊坊市环保局大门的第一天起，我就时常被我所看到、所听到和感观认知的人人事事感动着，思想感情的潮水，随着 5 年来对这个单位、对这些兄弟姐妹的更深认知，始终在浩荡奔流。我时常这样问自己：

廊坊环保的前人们，为今天奠定了什么？

今天的廊坊环保人，在向前辈学着什么？

给明天的廊坊环保，我们该留下些什么？

入伍前的 18 年，家在近郊农村的我，先是父亲用自行车驮着，后是和小伙伴，和初高中的同学们，先后十数次到过当时面积本就不大的、所谓的廊坊市区。1996 年，戴着少校军衔，我从野战军调回到廊坊军分区工作，一晃又是一个 18 年。50 年，有 36 年生活在廊坊。对廊坊的整体市容和生态环境的变化，应属尽知一二。

人有五官：耳、目、口、鼻、身。与这五官相对应的是听觉、视觉、味觉、嗅觉、触觉。谁能想到，“五觉”都是见异思迁，随遇而安的家伙。耳可以被五音所乱，目可以为七彩所迷，鼻可以因香风所醉，人之身一遇舒适，也常会寡情薄意，乐不思蜀，飘飘欲仙。味觉虽愿恋栈原始，拒绝遗忘的天物，在当下，诸多食品、蔬菜、瓜果，都溜走了它们的原汁原味的时候儿，包括我们环保人自己，也是一边追寻舌尖上的记忆，呼唤舌尖上的故乡的同时，为守护这最后的空气的原汁原味，而不得不如狂般呐喊。所以，单个儿的五官都不足以为证，只有五官聚心，感知才会全面、真切地看待生态与环保。

先前，我见过的大土壕、黄沙岗，早已变成今天的人民公园，满眼绿洲；

先前，我见过的冒着黑烟的大烟囱，早已无影无踪；

先前，我闻到过的酿酒、酿醋后残余的、刺鼻的高粱壳发酵后的味道，在空气中消失了；

先前，家里吃饭不敢开窗户，怕的是让灰尘涌进，委屈了舌尖；

先前，那一坑一洼、让人崴脚脖子的土路、泥泞，变成了又宽又平的柏油路、水泥路；

先前，那满是蚊子的臭水沟，变成了步行购物的街店乐园；

先前，我总听到的百姓的许多骂声，变成了今天的赞许；

先前，太多的先前，已经在不知不觉中变得又绿、又净、又美、又舒心养目了。

蓝天、净水、绿洲。环保人，40 年，一代又一代，人人有功。

我在廊坊环保工作 5 年，这当时呀，是一个有着 11 名局领导的大班子。从班子成员能够空前团结、合力谋事去思考，你就不难总结出这个单位的人为什么能那么和谐，为什么能不断在接力中超越历史、超越前人、超越自己，创先争优，创建辉煌。

单位的荣誉将会回答我许多的追问，更会向人展开这个环保局已经拥有的辉煌：连续两次成功创建国家环保模范城市——河北独有；连续 13 年在省政府环保绩效考核中名列第一——河北仅有；在全国第六次环保大会上被授予全国环保系统先进集体，第七次全国环保大会上，前任局长张卫东本人又被授予全国环保系统先进工作者——河北的局长里，无二……更多的荣誉，数不清、道不尽。恰似一棒又一棒的接力，在超越中冲刺前行。

这当口儿，局外人可能只指导有管环境保护的人，但不知环保人都管些什么事儿。善良的人，更不知环保起步有多难。

中国的老百姓善良，甚至善良到同情曾经坑害过他的人。这样的老百姓，前些年，当他们面对违法排污、破坏环境、影响他健康甚至危害他生命的情形后，不但不会去举报，甚至会担心违法者在收回投资之前，千万别撞上执法部门来人查处。在这样的执法环境中，环保执法该有多难，可想而知。君可见，时至今日，尽管是污水处理厂县县有、垃圾运输车乡乡有、垃圾池村村有、垃圾箱处处有、教育课校校有、环保书籍家家有、环保知识人人有，但在有环保知识，没有环保良知与责任的少数人纵恿下，“十五小”还是久打不绝、重金属污染依然存在、污水有时仍在直排，这样的环境形势下，环保部门壮大、存在的价值，是多么的尤显迫切。

一切污染问题的答案，往往不是事物的中心。“中心”常常存在于形成问题的来因去迹里。生态平衡已成为人类现今的世界难劫。

前几年，有人说，追求金钱的活动，在中国从来没有像今天这样来势汹汹。对金钱意义的张扬，也从未达到像今天这样藐视道德法则的地步。

什么时候老百姓对违法排污有了真正的“零”容忍；什么时候基层政府、部门和有权、有钱的人，都觉得不为保护环境干点实事，就是对后人的“犯罪”，环保法规才会有真正意义上的权威。

没有人能在需要与奢侈、明智与热切之间，画出一条明显的是非界限。包括现今的环保法律法规，也时常让执法者左右为难。时常在怎样才算“以人为本”，而又要严格执法上为难；时常面对“不对”、不知谁对或是怎么办才对。但有一点是很少有人去想到的，后天却血淋淋地让人体会到了。当人们用双手紧紧握住金钱和财富的时候，偶尔伸出手掌一看，一些固有的美好与美丽、应有的健康与品位，已像烟雾一样悄悄飘散了，烟雾中还夹杂着西方恶鬼招魂般地狂笑。造物主从来没有欺骗过人类，欺骗人类的，恰恰是人类群体中的私心者与糊涂虫。

童年的滋味，我记忆中的原始感观，许多已经渐渐朦胧了、渐渐远去了。40年的廊坊环保人，正在努力地想把美好与美丽、健康与幸福追回、留住。事虽至此，谁又何言；天下苍生，又能何言。每一位环保人，可能都会在追问环保史实中，体验到一些“难言”。

问历史，也要写意

编这套书、看这套书，我自始至终被许多人、事和文稿所打动：因为，我们去还原历史的真实、寻找历史的答案与轨迹，这是一个真实的过程。

从81岁的老环保宋彩芹女士，2012年冬顶着寒风，让人搀扶着，坐公交车行程数里到市环保局参加党小组生活会的情景；从20年前就被国务院表彰为全国先进环保工作者的、78岁的老环保贡大柳女士，面对她的后人们的赞许，始终保持的谦虚与自信；从上任局长张卫东，为求忠孝两全，请护工帮助自己照顾重病弥留之际的老父亲，而自己像勇士出征一样，含泪奔赴治污疆场，用行动，带动出一个优秀团队的感人事迹；到现任局长张贵金，上任一年负重奋进、勇于担当，带着他的团队，为大气污染防治披荆斩棘；从几名环保干部，大年三十到省会为企业跑项目手续，深夜归来遭遇意外，车毁、险些人亡的细节；从环境监测站、环境监察人员，日复一日，寒风去、酷暑行，采样、查污的不辞辛劳中；数不胜数的感人的情节，令笔者叹服。

宣教中心的主任告诉我：有人说，你们太能吹了，怎么登那么多新闻表扬稿。我听后很伤感。为什么？误会了宣教人员的责任心不说。面对公众仍存的那么多不了解、不理解，我们该正面应对；面对这么好的一个群体，面对那么多感人的事迹与同仁，我们的宣教工作者，要想少留愧疚，只有多尽责任。不宣扬，还等个啥？

历史是什么？古事即为史事。十口相加为古，因此，要证明历史，就得找众口来追求，并把口述逐一记下来，这就是历史了。这套文稿，是多人说的、多人记的、多人写的。写的人多了，口气也不一个样儿，味也不一个样儿，看问题的角度也不一致。二百多号人的环保局，几乎人人加入了编史大军，男女老少、在岗的、离退的，全上阵，这恐怕在很广泛的世间里，也是独有的。既然人人各异，看问题的角度都不一样，因而对于人与事的理解也不一样。但对于编史，大家都惊人地异口同声的支持和参与，便显示了她诞生的必要性。

看这套史书，作为主编，我是想让她的读者喜欢。因此，首先就得考虑她的可读性。既要让大家最直观的感觉是史、也是书，也要让大家感觉既不完全是在编史、也不完全是在写书，而是书和史的融合物。是尊重历史的可读性。

历史不是可任人随意打扮的。你抹一把，我抹一把，历史就五光十色了。如果没有了真实可言，历史就是故事、小说、演戏了。像现今某大型娱乐性相亲节目“非诚勿扰”中的24名女生，任人打扮，台上台下两码子事儿，那就失去环保人要编史的真正意义和目的了。所以，在歌功颂德的同时，还必须认知：

环保从动乱时期的艰难起步；

到改革初期的艰难前行；

从求“快”发展阶段的艰辛、忍耐；

到谋求科学发展后的艰巨挑战、十八大后提出的更艰考验。各个时期，环保始终是在各种各样的“不健全”、“不尽如人意”的雾霾与困境中，向着阳光挺进，其难行，就如一次一次智取华山。

环保的一席之地没人能够动摇，但环保发挥职能作用的“权”与“力”，时常受外力的作用闹着小地震式的摆动，令人诚惶诚恐。有廊坊之外的环保志愿者这样描述过，说：70年代，饭都吃不饱，有人管环保；80年代，开放迈大步，污染没停步；90年代，鱼肉装满肚，环保执法难进步；时间进入新世纪，环保该上哪里去；党中央开了十八大，环保法根还较差。这些表达，在一定程度上、在一定范围内，有很大的片面性，但也是一定程度和范围上的事实。所以，编史时，这些内容一定会涉猎与收集。

问传承，更待发现

编这套书，我的历史观首先是建立在历史的记载上。当然，这也并非我个人的感受。我们的国家越来越走向开放，再加上“老人”多有健在、井喷式的网络与手机信息，激活了我们几代人一起寻找历史细节、让更多历史细节与真实浮出水面的冲动。所以，传承不是问题。记载一个客观、丰满的历史，在大家的包容中，也不该是问题。

前人的敢于担当、乐于奉献、拼搏进取、艰苦创业、创先争优之精神传统，在今人中融会贯通地发扬光大。“十一五”期间兴起的以局为家、和谐兴家、勤奋持家、廉洁护家、从严治家的“五家意识”和团结、厚德、守纪、创新的廊坊环保文化精神，随着今天的不懈践行与长续弘扬，伴随着形象、荣誉、传统、精神的与时俱进，汇集成无尽的能力、动力与力量，她将成为一代又一代廊坊环保人不断进取、不断接力、不断超越、不断续建新辉煌的坚强斗志。

如此、如此、如此，无不激发我们的信心与追史欲望。

这也是我愿意接受局党组委托，主编《廊坊环保文化丛书》，和同仁一道共同追忆历史、追问历史、留与后人的力量源泉。面对这段历史，因篇幅所限的取与舍，对编者、写者来说，都是痛苦的选择。

好在40年，廊坊环保、廊坊环保文化、廊坊环保文化精神，经过秋雨的滋润、冬雪的护盖、春雨的浇灌、夏风的熏陶，它的生命之季里浸透过霜的清冽、露的晶莹、月的明丽、星的璀璨、日的辉煌，已被环保人视为高贵的象征。留下精华中的精华，也能慰藉许多心愿。

《廊坊环保文化丛书》A、B套，共同展示的是廊坊环保40年，紧盯生态文明建设脉搏，不断向新目标、新辉煌冲刺超越的波涛史卷；她映示的是共和国环境保护事业，不断在中国特色环保道路上深深探索、阔步前行的壮观缩影；她映耀的是新时期廊坊环保人在建设美丽中国、幸福廊坊的新征途上，必将迎来光辉前景，探索新的发现的一朝曙光。

敬重和传承廊坊环保文化的历史使命，挖掘、记录是责任，发现更是一种可贵的责任。而基于当今社会的开放、包容，我想，是允许建设性的多元解读和表达的。

作为读者、作为当事人，你也许未必认同某个个体人物和事件的选择，但有必要保持平等、尊重的态度。如此，历史才是大家的，人物才是生动的、丰满的，而不是编者、笔者个人意志的符号。这样，才会清除史实与现代读者之间的隔膜与误会。读《廊坊环保文化丛书》A、B套，都是如此。

“以人为本”是历史与文化传承永恒的追求。我认为，文化既要传承集体，也该弘扬个体生命的价值。再宏大的历史，都是建立在人的基础上的。读者通过倾听当事人的讲述，扑面而来的，应该是入心的享受与感受，而不仅仅是接收什么理念和思考。

追问感观上的廊坊环保40年，写到此处，本该停笔，但我的“第六感官”——心和脑，突发灵感，突然飞驰，有了新的发现。我记起，在我还没有出生的时候儿，20世纪50年代，发生过抗美援朝战争。当时，有个名叫魏巍的军旅作家，写了一篇纪实文学，叫《谁是最可爱的人》，结论是：那些勇于牺牲的志愿军战士是最可爱的人。

在那个特定的年代，志愿军的出征与牺牲，追求的是维护世界和平与人类安宁。今天，40年的几代环保人，追求的是什么？是生态文明与人类幸福。其实，绿色国防与绿色环保，“根”和“本”最能体现“人”为“本”的一致性。不同的时代、不同的牺牲、不同的奉献，有不同的解释。但为人民、为国家、为幸福，是代代炎黄子孙共同的追求。由此，我不得不说，环保人，在生态文明时代，也是最可爱的人。当然，这里少不了世世代代、男男女女、廊坊环保的每一个人。

我还发现，生态文明、美丽中国、幸福廊坊的呼唤，已让廊坊环保系统的每一组形象“五官”，此时都在高速运行：

眼在犀利：不能让环保法规变成一纸空文；

耳在张廓：不能让公众的呼声与诉求搁浅；

鼻在扩孔：不能让碧水蓝天在我们手中变味；

舌在呐喊：不能让污染的食品再来侵犯；

身在厉行：我用奉献求无悔、还民愿。

“第六感官”也在发问：社会各界的环保志愿者，面对新环保法诞生，面对大气污染防治依然严峻的客观现实，你们准备好了吗？

突然，又是一个突然。

又一个突然的发现，让我自己惊呆了。

我发现，纯朴才是真的高贵，生态才是美的魅力。生态环境与人的五官是相互影响的。是要绿色的GDP、还是要黑色的GDP，无疑已成为当今世界一个极为严肃的命题。只要良知还没有泯灭，只要我们的五官功能依然敏锐，就能深切感受到，在环保中所发生的道德、伦理上的种种毒素与病变，已使多少原始的生态与善良的心因被戕害而颤抖过、哭泣过。

人啊人，千万不要成为一种复杂的、矛盾的、既能善行，又能作恶的两腿动物。充满无限潜力的人啊，快快尊重自然吧！因为，大自然可是具有万物万有的多样性，它赐予人类需要的五官百福，简直达到了极为豪奢的程度。但它也是具有双重性格的伟大生命，你尊重他，他才会尊重和满足你，否则，双刃剑会立即翻脸的。

人生不过百年，环保人的工作经历也很短暂。凡是吃官饭的，按现今的官场规则，不升至省级，你的工作经历一般达到40年。现今的廊坊环保人，没有一个人在岗位上经历过40年的全过程。看看今天的环保老头、老太太，他（她）们都曾年轻过、奋斗过，所以，今天，总结历史，他（她）们没有一丝懊悔。但他（她）们的今天，会是我们的明天吗？我想，现在，我们这一代环保人，该是让当代环保的各种理念，从吵嚷和装扮中逃出，滤净心胸，腾空而起，实现环保梦，成为寄托者、企盼者和实践者的时候了。

环保，不能再是等待，廊坊已经把绿色发展置于首位。我们践行的，该是在新《环境保护法》的擎旗下，一面攻坚，一面呼唤。否则，霾散要等到何时，失去的，还会再来吗？

附录：《霾来了》媒体重点报道与评论阅读索引

（2014 年 6 月至 2015 年 3 月）

序号	刊播文稿（音像）标题	刊播媒体与笔者	时间与阅读网站
01	环保工作者写环保：《霾来了》廊坊首发	廊坊日报：刘元琨	2014.6.7：腾讯网、长城网
02	《霾来了》出版	中国环境报：郭婷	2014.6.25：新浪网
03	环保小说《霾来了》出版发行	人民日报：嘉言	2014.6.28：人民网
04	长篇小说《霾来了》座谈会昨举行	廊坊日报：刘璐	2014.6.20：腾讯网
05	《霾来了》为何受关注？	人民日报：武卫政	2014.8.23：人民网、腾讯网
06	大孝自然——读《霾来了》有感	中国环境报：郭婷	2014.7.17：新浪网、腾讯网
07	《霾来了》关注之中添动力	廊坊日报：李贵	2014.9.5：腾讯网
08	《霾来了》传递出满满的正能量	长城网：郭雪营	2014.12.12：长城网
09	深沉的爱 饱满的情	廊坊日报：李晓文	2014.12.12：腾讯网
10	《霾来了》用新闻眼写小说	廊坊日报：蔡尚波	2014.12.12：腾讯网
11	肩上担当 笔下有力	廊坊日报：常玉春	2014.12.12：腾讯网
12	小说《霾来了》趣与味的完美展现	廊坊日报：孟德明	2014.8.22：腾讯网
13	《霾来了》环保文学的佳作	廊坊日报：王宁	2014.8.22：腾讯网
14	一部环保小说的精彩叙事	廊坊日报：崔文君	2014.8.22：腾讯网
15	试说《霾来了》的叙事特性	廊坊日报：王颖	2014.8.22：腾讯网
16	《霾来了》杞忧类文学的空间展示	廊坊日报：高勤	2014.9.5：腾讯网
17	站位生态新时代 善谋全媒新常态	廊坊日报：孟繁彪	2014.12.26：腾讯网
18	环保题材小说《霾来了》火了	廊坊都市报：闫玮	2014.6.20：腾讯网、人民网
19	环保小说《霾来了》引网友热议	廊坊日报：刘元琨	2014.6.18：腾讯网
20	《霾来了》引发公众持续热议微博点击超 10 万人次	廊坊日报：刘元琨	2014.6.21：腾讯网
21	网民热议《霾来了》网上点击超 20 万	廊坊日报：刘元琨、闫玮	2014.6.23：腾讯网
22	长篇小说《霾来了》网上点击超 66 万人次	廊坊日报：丁振宗	2014.7.11：腾讯网

序号	刊播文稿（音像）标题	刊播媒体与笔者	时间与阅读网站
23	省环保厅加印千册《霾来了》	廊坊日报：刘元琨	2014.7.22：腾讯网、长城网、人民网
24	新环保法宣传引网民更加关注	廊坊日报：刘璐	2014.8.4：腾讯网
25	全国百家网站转发评论《霾来了》网点达 173 万人次	廊坊日报：刘元琨	2014.8.18：腾讯网、人民网
26	《霾来了》助力新环保法宣传网上点击超 200 万人次	廊坊日报：刘元琨	2014.8.23：腾讯网
27	燕青饭店中秋节向客人赠阅《霾来了》网民点击 400 万	廊坊日报：刘元琨、刘向	2014.9.5：腾讯网
28	《霾来了》发行百天持续升温点击逾 500 万人次	廊坊日报：吴立业	2014.9.15：腾讯网
29	《霾来了》为欢乐节添蓝天色彩网上点击 1 200 万人次	廊坊日报：刘元琨	2014.10.6：腾讯网
30	人民网播发《霾来了》受追捧。网上点击 1 300 万人次	廊坊日报：王泽明、刘元琨	2014.10.11：腾讯网、人民网
31	《霾来了》：师院学生恳谈会发出倡议：倾心环保护卫蓝天	廊坊日报：吴立业	2014.10.17：腾讯网
32	《霾来了》高校师生在行动蓝天行动产生共鸣点击 1600 万	廊坊日报：吴立业	2014.10.20：腾讯网
33	《霾来了》：网民点击 2 000 万中省媒体热访李春元	廊坊日报：刘元琨	2014.10.24：腾讯网
34	环保小说网上火爆点击 36 000 万	人民网：张娜	2014.11.2：人民网、长城网
35	多家中省媒体客观报道廊坊治霾热评《霾来了》	廊坊日报：刘杰	2014.11.10：腾讯网
36	廊坊市环保局副局长李春元写 24 万字环保长篇小说	中国新闻网：宋敏涛	2014.11.8：中国新闻网
37	市环保局局长写小说《霾来了》网上火爆	廊坊日报：刘杰	2014.11.4：腾讯网、人民网
38	一个关于雾霾的故事	中国日报英文版：刘志华	2014.11.19：中国日报网、新浪网
39	《霾来了》：笔者到廊坊日报读者节签字赠书	廊坊日报：王泽明	2014.10.18：腾讯网
40	小说《霾来了》亮相新华社治霾在行动启动仪式	廊坊日报：刘杰	2014.10.25：腾讯网、新华网、新浪网
41	《霾来了》引发的环保文化思考 —廊坊时评之一	廊坊日报：张萌萌	2014.6.30：腾讯网、新浪网、求是网
42	《霾来了》：珍爱生命的呼声愈发高远—廊坊时评之二	廊坊日报：赵志峰	2014.7.18：腾讯网
43	《霾来了》：绿是底色绿是梦—廊坊时评之三	廊坊日报：张萌萌	2014 年 8 月 8 日：腾讯网
44	《霾来了》：考验作为与担当—廊坊时评之四	廊坊日报：张萌萌	2014 年 8 月 13 日：腾讯网
45	《霾来了》：生态宜居绿色发展成追求—廊坊时评之五	廊坊日报：张萌萌	2014 年 8 月 22 日：腾讯网
46	《霾来了》：群众是治霾主人翁—廊坊时评之六	廊坊日报：张萌萌	2014 年 9 月 5 日：腾讯网
47	《霾来了》：珍爱生命的呐喊	廊坊日报：赵志峰、任雨薇	2014 年 7 月 25 日：腾讯网

序号	刊播文稿（音像）标题	刊播媒体与笔者	时间与阅读网站
48	《霾来了》：失去的，还会再来吗？	廊坊日报：望元	2014 年 10 月 2 日：腾讯网
49	望元叙说《霾来了》一专访李春元之一	廊坊日报：刘元琨、吴立业	2014 年 7 月 11 日：腾讯网
50	望元再说《霾来了》一专访李春元之二	廊坊日报：张萌萌、金子龙	2014 年 8 月 8 日：腾讯网
51	望元新说《霾来了》一专访李春元之三	廊坊日报：张萌萌	2014 年 9 月 8 日：腾讯网
52	望元回说《霾来了》一专访李春元之四	廊坊日报：张萌萌	2014 年 12 月 26 日：腾讯网
53	一切为了形成向污染宣战的强大合力——专访李春元	节能与环保杂志：陈向国	2014 年 9 月 1 日：腾讯网
54	用我的笔记录治霾的历程	中国环境报、廊坊都市报：李莹	2014 年 12 月 12 日：新浪网、腾讯网
55	环保局长的“霾里霾外”	中国青年报：陈璇	2015 年 1 月 21 日：中国青年报网、新华网、凤凰网
56	对话李春元：没人愿意当环保局长	新华每日电讯：白林、齐雷杰	2015 年 1 月 29 日：新华网
57	河北环保官员出版小说《霾来了》 称一为科普二为沟通	中央电台：刘飞、李春霞、吴培	2015 年 2 月 22 日：中央网、中央广播网
58	环保局长写小说谈雾霾，不让居民炒菜，到底实情还是戏说	东方卫视：崔永元	2015 年 2 月 3 日：东方卫视网东方眼
59	一位环保局长的“霾战”	解放日报周一专刊一版：陈俊珺	2015 年 3 月 9 日：解放日报网
60	霾来了，我们必须动点真格的	解放日报周一专刊二版：陈俊珺	2015 年 3 月 9 日：解放日报网
61	我为什么写《霾来了》	解放日报周一专刊三版：陈俊珺	2015 年 3 月 9 日：解放日报网
62	《霾来了》，一个环保局长和他的城市	南方人物周刊：李珊珊	2015 年 3 月 12 日：新浪网
63	一位环保局长与他的小说《霾来了》	中央电视台新闻专题：童盈	2015 年 3 月 22 日：央视网
64	环保局长的小说	人民日报·环球时报英文版：张娱	2015 年 3 月 21 日：人民网
65	多家“新闻眼”客观透视廊坊治霾战果 小说《霾来了》即将再版相关报道网上点击超 6 000 万人次	廊坊日报：刘杰	2015 年 3 月 16 日：腾讯网
66	廊坊环保局长与他的雾霾小说	北京晚报：魏靖	2015 年 4 月 9 日：网易河北、河北经济网
67	一声呐喊“霾来了”火了环保局长	新京报：邓琦	2015 年 4 月 10 日：新浪网、腾讯网、搜狐网
68	李春元：一个环保局长的小说“呐喊”	中国新闻周刊：陈涛	2015 年 4 月 6 日：中国新闻周刊网
69	李春元：没想到日子这么不好过	国际先驱导报：任丽颖	2015 年 5 月 14 日：新华网
70	李春元：小说是拨开雾霾的一个答案	方圆：沈寅飞	2015 你那 6 月 24 日